우주로부터의 귀환

옮긴이 전현희 全炫喜

경기 의정부 출생. 전문 통역가. 배화여자대학 졸업. 세이난가쿠인西南學院 대학 졸업. 도쿄 외국어대학 대학원 석사(지역문화 전공). 일본 유학 기간 동안 LOVE FM의 〈Asian Wave Korea〉 프로그램 DJ, 한국 건설교통부·일본 건설성 정례회의 통역, 김희로 석방 취재 통역을 했다.
현재 (주)스바르 코리아에서 일본 방송의 코디네이터로 일하고 있다.

우주로부터의 귀환

1판 1쇄 펴낸날   2002년 1월 20일
1판 16쇄 펴낸날 2023년 9월 8일

지은이 다치바나 다카시
옮긴이 전현희
펴낸이 정종호
펴낸곳 (주)청어람미디어

마케팅 강유은
제작·관리 정수진
인쇄·제본 한영문화사

등록 1998년 12월 8일 제22-1469호
주소 04045 서울특별시 마포구 양화로 56(서교동, 동양한강트레벨), 1122호
이메일 chungaram@naver.com
전화 02)3143-4006~8
팩스 02)3143-4003

ISBN 978-89-89722-02-0 03830
잘못된 책은 서점에서 바꾸어 드립니다. 값은 뒤표지에 있습니다.

우주 로부터의 귀환

다치바나 다카시 지음 | 전현희 옮김

Jupiter Earth Venus Sun Saturn
Mercury Mars Uranus Nept

청어람미디어

UCHUU KARA NO KIKAN
宇宙からの歸還

ⓒTAKASHI TACHIBANA 1983
Originally published in Japan in 1983 by CHUOKORON-SHINSHA, INC..
Korean translation rights arranged through TOHAN CORPORATION, TOKYO and
SHIN WON AGENCY CO., Seoul.

이 책의 한국어판 저작권은 TOHAN과 신원 에이전시를 통한
中央公論新社와의 독점 계약으로 청어람미디어에 있습니다.
저작권법에 의해 한국 내에서 보호를 받는 저작물이므로
무단 전재와 무단 복제를 금합니다.

사진 제공 : NASA

"지구는 우주의 오아시스다"
―유진 서넌 Eugene Cernan―

차 례

우주로부터의 귀환

| 제1장 | 상하·종횡·고저가 없는 세계 10
| 제2장 | 지구는 우주의 오아시스 33

신과의 해후

| 제1장 | 전도사가 된 어윈 64
| 제2장 | 우주 비행사의 가정 생활 91
| 제3장 | 신비 체험과 우표 사건 113

광기와 정사

| 제1장 | 우주 체험에 대해 말하지 않는 앨드린 144
| 제2장 | 고통스런 축하 행사 163
| 제3장 | 마리안느와의 정사 183

정치와 비즈니스

제1장	영웅 글렌과 돈 후안 스와이거트	204
제2장	비즈니스계로 진출한 우주 비행사	227
제3장	신의 존재에 대한 인식	245

우주인으로의 진화

제1장	백발의 우주 비행사	268
제2장	우주 체험과 의식의 변화	280
제3장	우주에서의 초능력 실험	307
제4장	적극적인 무종교자 슈와이카트	333

맺음말　　　　　　　　　　　　　　　349

참고문헌　　　　　　　　　　　　　　353
옮긴이의 말　　　　　　　　　　　　　357

우주로부터의 귀환

"지구를 떠나 보지 않으면,
우리가 지구에서 가지고 있는 것이
진정 무엇인지 깨닫지 못한다."
―제임스 라벨

| 제1장 | **상하·종횡·고저가 없는 세계**

지금까지(이 글은 1981년 11월부터 「중앙공론」지에 연재된 후 1983년 1월 책으로 출간됨. 이하 동일—역자 주) 우주를 비행해 본 경험이 있는 사람은 미국의 애스트로넛Astronaut과 소련의 코스모넛Cosmonaut(같은 우주 비행사라고 해도 미국과 소련에서 쓰는 용어가 다르다. 또한 소련의 코스모넛 가운데는 소련인 이외에도 동구권 국가, 베트남 등의 우방국에서 온 우주 비행사가 몇 명 포함되어 있다. 미국의 스페이스 셔틀Space Shuttle에도 곧 유럽의 우주 비행사가 동승할 예정이다)을 합쳐도 100명을 조금 넘는 정도이다(스페이스 셔틀 시대가 오더라도 이 숫자는 해마다 몇 명의 비율로 증가할 뿐이다). 170만 년에 이르는 인류의 역사 가운데 겨우 이 정도의 사람들만이 지구 환경 밖으로 나간 경험을 가지고 있다. 아니, 정확하게 말하면 그들도 지구 환경 밖으로 나간 것이 아니다. 지구 환경에서만 살 수 있는 생명체인 인간은 지구 환경을 떠나서는 살아갈 수가 없다. 그렇기 때문에 우주 비행사들도 우주 공간으로 나갈 때 지구 환경과 함께 나간다. 우주선과 우주복 내부에 지구 환경을 담아서 우주로 나가는 것이다. 지구를 커다란 우주선이라고 한 비유는 타당하지만, 우주선

을 작은 지구라고 한 비유 또한 타당하다.

　우주 공간은 진공 상태이다. 진공 상태에서 인간은 살아갈 수 없다. 우선 호흡을 할 수가 없다. 그렇다고 입에 산소 마스크를 대고 호흡하게 한다고 해서 살 수 있는 것은 아니다. 인간에게는 기압이 필요하다. 기압은 지구의 환경 조건 안에서는 그 존재를 의식하기 어렵지만, 인간에게는 필수 불가결한 조건 가운데 하나이다. 어느 정도의 기압에 이르지 않으면 인간은 100%의 산소 안에 있어도 호흡할 수 없다. 호흡이라는 것은 산소가 폐 속에 있는 폐포막肺胞膜을 통과해 혈액 안에 용해되는 현상이다. 산소에 압력이 가해지지 않으면 산소는 폐포막을 통과할 수 없다.

　고도 10,000m 정도까지 형성되어 있는 대류권에서는 대기의 구성 성분이 거의 일정하다. 대기의 20%는 산소다. 단, 고도가 높아짐에 따라 공기의 밀도는 감소한다. 그만큼 산소의 절대량은 낮아진다. 그러나 고지대에서 인간이 산소 부족 현상을 일으키는 것은 그 이유 때문이 아니다. 그것은 오로지 기압 저하로 인해 체내에 흡수되는 산소가 줄어들기 때문이다.

　고도 5,000m에서 대기압은 약 400mmHg(지표에서는 760mmHg)이다. 이쯤에서부터 인체는 산소 부족으로 기능 장애를 일으키기 시작하여 고도 10,000m, 대기압 약 210mmHg가 되면 의식을 잃고 죽음에 이른다. 그러나 대기압이 이 정도로 내려가더라도 산소 마스크로 100%의 산소를 들이마시면 살아갈 수 있다. 대기는 질소 80%, 산소 20%로 구성되어 있다. 산소가 폐포막을 통과하는 데 모든 대기압이 도움을 주는 것은 아니다. 도움이 되는 것은 대기압의 1/5에 불과한 산소 분압이다. 그렇기 때문에 대기압이 내려가면, 그만큼 호흡 중의 산소 농도를 높임으로써 산소 분압을 유지시켜 지표에서와 같은 양의 산소 흡수를 지속할 수 있다. 그러나 이 대응책에도 한계가 있다. 고도 20,000m, 대기압 약 40mmHg가 되면 아무리 100%의 산소를 들이마셔도, 산소 마스크 없이 고도 10,000m에 있을 때보다 산소 분압이 낮아져 100%의 산소 안에 있어도 흡수할 수 없기 때문에 인간은 죽음에 이를 수밖에 없는 것이다.

기압이 그 정도까지 내려가면 설령 산소를 흡수할 수 있다고 하더라도 인간은 결국 죽음에 이를 수밖에 없다. 기압이 약 48mmHg까지 내려가면 체액이 체온에서도 끓는점(비등점)에 도달하기 때문이다. 고지대에서 대기압이 내려가면 물의 끓는점이 내려가 반합(일종의 압력솥)을 사용하지 않으면 밥이 잘 익지 않는다는 것은 누구나 알고 있다. 기압이 점점 내려가면 액체의 끓는점이 점점 내려가 결국에는 체온에서도 체내의 수분이 끓기 시작하는 것이다. 끓는다는 것은 액체가 기화해 가스가 되는 것을 말한다. 체내의 수분이 수증기가 되어 버리는 것이다. 그리고, 인체는 얼핏 볼 때 고체처럼 보이지만 실은 막으로 싸인 액체라고 하는 편이 진실에 가깝다. 체내의 혈액, 체액, 세포막 속의 수분을 합치면 인체의 70%는 수분이다. 이것이 끓어서 가스화가 되면 어떻게 될까. 체내에 가스가 가득 차고 입, 코 등에서 가스가 뿜어져 나오고 온몸이 풍선처럼 부풀어올라 이내 파열해 죽을 것이다.

만약 우주선 벽에 구멍이 뚫리거나 우주선 밖에서 활동 중인 우주 비행사의 우주복이 찢어지면 이런 일은 언제라도 일어날 수 있다. 아직 우주에서 죽은 우주 비행사는 없다. 지금까지 미국에서 8명, 소련에서 4명의 우주 비행사가 사고로 사망했지만, 모두 지구상에서 벌어진 사건이었다(미국에서는 3명이 지상 훈련 중에, 나머지는 교통 사고 등으로였다. 소련에서는 귀환할 때 지상 충돌로 인한 사망자 1명과 질식으로 인한 사망자 3명이 있었지만, 질식사는 대기권에 재돌입할 때 발생한 사고였다. 물론 대기권은 우주가 아니라 지구의 일부이다. 그 밖에 소련에서도 지상 훈련 중에 일어난 사고사가 꽤 있다고 하지만, 발표되지 않아 명확하지 않다). 인간의 우주 공간 활동이 증가하면 언젠가는 우주에서 사고로 사망하는 우주 비행사가 나올 것이다. 그때 우주 비행사가 사망하는 가장 흔한 형태는 이런 체액 비등으로 인한 파열사일 것이라고들 하지만, 우주 공간은 엄청난 추위가 지배하고 있는 곳이다. 따라서 체액 비등이 일어나기 전에 전부 얼어 버릴지도 모른다.

어쨌든 인간의 생명 유지에는 기압이 필수 불가결하다. 그렇기 때문에 아폴로 우주선은 약 260mmHg의 기압을 유지하여 우주 비행사가 100%의 산소를 호흡할 수 있도록 설계되어 있다. 이것은 거의 에베레스트산 위에서 산소 마스크를 쓰고 있는 것에 가깝다. 물론 기압을 더 높이고 산소 농도를 내리는 것도 가능하다(소련의 우주선과 스카이랩Skylab(미국의 실험용 우주 정거장)에서도 그렇게 하고 있었다. 이하 이 책에서 '우주선'이라고 할 경우, 별다른 언급이 없으면 아폴로 우주선에 관한 것이다). 그러나 기압을 높이기 위해서는 우주선의 외벽을 그만큼 강화해야 한다. 외벽이 강화되면 우주선은 당연히 무거워진다. 게다가 산소 농도를 낮춘 만큼 질소를 넣어야 하기 때문에 그만큼 더 불필요한 짐이 늘어나게 된다. 어쨌거나 '되도록 가볍게'라는 우주선 설계상의 지상 명령에 어긋나게 되는 것이다. 그래서 기압을 낮추고 산소 농도를 100%로 하게 되었다. 그 때문에 1967년 아폴로 1호의 훈련 중 우주선 내에서 화재가 발생하여 순식간에 그 안에 있던 3명의 우주 비

달의 지평선 위로 떠오른 지구와
아폴로 11호의 달 착륙선

행사가 타 죽는 비극이 발생한 것이다.

대기가 담당하고 있는 기능은 산소와 기압의 공급만이 아니다. 열의 평준화 작용도 지구상의 생명체에게 필수 불가결한 기능이다. 생명체에게 우주 공간 자체는 너무 차갑고, 태양 복사열은 너무 뜨겁다. 인체가 이것들에 직접 노출되면 즉사한다. 만약 대기가 없으면 낮은 불타는 지옥이 되고 밤은 얼어붙는 지옥이 되어 인간은 도저히 살 수 없게 된다. 대기가 없는 달이 실제로 그렇다. 달의 표면 온도는 태양이 직접 반사되는 부분은 최고 130도까지 올라가지만, 반대쪽의 그늘진 부분은 최저 영하 140도까지 내려간다. 이에 비해 지구는 낮에는 대기가 열을 흡수해 태양의 복사열이 완화되고, 밤에는 대기의 보온 효과로 인해 우주 공간의 추위로부터 보호된다. 그렇기 때문에 지구상에서 인간이 살아갈 수 있는 것이다.

아폴로호의 달 착륙도 이런 점에 주의해 이른 아침 시간을 택했다. 지구와 마찬가지로 달도 이른 아침에는 온도가 낮고 태양이 떠오르면 점점 더워진다.

　기억력이 좋은 독자는 아폴로 11호가 이틀 동안 달에 머물렀고 그 후의 달 탐사도 그보다 더 긴 시간이 걸렸기 때문에 착륙은 이른 아침에 했어도 결국 불타는 지옥과 얼어붙는 지옥을 피할 수 없지 않았을까라고 생각할지도 모른다. 실제로 아폴로 11호가 달 표면에 체재한 시간은 21시간 36분에 이른다. 12호, 14호는 30시간을 넘었고(13호는 착륙 실패), 15호는 67시간 조금 모자라게, 16호는 71시간, 17호는 75시간으로 거의 나흘에 걸친 장기 체재에 성공했다. 그러나 이것은 지구 시간으로 잰 체재 시간이지 달 시간으로 잰 것은 아니다. 잘 알려져 있듯이 달은 자전하면서 지구 주위를 공전하고, 지구도 자전하면서 태양 주위를 공전하고 있다(자세한 것은 중학교 과학 교과서에 맡기기로 하자).

　이런 복합적인 회전 체계 속에서 달이 태양과의 관계하에 일 회전하는 시간(달 표면 위에서 일출—낮—일몰—밤—일출이라는 한 주기에 소요되는 시간. 즉 달 시간으로 잰 하루)은 지구 시간의 27.3일에 해당된다. 거꾸로 말하면 지구 시간으로 하루는 달 시간(달의 하루를 24시간으로 간주한 시간)으로 53분보다 조금 모자란 시간에 해당된다. 결국 아폴로 11호는 달 시간으로는 약 47분밖에 체재하지 않았던 것이고, 최장 체재 기록을 가지고 있는 아폴로 17호도 2시간 45분밖에 머무르지 않았던 것이다. 이렇게 달 시간으로는 이른 아침에 착륙하고 오전 일찍 귀환했기 때문에 달 표면의 불타는 지옥을 피할 수 있었다.

　이런 사실들을 고려하면 시간이라는 개념에 대해 다시 한번 생각하지 않을 수 없게 된다. 역사적으로 시간은 지구에서 본 천체의 주기적인 운행을 바탕으로 단위가 만들어져 계측되어 왔다. 이윽고 뉴턴이 절대 시간이라는 개념을 내놓았으며, 아인슈타인이 그것을 상대성 원리로 수정·보완했다.

한편, 계측 기술이 진보됨에 따라 천체의 운행이 반드시 안정적이지만은 않다는 것을 알게 되어, 시간의 단위는 세슘 원자가 발하는 전자파의 고유한 주파수를 이용해 재정의되었다. 즉, 시간의 기본 단위인 1초는 예전에 '평균 태양일의 86,400분의 1'로 정의되었지만, 이것은 매일 700,000분의 1초씩 오차가 생기기 때문에 '그리니치시 1900년 1월 0일 12시에서 지구 공전의 평균 각속도로 산출된 1회귀년(춘분부터 춘분까지)의 31,556,925.9747분의 1'로 재정의되었다. 그러나 1967년에 지구 자전·공전의 불규칙한 변동이 시간에 미치는 영향을 피하기 위해 다시 '세슘 133 원자가 기저 상태일 때 두 가지 초미세 준위('F=4, M=0'과 'F=3, M=0') 사이의 천이遷移에 대응하는 전자파 방사 주기의 9,192,631,770배'로 재정의되었다.

그럼에도 불구하고 보다 엄밀한 원자의 진동을 기준으로 한 절대적 시간의 진행과, 다소 부정확한 천체의 운행을 기준으로 한 시간의 진행 사이에 오차가 생길 경우에는 전자를 후자에 맞추는 형태로 시간의 수정·보완이 이루어진다. 결코 후자를 전자에 맞추는 것이 아니다. 4년에 한 번 2월에 '윤일閏日'을 넣는 것은 누구나 알고 있지만, 보다 세밀하게는 매년 연말에 '윤초'를 1초 넣어 수정·보완하고 있다. 즉, 그리니치 표준시 12월 31일 오후 11시 59분 59초와 1월 1일 오전 0시 0분 0초 사이에, 오후 11시 59분 60초를 삽입하는 것이다. 1980년에서 1981년에 걸쳐 지구의 자전 주기가 조금 빨라졌기 때문에 이 '윤초'를 연말에 끼워 넣는 작업이 반 년 연기되어 6월 30일과 7월 1일 사이에 삽입되었다(이런 조작은 파리에 있는 국제시간위원회의 지시 아래 국제시보국이 시행한다).

　절대 시간의 진행에 정확하게 일치하는 시계가 있더라도 지구 시간에서는 반드시 오차가 생긴다. 즉 인간은 절대 시간의 개념을 추상적·이론적으로 받아들이고 있다고 해도, 실생활에서의 시간은 항상 지구에서 본 천체 운행에 그 기반을 두고 있으며, 앞으로도 그것은 변하지 않을 것이다. 그렇지 않으면 시간이 실용적이지 않기 때문이다(적어도 지구상에서는). 그러나 일단 지구를 떠나보면 지구 시간의 실용성은 그 의미를 완전히 상실한다. 지구를 떠나면 천체 운행은 지구에서의 관측과는 다르게 보이기 때문이다. 그리고 우주 공간 안에서 움직이고 있으면 천체 운행은 그 움직임으로 인해 시시각각 다르게 보이기 때문에 여기에 시간의 기반을 두는 것은 의미가 없다. 지구 시간은 우주에서는 실용적이지 못하다.

　먼 장래에 인류가 우주에서 광범위하게 활동을 하게 되면 우주 표준시가 설정되어 지구 표준시는 그것으로부터 연역되는 지역 시간으로 정의될지도 모른다. 그렇게 되면 우주에 갈 때는 시계를 우주 표준시에 맞추고 지구로 돌아오면 시차를 조정해 지역 시간에 맞추는 것이 일상화될지도 모른다. 이 경우 우주 표준시와 지구 표준시 사이의 시차는, 그리니치 표준시와 각 지역 시간 사이의 시차처럼 항상 일정하지는 않을 것이다. 지구 표준시는 앞서 말한 것처럼 실용적인 관점에서 볼 때 비록 그것이 불안정하고 불규칙한 것이라 해도 지구에서 본 천체 운행에 일치하게끔 해마다 수정을 거듭할 수밖에 없다. 그러므로 우주 표준시와 지구 표준시의 시차는 그 수정의 누적치가 해마다 증가하게 된다.

우주선의 시간과 비행 관제 센터의 시간을 맞춰 두는 일은 대단히 중요하다. 우주선의 컴퓨터 능력이 그다지 뛰어나지 않기 때문에 휴스턴 우주 센터에 있는 초대형 컴퓨터의 지원 없이 우주선은 제대로 비행할 수 없다. 우주선이 지구 궤도를 돌고 있을 때는 문제가 없지만, 우주선이 달 근처에 가면 전파로 지령을 보내도 그것이 도달하는 데는 시간이 걸린다. 지구에서 달까지는 380,000km나 되지만 이에 비해 전파의 속도는 초속 300,000km이다. 지령이 도착하는 데는 1.27초가 걸린다. 달에서 지구로 무언가를 질문해 대답을 받기까지는 최소한 2.5초 이상이 걸린다. 아폴로 11호의 달 착륙 광경을 TV 중계로 본 사람이라면, 휴스턴과 달 착륙선의 교신이 얼마나 답답하게 진행됐는지 기억할 것이다. 바로 전파의 도달 시간 때문이다.

우주선에는 추진력을 얻기 위한 주 엔진과 자세 제어를 위한 엔진이 있다. 자세 제어 엔진에는 세 종류가 있는데, 각각 피치각pitch angle, 롤각roll angle, 요각yaw angle이라는 세 축 방향의 각도를 제어하고 있다. 이것은 엔진을 엄밀하게 어디서 얼마만큼 고속 회전시키는가가 조정의 기본이다. 잘못하면(잘못된 자세로 있을 때 추진력을 가하면), 우주 미아가 되어 영원히 지구로 돌아올 수 없을지도 모른다. 우주선의 어떤 엔진을 언제, 얼마만큼 분사시키면 정확하게 궤도에 오를 수 있을까. 이것은 기본적으로 컴퓨터가 계산해 준다.

우주선은 발사부터 비행의 전 여정에 이르기까지 대부분은 컴퓨터에 의해 자동화되어 있다. 예를 들어 발사 카운트다운이 시작되어 제로가 되었을 때 누군가가 발사 버튼을 누르는 것이 아니다. 컴퓨터가 정확하게 제로 시간을 포착해 발사하는 것이다. 이 카운트다운의 목소리는, 말하자면 컴퓨터의 움직임을 모니터하고 있는 목소리에 지나지 않으며, 카운트다운이 시작되면 그 주역은 컴퓨터가 된다.

우주선 상에서의 엔진 분사도 우주 비행사가 그때마다 스위치를 켜는 것이 아니라 우주선 상의 컴퓨터에 언제, 몇 초 간 분사하라는 지령을 입력해 두면 실제 조작은 컴퓨터가 정확하게 지시받은 대로 실행한다(수동에서는 영점 몇 초의 오차가 불가피하지만, 컴퓨터는 오차가 없다. 그리고 나중에 서술하겠지만 우주선 조작은 영점 몇 초의 정밀도가 요구된다). 물론 컴퓨터 조종은 언제라도 수동으로 바꿀 수 있으며 실제로 필요한 경우가 종종 있다. 컴퓨터에는 데이터와 지령을 입력할 시간이 필요하지만, 그럴 시간적 여유가 없거나 시시각각의 관찰로 순간적인 판단을 통해 즉각적으로 조작하지 않으면 안 될 때는 수동 조작을 해야만 한다. 예를 들어 달 착륙을 할 때가 그렇다. 예정된 착륙 지점에 대한 사전 정보가 충분하지 않기 때문에 막상 현장에 와 보면 착륙에 적당하지 못한 지점(큰 바위가 있거나 경사지이거나)인 경우가 몇 번 있었다. 그렇게 되면 믿을 수 있는 것은 조종사의 수동 조종 기량뿐이다.

아폴로 11호 달 착륙선의 경우 달 표면 500피트 지점까지는 컴퓨터의 조종으로 강하하고, 그 이후로는 닐 암스트롱이 수동 조종으로 바꿨다. 그의 판단은 옳았다.

컴퓨터가 미리 선택해 놓은 착륙 지점은 큰 바위와 분화구가 있어 도저히 착륙할 수 있는 장소가 아니었기 때문이다. 그 너머 평탄한 지면으로 비행해 갈 때까지 대량의 연료를 소비해 버려, 원래 1,000초 분량의 연료가 있었지만 착륙했을 때는 불과 20초 분량의 연료밖에 남지 않은 위기적인 상황이었다. —그래도 달에서 귀환하기 위한 재출발용 연료는 따로 있었다.

달 착륙선은 착륙용과 재출발용의 두 가지 다른 시스템을 가지고 있으며, 각각 별도의 엔진과 별도의 연료 탱크가 있다. 단 착륙용 자세 제어 시스템은 달 표면에서 달 궤도까지 올라가 거기서 기다리고 있는 사령선과 도킹할 때도 이용한다. 즉, 착륙 자세 제어용에 쓰이는 연료를 불필요하게 써 버리면 사령선과의 도킹이 불가능해져서 지구로 돌아올 수 없게 된다. 그러므로 착륙용에 할당된 분량의 연료를 써 버리면 자동적으로 재출발용 상승 엔진이 불을 뿜어 달 궤도로 돌아가게 되는 장치가 마련되어 있다. 만일 20초 늦었다면 자동적으로 중지되었을 시점에서 아폴로 11호의 달 착륙이 겨우 성공을 거둔 것이다.

로켓의 엔진은 폭발적인 연소에 의해 거대한 추진력을 내게 되어 있기 때문에 연소 시간이 매우 짧다. 아폴로 우주선을 발사한 3,400톤의 추진력을 지닌 새턴Saturn V형 로켓의 1단 부분은 트럭 3대가 옆으로 나란히 달리는 것만큼의 거대한 직경을 가지고 있다. 거기에 600여 톤의 케로신Kerosene 연료와 1,400여 톤의 액체 산소가 가득 차 있는데, 이것을 불과 150초 동안에 연소시켜 버린다. 그러니까 1초 동안에 13.5톤이다. 이만큼의 연료를 1초 동안 엔진에 보내야 하며, 그 연료 펌프는 디젤 기관차 30대분의 마력을 필요로 한다.

새턴 V의 발사 때 중량은 약 2,900톤이다. 이것을 쏘아 올리는 것만으로도 엄청나서 발사 직후 1초 동안은 추진력 3,400톤 중 500톤분만이 가속에 할당되어 사람이 걷는 정도의 속도밖에 나오지 않는다. 그러나 150초 동안에 연료의 중량이 2,000톤 가벼워져 무게는 불과 3분의 1밖에 되지 않는 반면, 그 사이에 같은 수준의 추진력이 계속 나오기 때문에 점점 속도는 빨라져 150초 뒤에는 시속 8,500km

에 달하게 된다.

 2단, 3단째가 되면 이보다 더 엄청난 추진력은 없다. 2단째가 450톤, 3단째가 100톤이다. 그러나 로켓 자체의 중량도 가벼워지기 때문에 2단째는 360초 동안의 연소로 시속 24,000km, 3단째는 우선 165초 동안의 연소로 시속 28,000km, 이어 310초 동안의 연소로 시속 39,000km까지 속도를 높여 간다. 인류 역사상 가장 빠른 속도의 탈것이다. 분 단위의 작동만으로 이만큼의 속도를 낼 수 있는 로켓 엔진은 다른 엔진과 달리 작동 시간을 영점 이하의 초 단위에서 엄밀하게 컨트롤해야 한다. 잘못하여 아주 조금이라도 불필요하게 엔진이 작동한다거나 작동 시간이 아주 조금 모자라도 목적한 궤도에 오르지 못하는 사태가 발생할 수 있다.

 우주 비행은 비행의 거의 대부분이 관성 비행이다. 즉 한 번의 힘으로 날아가는 것이기 때문에 엔진 점화시의 자세와 연소 타이밍이 사활을 결정하는 중요한 요소이다. 언제, 어떤 자세를 유지하면서 어느 정도의 시간 동안 엔진을 연소시키는가. 이것에 의해 모든 것이 결정된다. 기본적으로는 컴퓨터가 그 판단을 내려 주지만, 컴퓨터가 정확한 판단을 내리도록 하려면 정확한 데이터를 입력시켜야 한다. 지금 우주선이 어디에 있고, 어디로 향하고 있으며, 어느 정도의 속도로 진행하고 있는지, 이것이 가장 기본적인 데이터이다.

 컴퓨터는 발사 시점부터 속도·방위의 변화와 비행 시간을 기록하고 있어, 지금 우주선이 어느 지점에 있을 것이라는 답을 기록을 통해 계산할 수 있다. 그러나 이 계산이 꼭 맞는 것은 아니다. 특히 문제되는 것이 방위이다. 우주선에는 자세 검출 장치로서 관성 안정대慣性安定臺가 설치되어 있다. 이것은 3개의 자이로스코프gyroscope가

각각의 축이 직교하도록 조합되어 있는데, 이 3개의 축과 우주선의 축 사이의 각도를 측정함으로써 우주선의 진행 방향을 알 수 있다. 그러나 자이로스코프라는 것은 시간이 흐름에 따라 반드시 오차가 생긴다. 자이로스코프는 고속으로 회전하는 팽이가 다른 힘을 받지 않는 한 같은 방향으로 움직이는 것과 똑같은 원리를 이용해 짐벌gimbals(나침반 등의 수평을 유지하기 위한 장치)이라는 기계적 마찰이 거의 없는 지지 장치 안에 자이로를 넣은 것이다. 마찰이 거의 없다고는 하지만 조금은 있다. 그래서 시간이 흐르면 세차 운동(지구의 자전축이 궤도에 대하여 23°30″의 기울기로 자전하는 운동)을 시작하는 등 오차가 생긴다. 초기의 ICBM은 이 원리를 이용한 관성유도장치로 목표를 향해 날게 되어 있었지만, 이 오차 때문에 명중 정밀도가 떨어져 오차가 수킬로미터나 발생했다. 미국에서 소련까지 날아가는 데 몇 킬로미터의 오차가 생긴다면, 지구에서 달까지 날아가는 사이에 생기는 오차 때문에 목표를 벗어나는 것은 당연하다.

  그러므로 자이로스코프는 정기적으로 교정해 주어야 한다. 교정하는 방법은 우주 비행사가 눈대중으로 위치 측정한 결과를 통해서이다. 선박의 항해사가 육분의六分儀를 이용해 등대나 별을 기준으로 위치를 측정하는 것처럼 우주 비행사도 육분의를 가지고 자신이 우주 공간의 어디에 있는지를 측정하는 것이다. 우주 비행사는 해도海圖 대신 성도星圖를 가지고 있다. 그 속에 이미 등대를 대신할 항성 37개가 지정되어 있으므로, 그 중 2개의 별, 1개의 별과 지구, 1개의 별과 달 등의 각도를 측정하여(100분의 1도의 정밀도가 요구된다) 컴퓨터에 입력하면 자동적으로 자이로스코프의 오차가 교정되는 장치가 되는 것이다. 여기서도 시간이 중요한 역할을 한다. 달로 향하는 우주선은 초속 10.9km에서 1km(시시각각 변한다)의 속도로 진행하고 있어, 관측하는 데 시간이 걸리면 별과 지구 사이의 각도를 측정하고 난 후 다른 별과 달 사이의 각도를 측정하고 있는 사이에 우주선의 위치가 몇 백km나 움직여 버릴 수 있다. 그러므로 측정 데이터는 언제나 측정 시각을 같이 입력해야 한다.

속도는 어떻게 측정하는가. 3개의 자이로스코프로 이루어진 관성 안정대 위에 직교하는 3개의 축 위에 놓인 가속도계가 있으므로 그 가속도를 적분해서 얻을 수 있다. 지상에서의 속도의 측정은 바퀴가 있는 것은 그 회전수에 의해, 비행기나 배 등은 주위의 유체(공기, 물 등) 속도의 측정에 의해 이루어지지만, 우주선에는 바퀴도 없고 진공 상태 속에서 날고 있기 때문에 주위에 유체도 없어 결국 가속도로부터 역산할 수밖에 없다. 가속도계에도 오차는 있게 마련이어서 우주비행사가 측정한 위치의 시간 변화로부터 계산해 낸 속도에 의해 정기적으로 수정해야 한다. 거기에 지상에서의 레이더 관측, 도플러 효과의 해석 등의 데이터가 더해져 우주선의 컴퓨터와 관제 센터의 컴퓨터가 서로 도움을 주면서 우주 비행의 항해navigation가 이루어지는 것이다. 그 모든 과정에서 정밀한 시간 관제가 필요해진다. 우주선과 관제 센터의 시계는 정확하게 일치해야 한다.

그러면 이 둘은 어떤 시간에 시계를 맞춰 두고 있을까. 미국은 넓기 때문에 4개의 표준 시간이 있는데, 로켓이 발사되는 케이프 케네디Cape Kennedy는 동부 표준 시간, 비행 관제 센터가 있는 휴스턴은 중부 표준 시간을 쓰고 있어 둘 사이에는 1시간의 시차가 있다. 그리고 로켓 발사 관제는 케이프 케네디 관제 센터가 하고, 궤도에 오르고 나서의 관제는 휴스턴으로 이어진다. 어느 한쪽의 지역 시간을 사용한다 해도 곤란하다. 그렇다고 그리니치 표준시를 쓰는지 살펴보면, 병용은 하지만(관제 센터는 전세계에 흩어져 있는 통신 센터나 수면 위에 내려앉는 우주선 회수를 위해 나가 있는 바다 위의 해군부대와도 연락을 취해야 한다) 사용되는 것은 오로지 '발사 후 시간' 뿐이다.

로켓은 발사 전에 카운트다운이 시작된다. 그것이 제로가 되어 로켓이 발사된 후 이제는 플러스 방향으로 카운트업이 계속된다. 그것을 큰소리로 1초마다 외치는 사람은 없지만, 착수着水 때까지 이 카운트가 계속된다. 휴스턴의 관제 센터 정면 스크린에는 거대한 디지털 시계가 이 시간을 나타내고 있고, 우주선 조종석의 제어판에도 역시 가장 잘 눈에 띄는 곳에 디지털 시계가 똑같은 시간을 표시하고 있다. 발사 전 카운트다운 단계부터 컴퓨터로 두 시계의 시간을 일치시키는 것이다.

우주 비행의 스케줄은 모두 이 '발사 후 시간'에 의해 짜여져 있고, 컴퓨터의 프로그래밍도 이 시간에 맞춰져 있다. 물론 우주선과 관제 센터 간의 지시, 연락도 이 시간에 의해 이루어진다. 즉 '발사 후 시간'은 일시적이고 편의적인 우주 표준 시간으로서 기능하고 있는 것이다. 앞으로 우주 활동이 증가하고 월 단위, 연 단위의 우주 체재가 가능하게 되면 '발사 후 시간'은 불편해진다. 뿐만 아니라 발사하는 회수가 많아져 서로 다른 시기에 발사된 우주선이 여러 개 존재하게 되면, 여러 개의 '발사 후 시간'이 동시에 존재하게 되어 문제가 발생한다. 그렇게 되면 편의적인 우주 표준 시간으로는 충분하지 않아 항구적인 우주 표준 시간을 생각해 내야 한다. 그때 우주 표준 시간의 기점을 어디에 둘 것인지, 지구 표준 시간과의 시차를 어떻게 할 것인지 등의 문제를 진지하게 고려해야 할 필요가 생기기 때문에, 인간은 지구의 국지성局地性, local을 새삼 인식하게 될 것이다.

실제로 지구는 이 우주에서 너무나 국지적인 장소이다. 전우주에는 천억 개의 은하계가 있고, 우리 은하계는 그 한쪽 구석 가운데 하나에 지나지 않는다. 따라서 우리가 보는 태양은 은하계를 구성하는 1,000~2,000억 개 항성 가운데 하나에 불과하다. 그리고 우리 지구는 그 태양을 둘러싼 9개의 행성 가운데 하나일 뿐이다.

인간은 종종 유니버설(우주적=보편적)이라는 표현을 쓴다. 그러나 인간이 가장 유니버설하다고 생각하는 아주 기초적인 개념조차, 이 '시간'의 예를 보아도 알 수 있듯이 진정한 유니버스에서는 실은 완전히 지구적인 국지성을 띤 개념이었다는 것을 발견하지 않을 수 없을 것이다.

170만 년 동안 지구 밖으로 한 발자국도 나가지 않고 성장한 인류는, 그 의식의 밑바닥까지 지구적인 국지성에 의해 형성되어 왔기 때문에, 대부분의 사람들은 아직까지도 지구적인 국지성을 유니버설하다고 생각하고 있다.

인류 역사상 처음으로 지구를 떠나 자신이 우주 안의 존재라는 것을 몸소 체험한 우주 비행사에게조차, 이 의식의 골수까지 스며든 지구적인 국지성을 벗어나는 것은 쉽지 않은 일이었다.

아폴로 9호의 우주 비행사였던 러셀 슈와이카트Russell Schweickart를 만났을 때 그는 이런 이야기를 해 주었다.

슈와이카트는 보스턴의 한 TV 방송국에서 방영하는 버크민스터 풀러Buckminster Fuller(1895~1983)와의 대담 프로그램에 출연한 적이 있었다. 풀러는 수학자이자 건축가, 사상가였으며 모든 분야에서 세계적이고 역사적인 업적을 가진, 미국에서는 '현대의 레오나르도 다 빈치'라고 칭송받는 거인이지만 일본에서는 별로 소개가 되어 있지 않은(오로지 건축가로서밖에 알려져 있지 않다) 인물이다. 참고로 이제는 너무나 유명해진 '우주선 지구호'라는 개념은 그가 처음으로 내놓은 것이다.

슈와이카트는 이 프로그램에서 자신의 우주 체험을 이야기하며 몇 번씩이나 '위'라든가 '아래'라는 표현을 썼다. 그러자 풀러는 "당신은 아직도 지구 쇼비니스트(배타적·광신적 애국주의자)군요"라고 놀렸다. '위'와 '아래'라는 것은 지구 공간에서 가장 기초적인 개념 가운데 하나이다. 그러나 우주 공간에서는 위도 아래도 존재하지 않는다. '종'과 '횡'이라는 개념도 마찬가지이다. 우주 공간에는 세로도 가로도 없다.

우주 공간의 무중력 상태에서 인간은 두둥실 공간 안에 떠 있고 어느 쪽으로도 방향지어져 있지 않다. 아마 우주선 안에서는 바닥이 아래이고, 천장이 위이고, 벽이 옆이 아닐까라고 생각할지 모른다. 그렇게 생각하는 사람은 우주선 설계 기사가 될 수 없다. 우주선이 지상에 놓여 있는 한, 바닥도 천장도 있다. 그러나 우주 공간에 나가면 바닥도 천장도 모든 면의 구별이 없이 똑같다. 아폴로 우주선같이 작은 우주선을 설계할 경우에는 이런 특징이 별로 두드러지지 않지만, 스카이랩 같은 직경 6.6m, 높이 17.8m의 작은 원통형 빌딩 정도 크기의 우주선에서는 커다란 의미를 가진다.

워싱턴의 스미스소니언 박물관에 가면 스카이랩이 실물 그대로 놓여 있어 내부 견학을 할 수 있기 때문에 그 안을 들여다보면 금방 납득할 수 있는데, 지상에서는 너무 높아서 전혀 손이 닿지 않는 벽면

왼쪽부터
러셀 슈와이카트,
데이비드 스콧,
제임스 맥디빗

까지 모두 이용해 설계되어져 있다. 우주 공간에 나가면 '높이'는 높이의 의미를 잃게 되고, 상하의 방향이 없는 단순한 길이가 되는 것이다. 우주 공간에서 '가깝다', '멀다' 라는 개념은 의미를 갖지만, '높다', '낮다'는 의미를 갖지 못한다. 인간은 바닥에 서 있는 게 아니라 공간에 떠 있는 것이므로 어느 벽면이나 균등하게 이용할 수 있다. 그런 상황에서는 공간에 대한 감각이 완전히 달라진다고 우주 비행사들은 입을 모아 이야기한다. 그도 그럴 것이, 가령 2.2평의 입방체 방이 있다고 하자. 이것은 지상에서는 어디까지나 바닥 면적이 2.2평인 방에 지나지 않지만, 우주 공간에서는 모든 면이 동시에 바닥이 되므로 바닥 면적의 6배인 13.2평의 활용 가능 면적이 생긴다.

스미스소니언 박물관에는 아폴로 우주선도 있다. 그것을 직접 보면 좁은 내부 공간을 보고 놀라게 된다. 3명의 우주 비행사가 의자에 앉으면 그것만으로도 꽉 찬 느낌이 든다. 내부의 자유 공간은 $6m^2$, 1인당 $2m^2$로 소형차 안에서 한 명이 차지하는 면적보다 작다고 하는

데 정말 그런 느낌이다. 이런 좁은 공간에서 3명이 용케도 일 주일 간의 여행을 했구나 하는 감탄이 절로 나온다. 그러나 우주 비행사에게 이야기를 들어 보면 좁다는 느낌이 들지 않았다고 한다. 우주 공간에 나가면 공간에 상하가 없어 활용 가능한 면적이 6배나 되기 때문이다. 지상에서 보았을 때는 한 사람이 오랫동안 누워서 자면 다른 사람이 잘 곳이 없지 않을까라는 생각이 들 정도로 좁은데도 3명이 동시에 오랫동안 누워 잘 수도 있고, 게다가 몸이 남아 있는 공간으로 날아가지 않도록 끈으로 몸을 묶어 두어야 할 정도로 내부 공간에 여유가 있다고 한다.

상하, 종횡, 고저—우주 공간에서는 의미를 잃어 버리는 이런 개념들 모두, 지구의 중력에 저항하여 직립 보행하는 인간이 지구상의 중력 공간 안에서의 방위를 나타내기 위해 필요한 개념인 것이다. 만일 우주 공간에서 태어나, 우주 공간에서 의식을 형성한 고등생물이 있다면 그 생물에게는 이런 개념을 전달할 수 없을 것이다.

방위 개념과 마찬가지로 '무겁다', '가볍다'라는 개념 또한 의미를 잃어 버릴 것이다. 무엇보다 무중력 공간이기 때문에 무게는 전혀 없다. 모든 것이 동등하게 무게 제로인 것이다. 스카이랩의 TV 중계에서는 우주 비행사들이 우주 공간에서만 가능한 곡예를 여러 가지로 보여 주었다. 그 비디오는 스미스소니언 박물관에 가면 언제든지 볼 수 있다. 거대한 고철 덩어리를 손가락 하나로 들어 보인다든가, 한 우주 비행사 손가락 위에 다른 사람이 서 있고, 그 사람 손가락 위에 또 다른 사람이 서 있는 것을 보여 주는 화면 등으로 구성되어 있다.

우주 비행사들은 지상에서 우주 비행의 모든 상황을 몇 백 회나 시뮬레이션으로 훈련하기 때문에, 우주 비행의 거의 모든 과정이 '시뮬

제럴드 카

레이션과 동일'하다고 한다. 그러나 무중력 상태만은 지구상에서 시뮬레이트하기가 거의 불가능하다. 무중력 상태 훈련에는 두 가지 방법이 이용된다. 한 가지는 고속 제트기에서 탄도 비행을 하여 탄도 정점에서 하강하는 과정 가운데, 기체가 자유 낙하하는 것 같은 속도를 유지하는 불과 20초 동안에 무중력 상태를 경험하는 것이다. 지구 궤도를 도는 우주선의 무중력 상태는 이론적으로는 무한하게 자유 낙하하는 것과 같다.

또 한 가지 훈련 방법은 수중에서 부력과 체중이 정확히 균등해질 만큼의 추를 달고 움직이는 것이다. 이 훈련은 수중이기 때문에 유사한 무중력 체험에 불과하지만, 제트기의 탄도 비행보다 간단하게 할 수 있기 때문에 훈련 시간이 훨씬 길다.

이런 훈련을 아무리 해도 우주 공간과 똑같은 무중력 상태는 실제로 체험해 보지 않으면 전혀 알 수 없다고 한다.

"웃을지도 모르지만, 나이 40이 넘은 어른이 우주에서 슈퍼맨 놀이를 하며 즐거워한다. 우주에서는 정말 슈퍼맨처럼 하늘을 날 수 있으니까. 슈퍼맨 흉내를 내며 날아다니니까 아무리 해도 질리지 않는다. 다르게 표현하면 인간은 우주 공간으로 나오면 슈퍼맨이 될 수 있다는 것이다"라고 스카이랩 4호의 선장이었던 제럴드 카Gerald Carr는 말한다. 40세를 넘은 어른이란 자기 자신을 말한 것이다. 그 당시에 그는 41세였다.

다시 러셀 슈와이카트와 버크민스터 풀러의 대담 프로그램 이야기로 돌아가자. 풀러는 '상', '하'라는 방향은 지구상에서만 유효하다고 말한다. 우주에서 유효한 방향은 '안쪽', '바깥쪽' 뿐이라고 한다. 그리고 대담 중간 중간에 즉흥적으로 시를 써서 프로그램이 끝난 뒤 슈와이카트에게 건넸다. 슈와이카트는 지금까지도 그것을 소중하게 간직하고 있다고 한다.

>
> Environment to each must be
> "All that is excepting me"
> Universe in turn must be
> "All that is including me"
> The only difference between environment and universe is me……
> The observer, doer, thinker, lover, enjoyer
> 개개인에게 있어 환경이란
> '나를 제외한 존재하는 모든 것'임에 틀림없으리
> 그에 비해 우주는
> '나를 포함한 존재하는 모든 것'이리라
> 환경과 우주 사이의 단 한 가지 차이는 나……

> 보는 사람, 행하는 사람, 생각하는 사람, 사랑하는 사람, 받아들이는 사
> 람인 나

이 시를 몇 번이나 되풀이하여 읽고 난 후 슈와이카트는 눈이 뜨인 느낌이었다고 한다.

그가 아폴로 9호로 우주 체험을 한 것은 1969년이고, 풀러와 대담한 것은 8년 뒤인 1977년이다. 이 시를 통해 자신의 8년 전 우주 체험을 보다 깊이 되새기게 되었으며, 자기 자신의 체험을 그때까지 너무나 좁게만 해석했다는 것을 깨달았다고 한다.

단지 우주 체험에 국한된 것이 아니라 체험은 시간과 함께 성숙해 간다. 특히 그것이 중요하고 극적인 체험일수록, 체험을 하고 있는 바로 그 순간에는 체험 속에 몸을 맡기는 것 이외에 시간적인 여유도 의식적인 여유도 없다. 그 때문에 체험이 내적으로 품고 있는 의미를 인식하게 되는 것은 그 후에 반성과 반추를 거듭하고 나서이다. 물론 그것은 각성한 의식하의 인식에 대한 이야기어서, 잠재의식하에서는 체험 순간부터 어떤 형태로든 변화가 시작되고 있다. 어떤 체험이라도 체험자를 조금은 변화시키지 않을 수 없다. 그저 그런 체험은 그저 그렇게, 작은 체험은 작게, 큰 체험은 크게 체험자를 변화시킨다. 그렇다고 해도 체험의 가치적 크기는 주관적 판단이므로 어떤 사람에게는 그저 그런 체험에 지나지 않는 것이 다른 사람에게는 생애를 바꿀 만큼의 커다란 체험이 되는 경우도 있고, 또 그 반대의 경우도 종종 있다. 어쨌든 잠재의식하에서 시작된 변화가 본인이 의식하지 않을 수 없을 만큼 커졌을 때, 사람은 그것을 초래한 체험의 내적 의미를 해석하려고 의식적인 반성을 시작한다. 그것이 어느 정도 성공

하는가는 오로지 그 사람의 성찰 능력에 달린 문제이다.

　세상에는 어떤 체험에 대해서도 손쉽게 해석하기 편리한 상용구가 많이 준비되어 있다. 보통 사람들은 여기에서 만족한다. 그러나 만족하지 못하는 사람들은 자기 인식을 찾아내면 성찰의 여행을 떠난다. 그래서 한 잔의 차를 마시다 문득 떠오른 기억을 시작으로, 남은 여생을 바쳐 『잃어버린 시간을 찾아서』를 쓴 마르셀 프루스트 같은 인물도 나온다.

　우주 체험이라는 인류 역사상 가장 특이한 체험을 가진 우주 비행사들은 그 체험으로 인해 내적으로 어떤 변화를 겪었을까. 인류가 170만 년 동안 익숙하게 지내 왔던 지구 환경 밖으로 처음 나간 그 특이한 체험은, 그것이 체험자 자신에 의해 어느 정도 의식되었는지는 모르겠지만, 체험자의 의식 구조에 깊은 내적 충격을 주지 않을 수 없었을 것이다.

| 제 2 장 | **지구는 우주의 오아시스**

우주 비행사가 귀환하면 곧바로 NASA에서 철저한 디브리핑debrie-fing이 이루어진다. 디브리핑이란 비행 과정에서 체험한 모든 것들을, 순서대로 상세하게 각 분야의 전문가가 교대로 인터뷰하여 질문에 대답하는 형식으로 보고하는 것을 말한다. 이 작업은 며칠씩이나 걸린다. 그러나 디브리핑이 아무리 철저해도 어디까지나 기술적·과학적인 측면에 한정되어 있을 뿐, 심리적·정신적인 측면에 관한 것은 아니다. NASA는 우주 비행사 개개인의 마음이라든가 의식이나 정신에는 관심이 없다. NASA는 오직 기술자와 과학자들의 집단이다. 휴스턴의 우주 센터에서 NASA의 역사 정리를 담당하는 역사학자 E. C. 에젤 박사를 만났을 때 그는 "여기서 인문과학을 전공한 사람은 나밖에 없을 것이다"라고 말했다. 그 정도로 NASA는 기술자 중심의 사회이다.

그리고 우주 비행사들도 초기에는 모두 군대의 시험 비행사test pilot 가운데 선발했고, 그 후에도 제트기 조종사(군, 민간), 과학자 가운데 선발한 이공계 사람들이었다. 아폴로 15호의 달 착륙선 조종사였던 제임스 어윈James Irwin의 말을 빌리면 'nuts and bolts type(넛트와 볼트형, 즉 기술적인 것에만 관심을 보이는 기술자 타입)'의 인간 집단이었다. 그렇기 때문에 이상하게도 동료들 사이에서 문과계의 인텔리가 선호하는 화제(사상이나 문화, 정치·경제)를 입에 담는 것을 자제하는 분위기였다고 한다.

우주 비행사들 사이에서는 먼저 우주 체험을 한 선배가 아직 체험하지 않은 후배들에게 훈련 과정 중에 공식적으로, 혹은 일상적인 잡담 중에 비공식적으로 자신들의 체험담을 들려 줄 기회가 종종 있다. 그러나 그때도 디브리핑과 마찬가지로 화제의 중심은 기술적인 것이고, 나머지는 기껏해야 우주에서 본 경치를 환상적이라거나 아름답다는 정도의 형용사를 써서 즉물적으로 직접 묘사하는 정도였다. 자신이 무엇을 느꼈고 무엇을 생각했는지 등의 내적 체험에 대한 것은 말하지 않았으며, 듣는 쪽도 굳이 들으려고 하지 않았다.

나중에 쓰겠지만 그들 가운데 몇몇은 아주 비슷한 내적 체험을 가지고 있었다. 거기서 취재할 때 어떤 누구도 그와 비슷한 이야기를 했다고 하면 "음, 그랬군. 지금 처음 듣는 이야기다. 이런 얘기는 우리들 사이에서 화제에 오른 적이 없다. 하지만 그가 그렇게 느꼈다는 것이 어떤 것인지는 알 것 같다"는 대답을 듣게 되는 게 보통이었다.

일찍이 스노우C. P. Snow가 『두 문화The two cultures』(사이언스북스, 2001)에서 지적한 것처럼 현대 문화의 최대 특징은 과학 기술계의 문화와 인문계의 문화로 나눠진 것이다. 어느 한쪽의 문화 담당자인 지적 엘리트도 다른 한쪽의 문화에 관해서는, 아주 소수의 예를 제외하고는 대중적 수준의 지식밖에 가지고 있지 않다. NASA는 이공계 인텔리 가운데 가장 우수하고 뛰어난 사람들이 모인 집단이기는 하지만 인문계의 문화에 대한 지식과 관심은, "뭐, 기껏해야 보통 고등학교 졸업생의 평균 수준 정도이다. 사상적으로 깊이 있는 서적을 읽은 적이 있는 사람은 극히 드물다. 특히 우주 비행사가 그렇다. 그들 대부분은 군인이고 웨스트 포인트(육군 사관학교) 또는 아나폴리스(해군 사관학교) 졸업생으로 그 이후의 학위도 군대에 소속된 채로 대학에 다니며 취득한 것이다. 철학서 따위는 읽을 시간이 없는 인생을 보내온 사람들이다. 지식은 있지만 모두 실용적인 지식이다. 물론 소수의 예외는 있지만" 이라고 앞에서 언급한 에젤 박사는 이야기한다.

우주 비행은 우주 비행사에게 있어 기술적인 체험인 동시에 내적 체험이기도 했다. 우주 비행사들은 전자에 대해서는 지나치게 충분할 정도로 이야기할 기회가 주어졌지만, 후자에 대해서는 그렇지 않았다. 우주 비행을 끝마치고 귀환하면 곧바로 신문이나 TV 리포터들에게 둘러싸여 '감상'을 요구당하는 것이 보통이지만, 묻는 쪽도 대답하는 쪽 그때그때 인터뷰 때우기식의 표면적인 질의·응답으로 만족했다. 하지만 기회가 주어졌다고 해도 그들이 자신의 내적 체험을 충분히 이야기했을지는 의문이다. 자신의 내면을 표현하는 데는 특별한 능력이 필요하다. 제임스 어윈은 우주에서, 자신에게 시인이나 작가와 같은 표현력이 있었으면 하고 바랐다고 말한다.

몇몇 우주 비행사는 그 체험기를 책으로 썼다(거의 대부분은 정체 불명인 대필 작가의 힘을 빌리고 있다). 제임스 어윈도 그 가운데 한 사람으로 『밤을 지배하기 위해 To Rule The Night』라는 책을 출간했다. 그 책에서 어윈은 달에 착륙한 역사상 여덟 번째 사람으로서 아페닌Apennines 산맥 하들리Hadley 언덕 위에 첫발을 내딛었을 때를 다음과 같이 쓰고 있다.

"사다리를 타고 한발 한발 내려가 마지막 계단에서 발을 땅에 디뎠을 때 무언가 발에 닿아 이것이 달 표면이구나 생각하고 모든 체중을 실었다. 그런데 그것은 달 표면에 닿아 있는 달 착륙선의 다리 부분接地脚部(원형으로 되어 있어 자유롭게 움직인다)이었다. 체중을 싣자마자 그것이 획 돌아가는 바람에 발이 엉켜 재빨리 사다리에 매달려야 했다. 그러니까 달 착륙 첫걸음에 대한 나의 감상은 'Oh, my golly(어, 억!)'였다. 무엇보다 몇 백만이나 되는 사람들이 TV에서 보고 있는데, 나는 하마터면 벌렁 뒤집어져 나동그라질 뻔했다. 겨우 제정신을 차리고 주위를 둘러보며 이렇게 말했다. 'Oh, boy, it's beautiful up here! Reminds me of Sun Valley(아, 너무 아름답다! 선 밸리[유명한 스키장이 있는 산]가 생각나)' 실제로 아페닌 산맥은 어디선가 본 적이 있는 듯했다. 나무가 없고 평평한 데다 모습도 선 밸리에 있는 산과 꼭 닮았다. 스키장에 적합한 비탈을 이루고 있었다."

닐 암스트롱Neil Armstrong에 이어 사상 두 번째로 달 위에 섰던 아폴로 11호의 버즈 앨드린Buzz Aldrin은 『지구로의 귀환Return to Earth』이라는 책에서 다음과 같이 쓰고 있다.

"달 표면에 내렸을 때 내 기분은 고양되어 전신에 전율이 느껴졌다. 나는 곧바로 발 밑을 보고 달 먼지의 특성에 대해 굉장한 흥미를 느꼈다. 만약 지구상의 백사장에서 모래를 차면 모래는 여러 방향으로 튀어 어떤 모래 입자는 가까이, 어떤 모래 입자는 멀리 떨어진다. 그러나 달 위의 먼지는 어떤 방향으로도 같은 정도로 날리고, 게다가 모든 먼지가 거의 같은 거리만큼 날려 떨어진다. 두 번째로 내가 한 일은 아주 소수의 사람들만이 알 수 있었던, 인류 역사상 처음으로 한 어떤 행위였다. 내 신장은 그다지 좋은 편이 아니었는데, 그것이

역경에 빠졌다는 신호를 내 머리에 보내 왔다. 그래서 닐은 세계에서 최초로 달에 발을 내딛은 남자가 되었지만, 나는 세계에서 최초로 달 위에서 바지에 오줌을 싼 사람이 되었다. 물론 바지 안에는 채뇨기를 장착하고 있었다. 그러나 그것은 뭐라 표현하기 힘든 기묘한 느낌이었다. 전세계 사람들이 그때 나를 보고 있었지만, 그때 나 이외엔 아무도 그 사실을 몰랐다(사실 이 말은 틀렸다. 휴스턴에서는 우주 비행사의 생리 상태를 모니터하고 있었기 때문에, 담당자는 앨드린이 오줌을 쌌다는 것을 금방 알아챘다)."

우주 비행사들이 쓴 책을 대충 읽어 봤는데 모두 이런 식이었고, 우주 체험의 절정을 이루는 부분조차 당시의 자기 내면에 관련된 기록은 전혀 없다. 대개 분량으로 보면 우주 체험 그 자체에 대한 기록은 의외로 적다. 대부분은 우주 비행사가 되기까지의 이야기나 우주 비행사 생활 내부의 이야기다. 그러나 글의 행간에는 자신의 거대한 체험과 그 의미를 좀더 잘 전달하고 싶어도 잘 되지 않는 것에 대한 답답함 같은 것도 묻어난다. 쓰고 있는 쪽도 답답하고 안타까울 테지만 읽는 쪽은 더 답답하다.

마이클 콜린스Michael Collins(아폴로 11호)가 "만약 우주 비행사가 시인이나 철학자라면 우주선은 우주에 도착하지 못했을 것이고, 도착했다고 해도 지구로 귀환하지 못했을 것이다"라고 말한 것은 일리가 있다.

실제로 이런 실례가 있다. 1962년에 머큐리Mercury 7호로 존 글렌John Glenn에 이어 (미국에서) 두 번째로 지구 궤도에 오른 우주 비행사 스콧 카펜터Scott Carpenter는 제1기생 가운데 유일하게 시인의 영혼을 지닌 사람으로 불렸다. 동료들과 떨어져 혼자 기타를 치면서 노래 부르는 것을 즐기는 사람이었다. 멋진 해변이 있는 무인도에 읽고 싶은 책을 한 보따리 가져가서 하루 종일 헤엄치거나 낚시를 즐기거나 책을 읽으면서 지내는 것이 꿈이라고 말하는 사람이었다. 그런 그가 우주 공간으로 나갔을 때 우주의 아름다움에 도취되어 버린 것이다. 지구의 모습과 우주 반딧불(뒤에 서술하겠다)의 아름다움에 마음을 빼앗겨 정신없이 바라보며 사진 찍기에 열중한 나머지, 돌아갈 시간이 되었는데도(그의 비행은 지구를 3바퀴 도는 것이기 때문에 약 260분으로 끝났다) 깜빡 잊어버려 대기권 재돌입을 위한 자세 제어 조작이 조금 늦어졌다. 우주 비행에서 가장 미묘한 것은 이 대기권 재돌입 때의 조작으로, 지금은 컴퓨터로 자동화되어 있지만 당시에는 수동으로 조작해야만 했다. 그리고 재돌입 때의 각도가 조금이라도 어긋나 작아지면 대기권으로부터 멀어져 우주 공간에서 영원히 헤매게 될 것이고, 또 조금이라도 각도가 커지면 캡슐이 과열되어 타 버린다. 그는 자세 제어 조작이 늦은 것을 알고 허둥지둥 조작을 했기 때문에 예정보다 훨씬 큰 각도로 추락했다.

재돌입하는 카펜터와 멕시코 통신 기지에서 교신하며 지켜보고 있던 동료 고든 쿠퍼Gordon Cooper는 그가 불에 타 죽었다고 생각되어 얼굴을 감싸고 울어 버렸을 정도였다. 그러나 카펜터는 예정 지점보다 500km나 떨어진 곳에 있는 수면에 무사히 내렸다. 하지만 예정 지점에서 너무 많이 떨어져 있었기 때문에 발견이 늦어져 26분 동안 카펜터는 죽은 것으로 생각되어졌다. 카펜터 자신은 구출용 헬리콥터가 날고 있었을 때 구명 보트 위에서 느긋하게 하늘을 쳐다보고 있었는데, 헬리콥터 소리가 명상을 방해해 짜증이 났다고 말한다.

이런 실패의 원인이 되었던 성격 탓에 카펜터는 동료들로부터 바보 취급을 당하고 NASA 당국으로부터도 미움을 사, 다른 동료들은 두 번째, 세 번째 비행을 연이어 하게 되었는데도 그만은 이후 7년 동안이나 NASA에 소속되어 있었으면서 두 번 다시 비행하지 못했다.
　그 후 카펜터는 해군으로 돌아가 바다사랑계획에 참여하며 비행사에서 잠수기술자aquanaut로 변신, 심해 체재 신기록을 세우는 등 나름대로 성공을 거두었지만 잠수병에 걸려 은퇴해야 했다. 해군을 그만두고 해양 개발 관계 회사를 세웠지만 자금이 잘 돌지 않아 자본금 마련을 위해 TV 광고에 출연하기도 했다. 세브론이 새로운 고성능 가솔린으로 시판한 F310이라는 제품의 광고였는데, 이것이 소비자 단체의 비난을 샀다. 가격이 비싸기만 하고 성능은 별로 좋지 않은 데다 판매 방법 또한 사기 비슷하다고 해서 3,000만 달러의 손해배상 청구 소송이 일어났다. 당국이 조사해 보니 성능도 별로 향상되지 않았다. 그래서 그 광고에 출연한 카펜터에게도 '거대 비즈니스에 현혹되어 사리사욕을 채우기 위해 거짓말을 한 사람'이라는 딱지가 붙게 되었다. 이 사건으로 카펜터는 세상살이에 혐오감을 느껴, 사람들과의 교제도 거의 하지 않게 되었다. 그 후 히피에 가까운 장발을 하고는 디스코 텍에 다니거나 흥이 나면 기타를 치면서 사람들 앞에서 노래를 부르며, 한편으론 생계를 위해 작은 회사를 경영하는 생활을 하고 있다.
　그의 경우는 진짜 시인이 아니었지만, 진짜 시인이었다면 우주로부터 살아 돌아오는 것은 기대하기 어렵다. 그렇기 때문에 인류가 우주 체험을 했다고 해도, 말하자면 그것은 한쪽 문화의 측면으로부터의 체험인 것이지 다른 한쪽 문화의 측면으로부터의 체험은 아직 부족한 것이다. 언젠가 시인이나 철학자도 우주선의 승무원으로서가 아니라 승객으로 우주를 비행할 수 있는 날이 오겠지만, 그때까지는 우주 비행사의 표현 능력에 결함이 있다고 해도 그들의 말을 듣지 않고서는 우주 체험이 갖는 의미를 찾을 수 없다.

사실 시인 중에 단 한 명도 우주 비행사로 채용되지 않았지만, 시인이 된 우주 비행사는 있다. 화가 중에 우주 비행사가 된 사람은 없지만, 화가가 된 우주 비행사는 있다. 종교가나 사상가가 된 우주 비행사도 있고, 정치가가 된 우주 비행사도 있다. 평화부대에 들어간 우주 비행사도 있고, 환경 문제에 관한 활동을 시작한 우주 비행사도 있다.

슈와이카트의 말을 빌리면, "우주 체험을 한 뒤에 전과 똑같은 인간일 수는 없다"는 것이다. 우주 비행사 가운데 가장 세속적인 사람으로 여겨지는 앨런 셰퍼드Alan Shepard(머큐리 3호로 미국인 최초로 우주 체험. 아폴로 14호 선장)조차 "I was a rotten s.o.b.(son of a bitch) before I left. Now I'm just a s.o.b.(떠나기 전에 나는 썩어빠진 개새끼였지만, 지금은 그냥 개새끼다)"라는 말을 남기고 있다.

우주 체험의 내적 충격은 몇몇 우주 비행사의 인생을 근본적으로 변화시킬 정도로 큰 것이었다. 우주 체험의 무엇이, 왜, 그 정도로 큰 충격을 주었는가. 우주 체험은 인간의 의식을 어떻게 변화시키는가.

그 부분을 우주 비행사들에게 직접 물어 보려고 1981년 8월부터 9월에 걸쳐 미국 각지를 돌며, 다양한 생활을 하고 있는 전 우주 비행사 12명을 취재한 결과를 정리한 것이 이 리포트이다.

그 이야기를 하기 전에 우주와 우주 비행에 대해 좀더 이야기해야 한다. 그렇지 않으면 서로 이야기가 통하지 않기 때문이다.

처음에 지구를 둘러싼 대기에 대해 이야기했는데, 대기는 앞서 말한 것 이외에도 지구상의 생명 유지에 매우 중요한 기능을 하고 있다. 예를 들어 자외선 흡수가 그렇다. 강한 자외선을 받으면 생물은 예외 없이 죽는다. 세포의 핵산이 파괴되기 때문이다. 자외선 중 거의 대부분이 대기 상층부 오존에 의해 흡수되기 때문에 지표에 도달하는 것은 극히 일부분이다. 소량의 자외선에 노출만 되어도 인간은 가벼운 화상을 입는다(피부가 타는 것은 가벼운 화상이다). 그 정도로 자외선은 생명에 위험한 것이다.

태양은 지구상의 생물들에게 있어 천혜의 신이고, 태양 에너지 덕분에 모든 생명이 존속하고 있다고 해도 좋을 것이다. 그러나 자외선의 예를 봐도 알 수 있듯이 태양 그 자체는 생명에게 죽음의 신이기도 하다. 자외선보다 무서운 것이 태양풍이다. 이것은 태양에서 불어 나오는 플라스마류流(높은 에너지의 소립자 흐름)로서 초속 500km, 온도 10만℃이다. 태양은 거대한 핵 융합로인데, 방사선 차폐radiation shield 장치가 없기 때문에 융합로에서 플라스마가 뿜어져 나오는 것이다. 이런 태양풍을 지구 자장이 반사하고 있기 때문에 지표에는 그것이 도달되지 않는다. 그 때문에 인간은 오랫동안 그 존재를 모르고 있었는데, 그 존재가 이론적으로 추정되었던 것이 1958년이고 매리너Mariner 2호에 의해 직접 확인된 것이 1962년이다.

어쨌든 그 자체로서는 생명에 대해 죽음의 신인 태양을 천혜의 신으로 바꾸는 것이 지구 환경이다. 죽음의 공간인 우주 공간을 생명의 공간으로 바꾸는 것은 지구 환경이다. 그 지구 환경의 주역을 맡고 있는 것이 대기와 물이다. 대기는 지구를 20km의 두께로 덮어 보호하고 있다(실제로 그 상층에도 아주 희박한 대기가 있다). 20km라면 엄청난 두께이긴 하지만 지구의 크기에 비교하면 아주 얇은 막과 같은 것이다. 지구의 직경은 13,000km이다. 이것을 1,000만 분의 1로 축소해 보면 운동회 때 공 굴리기에 쓰는 큰 공 정도의 크기가 된다. 그 위에 두께 2mm의 막을 붙이면 그것이 대기층인 셈이다. 물 부분은 그것보다 더 얇다. 지구상의 물을 전부 모아 이것을 균등한 두께로 만들어 지구 전체에 펼치면 불과 1.6km의 두께밖에 되지 않는다. 지구를 큰 공 크기로 축소하면 불과 0.16mm의 얇은 막이 된다. 이 두 가지의 얇은 막 사이에 지구상의 모든 생명이 존재하고 있는 것이다.

인류 역사상 처음으로 우주 공간에 나간 소련의 유리 가가린Yuri Gagarin의 첫 느낌이 "지구는 푸르다"였다는 사실을 많은 사람들은 기억하고 있을 것이다. 그리고 우주 비행사들이 우주 공간에서 찍은 컬러 사진에 의해 지구가 푸른 천체라는 것은 이제 아이들도 알고 있다. 우주 비행사들의 말을 빌리면 그 푸르름 때문에 지구가 비할 수 없을 만큼 아름답게 보인다고 한다. 뒤에 서술하겠지만 그 아름다움이 우주 비행사들에게 가장 큰 충격을 준 것이었다.

천체로서 지구의 아름다움은 우리들도 사진으로 보아 안다고 할 수 있다. 그러나 우주 비행사들은 사진만으로는 그 아름다움을 절대로 알 수 없다고 말한다. 그건 그렇다손 치고, 지구의 푸르름은 대기와 물이 만들어 낸 것이다. 물은 원래 파랗게 보이는 것이고, 대기가 파랗게 보이는 것은 대기가 청색 파장의 빛을 산란하는 성질을 가지고 있기 때문이다. 그러므로 지상에서 맑은 하늘을 쳐다보면 파랗게 보이는 것같이 우주 공간에서 지구를 쳐다봐도 대기권이 파랗게 보이는 것이다. 즉 지구의 푸르름이란 수권水圈과 대기권으로 구성된 생명권bio sphere이 갖는 푸르름이다. 우주 비행사들이 지구의 아름다움을 너무나 강렬하게 느낀 것은 지구가 외형상 아름답다는 것뿐만 아니라 가장 아름답게 보이는 부분에 자신이 소속된 생명권이 있다는 무의식 속의 인식이 크게 작용한 것 같다.

"지구는 우주의 오아시스다"라고 말한 사람은 유진 서넌Eugene Cernan(제미니 9호, 아폴로 10호·17호)인데, 이 말에는 우주 공간이라는 생명의 사막을 여행한 우주 비행사의 심정이 잘 나타나 있다. 우주 공간에는 생명의 흔적도 없고, 생명이 존재하는 곳은 자신들이 지금 타고 있는 우주선과 몇 십만km나 멀리 떨어져 있는 곳에서 작게 보이는 푸른 지구뿐이다. 지금 이곳과 먼 그곳에만 생명이 있고, 그 둘을 둘러싼 모든 것이 죽음의 공간이라는 상태에 놓여 있다면, 자신과 지구를 연결하는 뗄래야 뗄 수 없는 '생명이라는 유대'의 소중함을 인식하지 않을 수 없다. 지구 전체의 생명에 비하면 자신의 생명은 무에 가까울지도 모른다. 그러나 자신의 생명에 있어 지구의 생명은 유일한 기반이다. 그곳으로 귀환하지 못하면 자신들은 죽을 수밖에 없다. 우주 비행사들이 놓인 기본적인 조건은 언제나 거기에 있다.

카펜터가 재돌입 자세 제어에 실패해 한동안 위험에 처했던 것을 제외하고는 머큐리, 제미니, 아폴로로 이어지는 우주 비행이 차례로 성공을 거두었다. 그 사이 우주가 얼마나 죽음에 가까운 공간인가를 사람들이 완전히 잊어 가고 있을 무렵, 아폴로 13호의 사고가 일어났다. 이 사고를 추적해 보면 우주의 혹독한 환경을 잘 알 수 있다.

1970년 4월 11일, 선장 제임스 라벨James Lovell, 승무원 프레드 헤이즈Fred Haise, 존 스와이거트John Sweigert가 탄 아폴로 13호는 달을 향해 발사되었다. 발사 후 약 56시간이 경과되었을 때 우주선은 이미 지구로부터 320,000km 떨어졌고, 달까지 60,000km 남은 지점에 와

제임스 라벨

있었다. 휴스턴 시간으로 밤 9시 8분, 우주선에서 사고 소식이 들어왔다.

"휴스턴, 이곳에 문제가 발생했다."
"여기는 휴스턴, 뭐라고? 다시 한번 말해라."
"문제가 생겼다. 메인 B버스에서 전압이 낮아지고 있다."

우주선의 에너지원은 연료 전지이다. 연료 전지란 수소와 산소를 화합시켜 물을 만들 때 발생하는 전기를 추출하는 장치이다. 물을 전기 분해해서 수소와 산소로 만드는 실험은 중학교 때 누구나 해 봤을 텐데, 그 과정을 거꾸로 진행시킨 것이 연료 전지이다. 연료 전지를 쓰면 부산물로 물이 만들어지므로 음료수를 가져갈 필요가 없다. 연료 전지는 우주선에 연결된 지원선(서비스 모듈)에 모두 세 개가 있다. 거기에서 우주선에 전기를 공급하기 위해 연결된 선이 메인 A버스와 메인 B버스, 두 개의 선이다. 전압이 저하되면 우주선의 모든 기능은 저하되거나 멈춘다. 전압 저하는 정도에 따라서는 우주선의 생명을 좌우하는 위험한 사태를 초래할 수 있다.

사태는 급속도로 악화되었다.

"전압 저하로 인해 '펑' 하는 큰 소리가 들렸다. 그와 동시에 주의등과 경고등이 동시에 들어왔다. 창 밖에는 어떤 가스 상태의 무언가가 보인다. 이제 메인 B버스는 전압 제로다. 메인 A버스의 전압도 저하되기 시작했다. 우주선이 이상하게 움직이기 시작해서 자세 제어가 어렵다. 피치와 롤이 멈추지 않는다."

"연료 전지 1을 메인 A에, 연료 전지 3을 메인 B에 연결해 보면 어떤가?"

"그건 이미 해 봤다. 연료 전지 1과 3도 전압이 제로가 됐다. 아직 이곳의 통신이 들리는가?"

"아직 들린다. 계속해라."

"산소 탱크 2가 기압 제로가 되었다. 산소 탱크 1의 기압이 내려가고 있다. 지금 200파운드인데 계속 내려가고 있다."

나중에 밝혀진 사고 원인은 산소 탱크의 파열 때문이었다. 왜 파열되었는지에 대해서는 당시 운석의 충돌, 밸브의 손상, 액체 산소 내의 불순물 유입 등 여러 가지 원인이 추정되었는데, 그 후 몇 개월에 걸친 조사 끝에 산소 탱크 2의 히터에 있는 자동 온도 조절 장치에 설계대로 부품이 쓰이지 않아 히터가 과열되어 산소 탱크가 폭발한 것으로 판명되었다.

우주 비행사가 창 밖으로 본 가스는 탱크에서 새어나온 산소 가스였다. 그리고 산소 가스의 분출이 일종의 로켓 엔진으로 작용해 우주선의 자세를 흐트러뜨린 것이었다.

처음에는 무엇이 고장나 전압 저하가 일어났는지 몰랐다. 회로인지, 연료 전지인지, 그렇지 않으면 산소인지. 그래서 접속을 여러 가지로 바꿔 보고 고장난 곳을 찾아보려고 했다. 그러나 산소 탱크의 기압이 급격하게 내려간 것이 원인으로 밝혀졌다. 최악의 사태였다. 회로나 연료 전지 때문이라면 예비로 교체해 어떻게든 곤경을 벗어날 수 있다(연료 전지는 3개다). 그러나 산소 탱크가 두 개 다 고장나면 완전히 두 손을 들 수밖에 없다. 지상 훈련에서 우주 비행사들은 어떤 사태에 맞닥뜨려도 헤쳐 나갈 수 있도록, 예상 가능한 모든 사고의 시뮬레이션 훈련을 몇 백 시간이고 해 왔다.

물론 연료 전지를 두 개 다 쓸 수 없게 되는 사고에 대비한 훈련도 충분히 했다. 그러나 산소 탱크를 두 개 다 쓸 수 없게 되어 전기도 안 들어오고 호흡용 산소도 없어지는 사태는 '예상 가능한 사고'의 범주에 들어가지 않았다. 그것은 상상할 수 없는 사태였다. 그러나 그 사태가 실제로 일어난 것이다. 산소 탱크의 통상 기압은 900파운드이다. 그것이 하나는 제로, 또 하나는 200파운드로 내려갔던 것이다. 우주선의 중요한 계기는 원격계측기telemeter로 휴스턴에서도 동시에 알 수 있다.

"산소 탱크의 기압 저하, 여기서도 확인했다."

"아직도 내려가는 것 같은가?"

"서서히 내려가 제로가 될 것 같다."

지금 우주선의 모든 기능은 기압 저하가 계속되는 산소 탱크 1이 겨우 움직이고 있는 연료 전지 2의 출력에 의해 지탱하고 있는 것이다. 전지의 출력이 떨어지면 통신 두절의 우려가 있다. 이 긴급사태는 지상으로부터의 도움 없이 헤쳐나갈 수 없다. 통신이 두절되면 그나마 도움도 받을 수 없게 된다. 우주선에서 휴스턴 쪽을 부를 때마다 "아직 들리나?", "아직 들린다"라는 대화가 반복되었다.

한밤중이었음에도 불구하고 휴스턴에서는 관계 스태프들이 총동원되었다. MIT에서는 30명의 학자와 기술자가 컴퓨터에 달라붙었다. 아폴로 우주선의 모든 운항법에 관한 컴퓨터 프로그래밍이 여기서 만들어지고 있었기 때문이다. 프로그램 수정은 그들만이 할 수 있는 일이었다. 달 착륙선을 만든 그러먼Grumman사 공장에서도, 사령선과 지원선을 만든 록웰Rockwell사의 공장에서도 기술자 전원이 배치되었다.

사고 발생으로부터 1시간이 경과한 시점에서 사령선의 전기가 15분 분량밖에 없다는 것이 판명되었다. 그것은 호흡용 산소도 이제 15분밖에 쓸 수 없다는 것을 의미했다. 지구로 귀환하려면 최하 3일은 걸리는 시점에서 15분 분량밖에 남지 않은 것이다. 생각할 수 있는 유일한 응급책은 단 한 가지밖에 없었다.

"달 착륙선을 구명보트로 쓰는 수밖에 없을 것 같다. 거기로 이동해서 동력을 넣어라."

"여기서도 그것밖에 할 수 없다고 생각하여, 벌써 제임스와 프레드는 이동했다."

그때 아폴로 13호는 사령선 머리 부분이 달 착륙선에 접속되어 있고, 꼬리 부분은 지원선에 접속되어 있는 형태로 비행하고 있었다. 지원선에는 로켓 엔진, 연료, 연료 전지가 비축되어 있었다. 달까지의 왕복 우주 비행의 전 과정 동안, 다시 말해 지구로 돌아와 대기권에 재돌입하기 직전까지, 우주선은 지원선의 힘에 의해 비행하고 사령선은 그것을 컨트롤할 뿐이다. 사령선이 지원선의 힘을 빌리지 않고 독자적으로 우주 비행을 하는 것은, 지원선을 떼내고 나서 재돌입하기 전까지의 아주 짧은 시간 동안만이다. 그러니까 사령선에는 자세 제어용의 작은 엔진밖에 달려 있지 않다. 연료 전지도 없다. 지원선에서 떨어져 나와서부터는 전원도 배터리에 의존한다. 사령선과 지원선은 하나의 몸체로 설계되어 있어서 사령선의 단독 비행은 단시간에 재돌입할 때 이외에는 전혀 불가능하다.

한편, 달 착륙선은 단독 시스템으로 설계되어 있다. 달 궤도에서 사령선으로부터 떨어져 달 표면에서 활동하고 나서 다시 달 궤도로 돌아가기까지 2명의 우주 비행사는 달 착륙선에 의지할 수밖에 없으므로, 충분한 산소(중량으로 50파운드), 전원(배터리), 물이 독자적으로 준비되어 있다. 아폴로 13호의 경우, 약 60시간용으로 설계되어 있었다. 그것을 이용해 살아남으려 했던 것이다. 물론 달 착륙은 중지되었기 때문에 그것을 써버리는 것은 문제가 없다. 그러나 그대로 가면 지구로 되돌아오는 데 90시간이 걸릴 것으로 예상되었다. 둘 다 60시간 분량밖에 없는 산소, 전기, 물을 3명이 90시간 동안 쓸 수 있을까. 주저하고 있을 여유가 없었다. 지원선의 산소와 전기는 이제 15분밖에 쓸 수 없으므로 다른 선택은 할 수 없는 것이다. 우선 그것으로 살아 남은 다음, 나머지 문제는 나중에 생각할 수밖에 없었다.

우선, 달 착륙선의 전 시스템을 시동해 놓을 필요가 있다. 사령선의 전기가 끊기기 전에 그렇게 하지 않으면 끝장이다. 보통 달에 착륙할 경우에는 우선 전날 예행 연습으로 전 시스템에 시동을 걸고 3시간 동안 체크를 한다. 더욱이 당일에도 비행하기 3시간 이상 전부터 시동 점검을 한다. 그런 일을 예행 연습 없이 불과 15분 만에 해내야 했다.

특히 긴급했던 것은 관성 유도 장치의 데이터를 달 착륙선으로 옮기는 일이었다. 앞에서도 말했듯이 그 데이터 없이는 우주선이 어디로 어떻게 날아갈지 알 수 없다. 또한 그것을 모르면 휴스턴으로부터의 지원도 받을 수 없다. 육분의에 의한 천체 관측에 의지한다 해도, 비교적 큰 창이 다섯 개나 있는 사령선과 달리 달 착륙선에는 작은 창이 두 개밖에 없다. 관측 목표인 천체를 시야에 넣기 위해서는 자세 제어 엔진을 움직여 선체를 회전시켜야 한다. 그것을 몇 번이고 하다 보면 원래 조금밖에 없는 자세 제어 엔진용 연료를 다 써버리게 될 것은 불 보듯 뻔한 일이었다. 더욱 문제가 된 것은 탱크에서 분출된 산소 가스가 관성의 법칙에 의해 우주선을 감싸듯이 둘러싸고는 우주선과 함께 계속 비행하는 것이었다. 그 때문에 창 밖은 안개가 낀 듯하여 별이 잘 보이지 않았다. 보인다고 해도 탱크 폭발 때 튀어나온 미세한 금속 파편이 빛을 내며 그 주변을 날고 있어, 안개 속에서는 별과 구분되지 않는 상태였다.

데이터 옮기는 일을 완료하기 전에 사령선의 전원이 끊겨 데이터가 소멸되면 큰일이었다. 스와이거트는 만전을 기하여 사령선의 재돌입용 배터리의 스위치를 켜고 관성 유도 장치를 계속해서 살려냈다. 그 이외의 것은 달 착륙선이 시동하는 것에 따라 차례로 스위치를 꺼 갔다.

"사령선의 예비 산소 탱크를 시스템에서 분리시켜라"라는 지령이 맨 먼저 나왔다. 사령선에는 지원선의 산소 공급 시스템에 연결되어 있는 예비 탱크가 있다. 이것은 사령선의 전력 소비가 일시적으로 급격히 증가할 경우 지원선의 연료 전원 시스템을 지원하고, 어떤 이유로 인해 사령선 내의 산소압이 급격하게 저하할 경우 그것을 자동적으로 보급하며, 재돌입할 경우 지원선이 떨어져 나간 다음 사령선이 착수할 때까지 산소를 공급하는 등의 목적을 겸하고 있다.

이 예비 탱크의 산소는 중량이 불과 8파운드밖에 안 된다(그에 비해 폭발한 탱크에는 각각 320파운드나 있었다). 이것을 빨리 분리하지 않으면 자동적으로 지원선의 산소 보충으로 전환되어 재돌입용 산소가 없어질 우려가 있었던 것이다.

이렇게 하고 있는 동안, 지상에서는 총력을 기울여 우주선을 1초라도 빨리 지구로 돌아오게 하기 위한 방책을 짜고 있었다. 돌아오는 길에 속력을 내지 않으면, 우주선은 돌아온다 해도 그 안에 있는 우주 비행사가 산소 결핍으로 죽게 될 위험에 처해 있었다.

달까지는 아직 60,000km나 떨어져 있는 지점이었다. 그 자리에 우주선을 멈추고 바로 돌아오는 방법도 생각할 수 있다. 그러나 그러기 위해서는 상당한 양의 역분사를 통해 제동을 걸어 선체를 반전시키고, 다시 상당한 양의 분사를 통해 추진력을 얻어야 한다. 지원선의 로켓 엔진이 정상적으로 기능하면 이것도 기술적으로는 가능했다. 그러나 지원선의 어디가 어떻게 고장났는지 모르는 상황에서 엔진을 분사하는 것은 너무 위험했다. 무슨 일이 일어날지 알 수 없었다. 연료 탱크가 폭발하거나 엔진 컨트롤이 되지 않거나 엉뚱한 방향으로 추진력이 작용해 지구로의 귀환이 불가능한 궤도로 우주선이 들어서거나 하는, 되돌이킬 수 없는 일이 발생할 거라는 우려가 많았다.

쓸 수 있는 엔진은 달 착륙선의 엔진뿐이었다. 달 착륙선에는 달 궤도에서 달 표면으로 하강할 때와 달 표면에서 달 궤도로 올라와서 사령선에 도킹할 때 쓰이는 엔진과 연료가 비축되어 있었다. 이 엔진으로 달 착륙선, 사령선, 지원선이 연결된 채 우주선 전체를 지구 궤도까지 돌려놓아야 했다. 엔진의 능력으로 보면 우주선을 거기서 멈추고 거꾸로 회전하여 돌아올 수 없다는 이야기였다. 유일하게 가능한 것은 우선 달로 향한 뒤, 달 건너편을 돌아서 지구로 가는 방법이었다. 멀리 도는 것 같지만 이 방법이 연료 소비가 가장 적다. 왜냐하면 달을 향해 비행중인 우주선은 부메랑처럼 자연적으로 지구로 돌아오는 궤도에 오르기 때문이다.

앞서 말한 것과 같이 우주 비행의 대부분은 관성 비행이다. 이미 우주선은 기본적으로 달을 경유해서 지구로 돌아오는 궤도에 올라 있었기 때문에, 달 착륙선에 약한 엔진만 있어도 지구로 돌아오는 것 자체는 어렵지 않았다. 문제는 시간과의 싸움이었다. 우주 비행사가 살아 있는 동안 돌아올 수 있을지가 문제였다.

또 한 가지 문제는 지금 우주선이 올라 있는 궤도에 있었다. 달을 향하는 궤도는 여러 가지가 있다. 아폴로 11호까지는 자동 귀환 free return 궤도를 취했다.

말하자면 이것은 지구를 도는 인공 위성의 궤도를 점점 얇고 길게 늘려가 그 끝 부분이 달에 도달할 때의 궤도이다. 인공 위성의 궤도는 속도를 내면 점점 장축이 긴 타원형이 되어 초속 10.9km(시속 약 40,000km) 때에 정확히 달에 도달한다(속도를 더 내면 타원형 궤도가 아닌 포물선 궤도가 되고, 마침내 쌍곡선 궤도가 되어 영영 지구로 돌아오지 못하게 된다). 이것은 지구 주회周回 궤도의 일종이기 때문에 내버려둬도 우주선은 지구까지 돌아온다. 만일 도중에 사고가 나도, 그대로 두면 지구까지 돌아오기는 돌아온다.

자동 귀환 궤도에 올라 달에 도달한 곳에서 속도를 조금 떨어뜨리면, 이번에는 우주선이 지구로 돌아오지 못하고 달 주변을 도는 인공 위성이 된다. 거기에서 달 착륙선이 분리되어 하강하는 것이 달 착륙의 순서이다.
 그러나 아폴로 12호부터는 우주선이 혼성 궤도를 이용하게 되었다. 이것은 지구를 떠날 때는 자동 귀환 궤도를 타고, 달로 비행하는 도중에는 미리 달 주회 궤도에 우주선이 오르기 쉽도록 궤도 수정을 하는 것이다. 이렇게 하면 연료가 대폭 절약되고 목적지에 정확하게 착륙할 수 있다는 이점이 있다.
 아폴로 13호도 이 방식을 취해 이미 사고 전날 궤도 수정을 했다. 따라서 이대로 간다면 달에 갔다가 지구 쪽으로 돌아오기는 돌아와도 지구로부터 400km 떨어진 방향으로 날아가 버리게 된다. 지구로 돌아오기 위해서는 다시 한번 자동 귀환 궤도로 궤도 수정을 해야 했다. 더욱이 달과 지구 사이처럼 장거리를 비행하는 경우에는 아무리 정밀한 계산을 통해 엔진을 분사해도 반드시 오차가 나기 때문에, 중간 중간 바른 궤도로 올려 놓기 위해 궤도 수정을 해야 한다. 이 두 가지 궤도 수정을 계산에 넣은 뒤에 연료에 여유가 있으면 속도를 내기 위해 분사한다. 그것을 어디서 어떻게 분사하면 지구로 최단 시간 내에 돌아올 수 있는가. 풀어야 할 문제는 바로 이것이었다.
 NASA에서도 MIT에서도 컴퓨터가 총동원되어 모든 가능성을 검토했다. 지원선은 이제 무용지물이 되었으니, 그것을 떨어뜨리면 크게 속도를 낼 수 있다는 제안도 있었다. 그러나 이 안은 사령선 관계 기술자로부터 위험성이 크다고 일축당했다.
 지구로 귀환할 수 있는 것은 사령선뿐이다. 달 착륙선도 지원선도 재돌입시에 일어나는 대기와의 마찰열에 견디지 못해 불타 버린다. 사령선만은 3,000℃에 달하는 마찰열에 견딜 수 있도록 바닥 부분에 열 차단 장치가 달려 있다. 이것은 두께 7cm에 달하는 일종의 수지樹

肢로, 이것이 열로 기화되어 불이 붙을 때 발생하는 잠열(숨은 열)을 빼앗아 열로부터 사령선을 보호한다. 대기권에 들어서면 사령선은 문자 그대로 불덩이가 되어 하강한다. 그때 사령선의 창문은 오렌지색을 기본으로 일곱 가지 색으로 변하는 불꽃으로 가득 차 우주 비행 중 가장 아름다운 광경 가운데 하나를 이룬다고 한다.

문제는 이 수지에 있었다. 보통 우주 비행 중에는 이 부분이 지원선과 접속되어 있기 때문에 비행 중에는 내내 우주 공간으로부터 보호되고 있다. 그런데 이 단계에서는 지원선이라는 커버를 벗겨낸 후 수지가 장시간 우주 비행에 노출될 경우 어떻게 되는지에 대해서는 예상하지 못했기 때문에 아무런 데이터가 없었다. 그러나 예상되는 위험이 두 가지 있었다. 우주 공간은 자외선이 상당히 강하며, 수지는 자외선에 의해 변질되기 쉽다. 또 한 가지 위험은 열이다. 태양 광선을 받으면 100℃ 이상이 된다. 이 열을 장시간에 걸쳐 받게 되면 수지가 조금씩 기화되어 재돌입시에 충분한 두께를 유지하지 못할 가능성이 있다. 두 경우 모두 재돌입할 때 우주 비행사가 타 죽을 가능성이 있는 것이다. 따라서 이 안은 채택되지 않았다.

컴퓨터가 세운 계획은 모두, 곧바로 동료 비행사들이 시뮬레이션 기구에 올라타서, 그것을 실행에 옮기는 순서를 연구하고 시뮬레이트한 결과를 컴퓨터에 피드백하여 검증한다. 보통 비행 스케줄은 장시간의 시행 착오를 반복하면서 세운 것이므로 모든 조작에 완벽한 매뉴얼이 만들어져 있지만, 이번에는 지금까지 생각하지 못했던 조작 순서를 위해 체크리스트를 몇 시간 안에 만들어 내야 했다.

여러 가지 안이 검증되고 있는 사이에 우주선 안은 점점 초조해지고 있었다. 전기도 산소도 물도 절약해야 하는 판국에 궤도 수정을 진행시키기 위해 달 착륙선의 시스템을 전부 가동시켜야 했다.

"우리들은 궤도 수정과 스피드 업을 동시에 빠른 시간 안에 실행해 빨리 달 착륙선의 시스템을 파워 다운시키고 싶다. 달을 돌고 나서 스피드 업을 하게 되면 시간이 너무 많이 걸린다."

우주선 측의 요구를 받아들여 여기서 가능한 한 엔진을 한꺼번에 분사시켜 버리면 약 60시간 만에 지구로 귀환할 수 있다. 그러나 이 안은 두 가지 이유로 채택되지 않았다. 첫 번째는 만일 그 뒤에라도 크게 궤도 수정이 필요하게 되었을 때 연료가 충분히 남아 있지 않게 될 우려가 있었다. 두 번째로 그럴 경우 착수 지점이 남인도양이 되는데, 현재 태평양에서 전개하고 있는 회수 부대가 그 시간까지 그곳으로 갈 수 없었다.

결국 휴스턴은 다음과 같은 계획을 취했다.

"이대로는 전기 장치의 냉각 용수가 위기 상황에 처하게 된다. 그러니 61시간째(발사 후. 이하 동일)에 30.7초 간 엔진을 분사하라. 그러고 나서 달을 돌고 난 후 79시간째에 4분 30초 간 분사하라. 그 단계 이후에 전력 사용량을 시간당 17암페어까지만 하면, 전기도 물도 산소도 지구 귀환까지는 충분히 쓸 수 있다."

"그것밖에 방법이 없으면 그렇게 하자."

휴스턴은 필요한 조작을 하기 위한 길고 긴 체크리스트를 읽어 내려갔다. 우선, 엔진 분사 전에 미묘하고 엄밀한 자세 제어가 필요하다. 두 번째, 예를 들면 엔진 분사도 처음에는 10% 스로틀throttle 조절로 5초 동안, 그 다음은 40% 스로틀 조절로 21초 동안, 그 다음은 풀 버스트full burst로 3분 58초 동안이라고 엄밀하게 정해져 있다. 우주선은 휴스턴에서 이렇게 해 달라고 계획을 지시하면, 나머지는 우주선 측에서 적당한 순서를 생각하여 그 계획대로 실행해도 되는 단순한 기계가 아니다. 지상의 스태프가 컴퓨터를 사용해 생각해 낸 가장 적합한 몇 십 단계의 순서를 체크리스트의 형태로 전달할 필요가 있다.

 체크리스트에 따라 두 번에 걸쳐 진행된 엔진 분사는 막힘 없이 행해져 우주선은 142시간째에 남태평양 착수 예정의 궤도에 올랐다. 약 10시간 동안 스피드 업한 것이다. 그러나 전기가 거의 바닥이 난 상태였다. 통신, 생명 유지 장치 등, 필수 불가결한 장치를 빼고는 차례로 전기가 꺼졌다. 17암페어로는 일반 가정에서 쓰는 전력 소비밖에 할 수 없다. 그 영향을 가장 많이 받는 것이 실내의 온도 유지 장치였다. 온도는 점점 빙점에 가깝게 내려갔다. 그 이상 내려가면 휴지 상태에 놓여 있는 시스템이 얼어붙어 재돌입시에 다시 시동을 걸려고 해도 움직이지 않을 수도 있는 상태까지 온도가 내려간다.

 우주 비행사들은 지구로 귀환할 때까지 추위에 떨어야 했다. 얼마나 추웠던지 대기권 재돌입의 화염에 싸여 착수한 뒤에도 캡슐 안에 있는 사람들의 입김이 하얗게 나올 정도였다. 그 추위 속에서는 자려 해도 잘 수가 없다. 전원 수면 부족이었다. 그 때문에 가장 중요한 재돌입시에는 각성제를 복용해야 했다.

 다음으로 일어난 문제는 탄산 가스의 문제였다. 지구에서는 식물이 산소 공급과 탄산 가스 처리를 동시에 해 주지만, 우주선 안에서는 이것이 별도의 시스템으로 돌아간다. 그렇지만 달 착륙선의 수산화리튬 카트리지는 50시간밖에 쓸 수 없도록 설계되어 있었다. 그대로 두면 아무리 100% 산소를 공급한다 해도 탄산가스가 늘어난 만큼 산소 분압이 줄어들어 산소 부족 현상을 일으키게 된다. 이대로라면 산소도 전기도 물도 있지만, 탄산 가스 때문에 지구로 살아 돌아올 수 없을지도 몰랐다.

사령선에는 사령선용의 수산화리튬 카트리지가 있다. 이것은 물론 지구로 돌아올 때까지 쓸 수 있도록 설계되어 있다. 그렇기 때문에 사이즈가 완전히 다르다. 사령선의 환기구에서 카트리지를 빼내어 이쪽의 환기구에 끼울 수는 없다. 크기뿐만 아니라 카트리지를 끼우는 부분이 전혀 다르다.

이 문제 또한 휴스턴의 지원으로 해결되었다. 달 착륙선 내에 있는 재료를 써서 달 착륙선의 환기구와 사령선의 카트리지를 접합시키는 어댑터를 만드는 방법을 생각해 냈다. 거기에 쓰인 재료는 필요가 없어진 체크리스트, 오물처리용 비닐 봉지, 불필요한 호스, 접착테이프 등 정말 폐품 재활용품 같았다. 이것도 지상에서 몇 번이고 만들어 보고 최선의 순서를 찾아내, 그것을 무선으로 한 단계씩 전달하여 똑같이 만든 것이다.

궤도 수정의 여력이 없었기 때문에 궤도를 조금이라도 틀리게 하는 행위는 일체 피했다. 예를 들어 필요가 없어진 헬륨 가스를 방출해야 했다. 이때 지상의 컴퓨터로 정밀한 계산을 한 후, 전 방위로 균등하게 방출해 궤도에 영향을 미치지 않게 하는 방법을 썼다. 우주선에서 뭔가를 방출하면 반드시 그 반동으로 반대 방향의 힘을 받기 때문이다. 이것 때문에 문제가 생긴 것은 소변이다.

보통 우주선에서 소변을 보기 위해서는 깔대기처럼 생긴 소변기에 페니스를 넣고 그대로 우주선 밖으로 방출한다. 우주선 안의 기압은 높고 우주선 밖은 진공이기 때문에 소변은 우주선 밖으로 빨려 나간다. 우주복을 착용하고 있는 경우에는 이 소변기를 쓸 수 없기 때문에 채뇨 봉지를 사용한다. 이것은 페니스 앞쪽에 역류 방지 밸브가 붙은 콘돔 형태의 고무 봉지를 끼우게 되어 있다. 소변이 조금이라도 새면 무중력 상태에서 우주선 안 여기저기에 떠다니게 된다. 이런 사태가 발생하지 않도록 채뇨 봉지와 페니스 사이에 틈이 생기지 않도록 주의한다. 채뇨 봉지는 페니스 크기에 따라 대·중·소, 세 종류가 있다. 그런데 우주 비행사 사이에서도 페니스에 대한 콤플렉스가 있어 모두 사이즈보다 한 치수 큰 것을 고르려고 했다. 그 때문에 소변을 공중에 흘린 우주 비행사가 있었다고 한다. 채뇨 봉지의 소변은 의학 검사용 샘플로 가지고 돌아오도록 지시받지 않은 경우에는 나중에 소변기를 통해 우주선 밖으로 방출된다.

우주선 밖으로 방출된 소변은 순식간에 얼어 무수한 얼음 덩어리로 우주선 주변을 떠돈다.

"우주선에서 본 경치 중에서 가장 아름다운 것 중 하나가 해질 무렵의 소변이다. 한 번의 소변으로 천만 개 정도의 미세한 얼음 결정체가 생긴다. 그것이 태양 광선을 받아 일곱 가지 색으로 빛나면 뭐라 표현할 수 없을 만큼 아름답다. 믿기지 않을 정도로 아름답다"고 슈와이카트는 말한다. 슈와이카트뿐만 아니라 모든 우주 비행사들이 그 아름다움을 이야기한다. 실은 이것이 앞에 나온 카펜터가 아름다운 경치에 정신을 빼앗겨 시간을 잊어 버렸다던 '우주 반딧불'이다. 최초로 이 우주 반딧불을 발견한 사람은, 미국에서 처음으로 지구 주회 비행을 한 존 글렌이다.

"반딧불 비슷한 것이 우주선 창 주변을 무수히 날고 있다"고 글렌이 우주에서 보고했을 때, 지상의 사람들은 귀를 의심했다. 반딧불과 비슷한 것이 우주 공간에 있을 리가 없기 때문이었다. 아주 작은 운

러셀 슈와이카트

석이라면 그렇게 빛날 리가 없고, 게다가 수적으로 그렇게 많을 리가 없다. 눈이 착각을 일으켰다고 생각되었지만 글렌이 아주 강하게 주장하는 바람에 '우주 반딧불'이라고 명명되어 미지의 우주 현상이라고 여겨졌다. 그 정체가 소변이라는 것이 알려진 것은 몇 번의 우주 비행을 거치고 나서였다.

이야기가 다른 곳으로 샜지만 이 소변 방출 또한 그 반작용으로 인해 궤도에 영향을 준다. 그래서 소변을 일절 방출하지 않기로 했다. 처음에는 채뇨 봉지에, 그것도 모자라면 이용 가능한 모든 봉지를 이용해 소변을 모았다. 채뇨 봉지 이외의 봉지에는 밸브가 달려 있지 않아 아마 상당량의 소변을 공중에 부유시키는 결과를 낳았을 것이다. 우주선 안의 공기를 오물로 더럽힌 예는 아폴로 7호의 승무원 전원이 '우주 멀미'(우주 비행 중 배멀미처럼 구역질이 나는 것이다. 멀미가 나는 사람과 나지 않는 사람이 있다)를 해서 오물 봉지에 입을 대기도 전에 구토를 하는 바람에 공중에 오물이 떠다닌 일도 있다고 하는데, 그것

못지않게 심한 상태였을 것이다.

그처럼 세심한 주의를 기울여도 역시 궤도는 조금씩 오차가 생긴다. 달에서 지구를 향해 거의 중간 정도까지 왔을 때, 이대로 가면 약 160km 정도 재돌입 권역에서 벗어나 지구까지 도달해도 다시 우주 공간으로 튕겨 나가 태양 쪽으로 향하게 되리라는 사실을 컴퓨터로 궤도를 계산한 결과 알게 되었다. 재돌입 공간이라는 것은 앞에서 말한 것처럼 재돌입할 때 그것보다 작은 각도로는 우주 공간으로 튕겨 나가고 그것보다 큰 각도로는 불타 버린다는, 살아 돌아오는 것이 가능한 재돌입 각도의 좁은 범위를 말한다. 각도로 재면 불과 2도이다.

달처럼 멀리 떨어져 있는 곳에서 로켓을 분사하여 도중에 궤도수정 없이 지구의 재돌입 공간에 정확히 들어가기 위해서는 로켓 분사 시 초 단위의 각도로 자세 제어를 하고 속도 조절을 시속 10km 단위로 해야 하는데, 그런 것은 현재 기술로는 아무래도 무리였다. 160km 정도의 오차라면 오히려 작은 편이었다. 이것은 105시간 18분째에 15초 간 엔진 분사를 하는 것으로 무사히 해결되었다.

그 이후로는 오로지 지구로 향하기만 하면 되었다.

"지구로 접근함에 따라 지구는 급행 열차가 이쪽으로 향해 오는 것처럼 다가왔다"고 스와이거트는 말한다.

사고가 일어난 직후에는, 앞에서 말한 이유 때문에 지구에 돌아오기 위해 우선 지구로부터 멀어져야 했다.

"바쁜 작업을 하면서 때때로 창 밖을 보면 지구가 점점 작아져 간다. 작지만 너무나 아름답고, 너무나 사랑스러웠다. 어쩌면 그곳으로 돌아갈 수 없을지도 모른다고 생각하니 가슴이 조여 오는 것처럼 아팠다."

달을 돌고 나면 이번에는 지구의 모습이 점점 커진다. 달 주변에서 보면 지구는 농구공 정도의 크기로 보인다고 한다(나중에 설명하겠지만 사람에 따라 크기의 표현은 여러 가지이다). 지구는 직경으로 치면 달의 4배 정도의 크기이다. 그렇기 때문에 외관상의 면적으로는 달의 16배라고 생각하면 된다. 달의 16배라면 상당한 크기로 느껴질 텐데, 지구에서 달을 보는 것과는 다르게 무한한 칠흑의 우주 공간 안에서 지구는 정말 작게 보인다.

지구의 모습은 가속도가 붙는 것처럼 점점 커진다. 그것은 지구의 인력에 끌려 우주선의 속도가 점점 빨라지기 때문이다.

거꾸로 달로 향할 때는 지구의 인력에 끌려 점점 속도가 떨어진다. 달을 향해 출발할 때는 시속 40,000km에 가까운 속도였는데, 아폴로 13호가 사고를 일으켰던 지구로부터 320,000km 떨어진 지점에서는 이미 시속 3,200km 정도로 떨어져 있다. 달에서 돌아올 때는 지구에 접근함에 따라 그것과 반대의 비율로 속도가 올라가, 지구 궤도에 오를 때는 출발할 때와 마찬가지로 시속 40,000km가 된다. 지구에 가까워질 때는 정말로 지구가 점점 커진다.

지구로부터 25,000km 떨어진 지점에서, 지구는 거의 30도의 시각으로 보인다. 그 후 40분 전후로 지구로부터 7,000km 정도 떨어진 지점에 접근하면, 지구는 거의 90도의 시각으로 보인다. 거의 시야 전체에 지구가 가득 차 보인다. 그리고 몇 분 후에는 지구의 전체 모습이 고개를 돌리지 않으면 볼 수 없을 정도가 된다. "지구가 급행 열차처럼 다가온다"는 말은 정말 꼭 들어맞는 표현이다. 이 정도의 속도로 직경 13,000km의 거대한 목표물이 눈앞에 한꺼번에 다가오는 경험은 우주 비행사 이외에는 가질 수 없다.

어쨌든 이렇게 해서 아폴로 13호의 우주 비행사들은 무사히 지구로 돌아왔다. 그러나 그들은 피로가 극에 달해 구출되었을 때는 거의 말도 할 수 없는 상황이었다. 선장인 제임스 라벨은 지구로 돌아온 첫 소감을 이렇게 말했다. "We do not realize what we have on earth untill we leave it(지구를 떠나 보지 않으면, 우리가 지구에서 가지고 있는 것이 진정 무엇인지 깨닫지 못한다)."

라벨이 우주에서 죽음에 이를 뻔한 특별한 경험을 가진 우주 비행사이기 때문에 이런 인식을 갖게 된 것은 아니다. 안전하고 무사하게 우주 비행을 끝내고 돌아온 우주 비행사들도 이야기를 들어 보면 예외 없이 지구에 대한 인식이 놀랄 정도로 확대되었다고 말한다.

그것은 지구 환경이 얼마나 인간의 생명 유지에 필수 불가결한 것인가를 알았다는 단순한 감상이 아니다. 지구와 인간의 전체적인 관계에 대한 인식이라고 하면 좋을까. 구체적인 것은 앞으로 서술하기로 하고, 전 인류가 현재 그 위에 올라 앉아 모든 행위를 전개하고 있는 지구를, 눈앞에서 하나의 전체적인 것으로 본 경험이 있는 사람만이 가질 수 있는 인식이라고 하면 좋을까.

신과의 해후

> "저 멀리 지구가 오도카니 존재하고 있다.
> 이처럼 무력하고 약한 존재가 우주 속에서 살아가고 있다는 것.
> 이것이야말로 신의 은총이라는 사실을
> 아무런 설명 없이도 느낄 수 있었다."
> —제임스 어윈

| 제1장 | **전도사가 된 어원**

우주에서 우주 비행사들이 겪은 인식의 확장 체험에 관한 이야기를 되풀이해서 듣고 있는 사이, 나는 우주 비행사란 '신의 눈'을 가진 사람이라고 생각하게 되었다.

긴 인류사를 기준으로 말하면, 아주 최근까지 인류는 어떤 종교를 불문하고 신(종교에 따라 이름은 다르지만)이 하늘 위에서 인간의 행위를 내려다본다고 생각하고 있었다. 그것도 물리적으로 보고 있다고 생각하고 있었다(신의 행위를 추상화하여 생각하게 된 것은 아주 최근의 일이다). 하늘은 언제나 신의 자리였다. 하늘에서 지상을 내려다보고 있는 신의 모습은 근세 이전의 서양 회화에서 얼마든지 볼 수 있다. 현대인은 그것을 비유적 표현이라고 해석할지도 모르지만, 당시에는 그리는 사람도, 관람하는 사람도, 그것이 현실 묘사라고 생각했던 것이다.

『신곡』 천국 편에서 단테는 베아트리체에게 이끌려, 첫 번째 하늘에서 시작해 계단의 층을 점점 높여 마침내 가장 높은 하늘인 열 번째 하늘(신의 자리면서 천국이기도 하다)까지 올라간다. 현대인은 아무리 신앙심이 깊은 사람이라도 신의 자리나 천국이 우리들 머리 위에 있는 하늘의 훨씬 위쪽에 물리적으로 존재한다고 생각하지는 않는다. 그러나 단테가 살았던 당시는 그렇지 않았다. 어디까지나 사람들은 그것을 물리적인 것으로 믿고 있었다. 따라서 『신곡』에서 하늘의 계단 층이 상승될 때마다 마치 지구를 떠나 비행을 계속하는 우주 비행사의 눈에 비치는 것처럼 점점 지구가 작게 보였다고 한 것이다.

나는 뒤돌아 일곱 개의 천구 저 너머로 지구를 보았는데,
너무나 작고 가련한 그 모습에 저절로 웃음이 나왔다.

여덟 번째 하늘까지 올라갔을 때 지구가 어떻게 보이는지를 단테는 이렇게 쓰고 있다.

단테의 시대에는 살아 있는 인간의 상상력 속에서만 가능했던 하늘로의 물리적 상승을, 현대의 우주 비행사들은 가능하게 만들었다. 그래서 최초로 하늘을 선회했던 유리 가가린Yuri Gagarin은 다음과 같이 말했다.

"하늘에 신은 없었다. 주변을 아주 열심히 둘러보았지만, 역시 신은 보이지 않았다."

가가린의 이 말은 미국 대중들에게 엄청난 충격을 주었다. 미국에서는 가가린이 한 말 가운데 "지구는 푸르다"라고 한 것보다 이 말을 기억하고 있는 사람이 더 많을 정도이다. 미국은 기독교 국가이고 거의 대부분이 기독교인이다. 그렇기 때문에 미국인들이 "당신 종교는 무엇입니까?"라고 물을 때 그 질문은 불교인지, 기독교인지, 이슬람교인지를 묻는 것이 아니라 기독교 교파를 묻는 것이다. 서류에 종교

를 써 넣는 난이 있을 때 '기독교'라고 써 넣는 바보는 없다. 교파를 써야 하는 것이다. 그것도 기독교, 무슨 무슨 교파라고는 쓰지 않는다. 종교가 기독교인 것이 전제로 되어 있다.

그런 미국인들에게 가가린의 말은 첫째, 신에 대한 모독이었다. 둘째, 무신론적 공산주의가 가지고 있는 미국 기독교 문화에 대한 우월감을 자랑하는 도발적 발언이었다. 미국은 이런 도발에 발끈했다. 우주 비행에서 미국이 소련과의 경쟁에 열을 올리게 된 배경에는 큰 나라끼리의 국위 선양 경쟁도 만만치 않지만, 이런 측면도 있었던 것이다. 미국은 소련과의 경쟁에서 이김으로써 기독교 문화가 무신론 문화보다 우월하다는 것을 보여 주어야 했다.

그런 경쟁을 할 대표 선수인 우주 비행사들은 반드시 전형적인 미국인이어야 했다. 월터 커닝엄Walter Cunningham(아폴로 7호)이 쓴 회상록 제목은 "The All American Boys"였는데, 정말 '올 아메리칸 보이'에 어울리는 사람들이 우주 비행사로 뽑혔다. 하지만 이제는 사회의 변화에 발맞추어 의도적으로 흑인, 여성, 소수 민족이 비행사로 선발되고 있다. 지금의 사회 정세 속에서는 그런 사람들이 들어오는 것을 받아들이지 않으면 진정한 미국 대표라고 인정해 주지 않기 때문에 NASA가 적극적으로 권유하게 된 것이다. 그러나 초기의 우주 비행사들(즉 이미 우주를 비행한 경험이 있는 사람들)이 선발된 1950년대 말부터 1960년대 초까지는 그런 사람들을 제외하지 않으면 '올 아메리칸 보이'가 될 수 없었다. 따라서 흑인, 여성, 소수 민족은 한 사람도 포함되어 있지 않았다. NASA 스태프 중에는 속해 있었지만, 국민적 영웅으로 각광받았던 것은 우주 비행사들이었다.

물론 교파는 다양했지만, 당연히 모두가 기독교인이어야 했다.

"미국 대중은(그리고 NASA도) 기독교의 굳건한 신앙을 가지고 있지 않은 우주 비행사를 공중으로 쏘아 올리는 것을 좋아하지 않았을 것이다. 여하튼 우주 비행사들은 하늘 높이, 소위 신의 사무실 가까이 가는 것이기 때문에"라고 커닝엄은 말한다. 그런데 실은 그렇게 말한 커닝엄 자신은 신앙을 가지고 있지 않다. 고등학교 시절 신앙을 버리고 불가지론자가 되었다고 한다. 커닝엄은 1963년에 선발된 제3기생이다. 제3기생 가운데 신앙을 가지고 있지 않은 사람이 또 한 명 있었다. 앞에 나왔던 슈와이카트이다. 슈와이카트는 대학에 들어갈 때 목사가 되려고 결심했지만, 대학에서 공부하는 동안 신앙을 버렸다고 한다. 제1기생 7명, 제2기생 9명은 전부 독실한 기독교인이었지만, 제3기생 14명 가운데 2명의 이단자가 섞여 있었던 것이다.

그 당시 우주 비행사들은 선발되는 단계에서부터 전원이 국민적 영웅이 되었다(제3기생은 아폴로 계획의 중심이 될 예정이었다). 최종 합격자가 발표되자 전원이 성대한 기자 회견을 갖게 되었던 것이다.

기자 회견 전에 NASA 홍보 담당자로부터 사전 강의를 받았다. 대체로 이런 질문이 있으리라고 예상되는데, 그 가운데 이런 질문에는 이 점에 주의하여 답해 달라는 식이었다. 홍보 담당자가 예상한 질문 항목 중에 '종교'가 있었다. 종교에 관해서는 개별적인 질문을 받을 것이라는 예상이었다. 당황한 사람은 커닝엄과 슈와이카트였다. 강의가 끝나자 홍보 담당자에게 슬그머니 가서(그때까지 둘 다 서로가 같은 상황에 놓여 있다는 사실을 몰랐다) 사실은 자신들이 신앙심을 가지고 있지 않은데 어쩌면 좋을지 상담했다. 두 사람도 미국인의 대중적 감정을 알고 있었기 때문이었다. 그랬더니 홍보 담당자는, "그런 질문은 '우리 가족의 종교는······' 이라는 식으로 얼버무리면 어떨까요?"

라고 말했다. 본인은 어찌 됐든 가족은 무교일 리가 없다는 것을 전제로 한 말이었다(실제로 그건 그렇다).

그런데 기자 회견에서 슈와이카트는 종교에 대해 질문을 받자, "I have no preference(특별히 이렇다 할 취향은 없습니다)"라고 대답했다. 이것은 사실 교묘한 대답이었다. 그는 '종교에 대한 취향'이라는 의미로 이렇게 말했지만, 듣는 쪽에서는 '교파에 대한 취향'이라는 의미로 해석했기 때문이다(다양한 교파를 전전하는 사람들이 꽤 있다). 물론 슈와이카트는 그렇게 해석되기를 바라는 마음에서, 자신의 양심과 대중의 기대 모두를 배반하지 않기 위해 단어를 선택한 것이다.

커닝엄도 교묘하게 얼버무렸다. "어머니와 여동생은 루터파지만, 저는 여러 교파의 교회에 다녔습니다."

이것도 그 자체로는 거짓말이 아니었다. 결국 두 사람 모두 무교를 강하게 주장하지 않았던 것이다. 애써 동경하던 우주 비행사가 되었는데, 대중의 반감을 사서 장래를 망치고 싶지 않았기 때문이었다. 이런 미국 우주 비행사들은 신의 자리인 천공에 올라갔을 때 신과의 관계에서 어떤 내적 충격을 받았을까.

이 점에 관해 가장 유명한 예는 제임스 어윈James Irwin(아폴로 15호)을 들 수 있다. 그는 우주 비행 전에는 다른 사람과 똑같은 church-goer(교회에 가기만 하는 사람)였지만, 특별히 신앙심이 깊었던 것은 아니었다고 한다. 그런데 우주로부터 돌아와서는 우주에서, 특히 달 표면에서 신의 존재를 느꼈다며 NASA를 그만두고 전도사가 된 것이다. 현재 콜로라도 스프링스에 하이 플라이트 재단High Flight Foundation이라는 종교 재단을 만들어, 세계를 돌아다니며 설교 활동을 계속하고 있다.

제임스 어윈

우주에서 어윈에게 무슨 일이 일어났던 것일까?

제임스 어윈은 1971년 7월 아폴로 15호로 아페닌Apennines 산맥 기슭에 있는 계곡인 하들리 릴Hadley rill에 착륙하여, 3일 동안 17마일에 이르는 지역을 탐사한 뒤 175파운드의 자료를 가지고 돌아왔다. 그 가운데 가장 유명한 것은 '제네시스 락genesis rock(창세기의 돌)'이라고 불리는 백색 결정질로 된 회장석 샘플이다. 회장석은 사장석의 한 종류로서 조직 성분으로 볼 때 규산알루미늄에 칼슘이 결합한 염기성의 광물이다. 변성되기가 아주 쉽기 때문에 지상에서는 거의 발견되지 않아 수수께끼의 광물이라 불리고 있다.

달의 암석이 대부분 현무암이라는 사실은 무인 탐색선을 통해 이미 알려져 있었기 때문에 달 탐사 전부터 지질학자들은 다양한 데이터를 토대로 달 표면에서 발견될 암석이나 광물을 예측하고 있었다. 그러나 회장석이 발견되리라고 예측한 사람은 아무도 없었다. 따라서 아폴로 11호가 '고요의 바다'에서 가지고 돌아온 월석 가운데 회장석 반려암이 발견되었을 때 학자들은 모두 놀랐다. 게다가 회장석은 원래 바다에 있었던 것이 아니라 고지高地에서 온 것이라고 추측하여, 고지 탐사가 예정되어 있었다.

회장석의 존재는 달이 생성되던 시기에 융해 상태였는데, 그것이 냉각되어 가는 과정에서 무거운 광물은 아래로 가라앉고 가벼운 광물은 위로 떠오르는 형태로 분류되면서 결정화되었다는 것을 보여주는 증거로 해석되었다. 달리 말하면 달은 중심부에 중금속으로 된 핵이 있고, 그 바깥쪽에 보다 가벼운 맨틀층이 있으며, 그 위에 지각이 올려져 있는, 기본적으로 지구와 똑같은 구조인 것으로 추측되었다. 실제로 그것은 이후에 달 표면에 놓여진 지진계의 관측에 의해 확인되었다. 그런 생성 과정에서 회장석은 가장 위로 떠오르는 것 가운데 하나였다. 하지만 풍화에 약하기 때문에 지구상에서는 거의 발견되지 않았던 것이다. 그런데 달 위에는 공기가 없으므로 바람도 없고, 물도 없다. 따라서 풍화가 일어나지 않아 회장석이 풍부하게 보존되었던 것이다.

그런데 이 회장석이 '제네시스 락'이라 불리게 된 이유는 분석 결과 이 돌이 46억 년 전에 만들어졌다는 사실이 판명되었기 때문이다.

지구는 언제 만들어졌을까. 태양계는 언제 만들어졌을까. 아무도 정확하게 대답할 수 없지만, 현재로서는 지질학적 분석, 운석의 분석 등으로 따져 볼 때 46억 년 전이라고 추정되고 있다. 그러나 지구에는 풍화 작용이 있기 때문에 지구 창성기의 것으로 추정되는 암석은 아직 발견되지 않았고, 지금까지 지구상에서 발견된 가장 오래된 암석은 34억 년 전의 것이었다. 따라서 지구를 포함한 태양계의 천체天

體가 46억 년 전 일시에 만들어졌다는 설은 가설에 머물러 있었던 것이다. 그러나 달에서 46억 년 전의 암석이 발견되었기 때문에 지금은 이 가설이 가장 타당한 것으로 널리 인정받고 있다. 태양계의 천체가 한꺼번에 만들어졌다는 것은 성서 가운데 창세기(제네시스)의 천지 창조 신화와 일치한다. 그래서 이 암석이 '제네시스 락'이라 불리게 된 것이다.

덧붙여 말하면 달에서 발견된 46억 년 전의 암석 표본은 어윈이 발견한 '제네시스 락'뿐만이 아니었다. 다른 것도 많이 있지만 이것이 겉보기에 가장 아름다웠고, 깨끗한 결정질을 띠고 있었으며, 형태도 좋았기 때문에 '제네시스 락'이라는 이름으로 유명해진 것이다. 진짜는 휴스턴 박물관에 있지만, 어윈은 특수 플라스틱으로 형상이나 색은 물론 질감, 중량감까지 모조리 똑같은 모조품을 만들어 언제나 가지고 다닌다. 어윈은 자신이 그 돌을 발견할 수 있었던 것은 신의 인도 덕분이라고 생각하고 있다. 어윈은 '제네시스 락'의 모조품을 손에 들고서(딱 손 위에 올려 놓을 정도의 크기이다) 그것을 발견했을 때의 상황을 다음과 같이 회상한다.

"달에 도착한 지 사흘째 되는 날이었다. 그날 작업은 암석 채집이었다. 기지에서 출발하여 달 표면 탐사 차량(루나 로브Lunar Rover)으로 산악부로 향했다. 우리들은 출발 전부터 지질학자로부터 고지에 가면 밝은 색의 암석을 중심으로 채집하라는 지시를 받았다. 이미 알려진 바와 같이 월석은 대부분 현무암이면서 검은색을 띠고 있다. 그것과 다른 암석을 찾는 것이 목적이었다.

울퉁불퉁한 산길을 올라가니 갑자기 시계視界가 열려, 하들리 델타 Hadley Delta산이 눈앞에 우뚝 서 있는 고지로 나갔다. 산의 크기가 거대해서 마치 히말라야 산맥 같았다(아페닌 산맥의 산들은 높이가 4,000~5,000m이다). 그 산자락에 거대한 분화구 몇 개가 입을 벌리고 있는 것이 보였다. 가운데 초대형 분화구까지 가서 차를 멈추었다. 그리고 주변을 둘러보았을 때 바로 이 돌이 눈에 들어왔다. 그 주변이 우리들이 목적으로 삼고 있던 암석 채집에 적합한 장소라는 것을 곧 깨달았다. 하얀 암석, 엷은 녹색 암석, 갈색 암석 등 검은색이 아닌 암석이 그 주변에 있었다. 그런데 그 가운데 이 돌은 다른 어떤 돌과도 달랐다. 이만큼 눈에 띄는 돌은 없었다.

  이 돌은 마치 대좌 위에 올라가 있는 것처럼 다른 돌 위에 올려져 있었다. 대좌로 쓰인 돌은 먼지투성이의 더럽고 오래된 돌이었지만, 마치 팔을 뻗고 있는 듯한 형상을 하고 있었다. 그리고 뻗쳐진 팔 끝부분에 이 돌이, 먼지도 묻지 않은 채 오도카니 올려져 있었다. 그 돌이 마치 '저 여기에 있습니다. 어서 가져 가세요'라고 우리에게 말을 걸고 있는 듯이 보였다. 곁에 가서 보니 결정이 몇 줄기 평행으로 길게 달리고 있고, 줄무늬를 띠고 있는 것을 알게 되었다. 그것을 집어 올리니 태양 빛을 받아 손 안에서 번쩍번쩍 빛을 내어 말할 수 없이 아름다웠다. 그래서 이것이 지질학자들이 찾고 있던 돌임을 금방 알게 되었다.

  나에게는 그 돌이 그곳에 그렇게 있었던 것 자체가 신의 계시라고 생각되어졌다. 그것을 지구로 가지고 돌아와 분석한 결과 '제네시스 락'이라 명명되었을 때, 그것이 신의 계시였음을, 신이 내가 그 돌을 지구로 가져 가도록 그곳에 놓아 두셨음을 확신하게 되었다. 그래서 마치 그 돌이 나를 향해 말을 걸었듯이 나도 지구로 돌아와 신에게 '저 여기에 있습니다. 어서 가져 가세요. 가져 가서 당신을 위해 써 주세요'라고 말했던 것이다."

내가 어윈과 만난 것은 콜로라도 스프링스 시 변두리 공동 빌딩 안에 있는 'High Flight Foundation'의 사무실에서였다. 어윈은 달에서 돌아온 다음 해 NASA를 그만두고 이 재단을 설립했다. 그 이후 약 10년 간 오로지 기독교 전도에 전념하고 있다. 'High Flight'라는 이름은 제2차대전에서 전사한 캐나다인 비행기 조종사 겸 시인인 존 길레스피 매기John Gillespie Magee의 시 제목에서 따 왔다.

이 시는 하늘을 나는 기쁨을 노래하다가, 이윽고 burning blue(작열하는 푸르름) 속을 높이 높이 비상하고 있는 모습을 노래한 후, 다음과 같이 끝맺고 있다.

> And, while with silent, lifting mind I've trod
> The high untrespassed sanctity of space,
> Put out my hand and touched the face of God.
> 그리고, 조용하고 고양된 마음을 가지고,
> 아직 발을 들여놓지 않은 높은 우주의 성역에 들어갈 때,
> 나는 손을 뻗어 신의 얼굴을 만졌다.

이 시가 마치 어윈 자신의 체험을 그대로 노래한 것처럼 생각되었다고 한다. 그 또한 우주의 성스러운 공간에서 신의 얼굴에 손을 대었다고 한다.

그는 우주에서, 달에서, 신이 바로 그곳에 존재하고 있음을 실감하여("돌아보면 바로 그곳에 있지 않을까 생각될 정도로 신이 가까이 있었다"고 한다) 마음을 고쳐 먹고, 원래 세례를 받은 기독교인이었지만 달에서

돌아와 다시 한번 세례를 받으면서 자신의 남은 인생을 신에게 봉사할 것을 맹세했다.

처음에는 아주 친한 사람을 제외하고는 이 체험에 대해 누구에게도 말하지 않았다. 그러나 요청을 받아 우선 자신이 다니고 있는 교회에서 연설을 했는데, 청중에게 깊은 감명을 주었다. 그 평판을 듣고 다른 교회에서도 부탁을 하게 되었고, 마침내 매주 일요일마다 어느 교회에선가 자신의 체험을 전하게 되었다.

날이 갈수록 평판이 좋아져, 달에서 돌아온 지 세 달째 되던 1971년 10월에는 휴스턴의 애스트로돔astrodome(세계에서 유일한 실내 야구장)에 5만 명의 청중을 모아 놓고 대집회를 열게 되었다. 이 대집회로 인해 그에 대한 평판이 전국적으로 확산되어, 연설 의뢰가 매일매일 산더미처럼 쇄도했다. 처음에는 NASA에 그대로 근무하면서 주말에만 연설을 하러 다녔다(전세 낸 세스나Cessna기를 이용하여 전국을 날아다녔다). 그러나 그것으로도 모자라 결국 퇴직까지 한 후, 직업적인 전도사로서 자신의 체험을 이야기하고 신의 복음을 전하면서 오늘날에 이르고 있는 것이다. 이 재단은 어원의 전도 활동을 보조하기 위해 만들어진 것으로, 그의 연설 사례금과 헌금·기부금으로만 운영되고 있다.

10년이 지난 오늘날에도 매일같이 강연 의뢰가 있어 매년 평균적으로 300~400회(하루에 두 곳을 도는 때도 있다) 전도 집회를 가져왔다고 한다. 미국 각지를 순회할 뿐만 아니라 초청이 있으면 세계 어디라도 가기 때문에 방문한 나라만도 헤아릴 수 없을 정도이다. 최근 한국을 방문했을 때는 총 200만 명의 청중에게 연설을 했다고 한다(한국은 아시아 국가 가운데 예외적으로 기독교가 널리 퍼져 있는 나라로, 인구의 16%, 약 600만 명 이상이 기독교인이라고 한다. 그렇다고 해도 200만 명이라는 숫자는 조금 과장된 것 같다고 생각했지만, 사진을 보니 과연 상상을 뛰어넘는 대집회로, 일본에서 열린 어떤 대집회에서도 사람들이 이만큼 모여 있는 사진을 본 적이 없다. 50만 명 이하가 아니라는 것만은 확실하다. 어쨌든 이것은 어윈에게도 생애 최대의 집회였다고 한다). 일본에도 1972년에 온 적이 있지만, 침례교 교회와 학교를 돌아다녔을 뿐 일반 사람들에게 그다지 알려지지 않은 채로 끝마쳤다.

만나서 이야기해 보니 잘난 체하지도 않고, 아주 기분 좋게 대화를 나눌 수 있는 사람이었다. 우주 비행사 시절의 사진을 보니 조금 야무지지 못한 얼굴을 하고 있었지만, 지금은 야위어서 몸이 홀쭉하고 눈만 빛나 마치 수도승 같은 분위기를 풍기고 있었다. 이야기를 나누고 있는 사이 점심 식사 시간이 되어 "오늘은 무엇으로 할까요?"라고 비서가 메뉴 같은 것을 내밀었더니 "오늘은 음, 오렌지 한 개, 바나나 두 개랑……"이라고 해서 깜짝 놀랐다. 그 메뉴처럼 생긴 것은 가까운 슈퍼마켓의 과일과 야채 품목표였다. 그는 채식주의자가 되었던 것이다.

그러면, 그가 여기에 이르기까지 걸어온 길을 따라가 보기로 하자.

제임스 어윈은 1930년 5월 17일 제철 산업의 중심지인 펜실베이니아 주 피츠버그에서 태어났다. 아버지는 아일랜드계 이민자로 카네기 박물관에서 보일러공으로 일하고 있었다. 사회적 계층으로 보면 하층민에 속했다.

그 무렵 아일랜드계 이민자 중 대다수는 어윈의 아버지처럼 사회의 밑바닥 층을 이루고 있었다. 그는 평생 보일러공 같은 보잘것없는 직업밖에 가질 수 없었고, 어떤 것에도 만족할 수 없었기 때문에 나중에 알겠지만 직업도 주소도 자주 바뀌었다. 수입도 충분하지 않았다. 그래서 어윈은 초등학교에 들어갈 무렵부터 가계를 돕기 위해 아르바이트를 해야 했다. 수입의 절반은 가족의 생활비로 들어갔다. 그가 최초로 한 일로 기억하는 것은, 가까운 곳에 있는 필리핀으로부터 코코넛을 수입하는 업자에게 코코넛을 받아서 수레에 싣고 한 집 한 집 방문 판매 형식으로 파는 일이었다. 길 모퉁이에 서서 잡지를 판매하는 일을 한 적도 있다.

어윈의 아버지는 추위를 싫어했다. 피츠버그의 추위가 항상 불만이어서 플로리다에서 사는 것을 꿈꾸었다. 그래서 어윈이 11세 때인 1941년 여름, 일가를 이끌고 플로리다 주 뉴 포트 리치New Port Richey로 이사했다. 하지만 이사는 했어도 직업은 구할 수 없었다. 결국 아버지만 피츠버그로 다시 돌아가 전에 다니던 직장에 계속 나가면서 플로리다의 가족들에게 돈을 부치게 되었다. 보통 사람들이 말하는 타향살이와는 반대 경우였다. 다행히도 그해 12월 태평양전쟁이 발발하여 미국은 제2차세계대전에 전면적으로 참가하게 되었다. 플로리다 주 일대에 공군 기지가 차례로 만들어져 기지 붐이 일어났다.

어윈의 아버지는 올란도(플로리다 주 북부 케이프 케네디 가까이에 있는 마을) 기지에 직장을 얻을 수 있었기 때문에, 가족들을 이끌고 이사를 하게 되었다. 어윈은 거기서 올란도 바겐 하우스라는 흑인가에 있는 의류 할인 매장의 판매원으로 아르바이트를 했다. 토요일은 아침 8시부터 밤 9시, 10시까지 일했다.

3년도 지나지 않아 어윈의 아버지는 다시 직업에 싫증을 느껴 이번에는 오레곤 주의 로즈버그Roseburg로 이사했다. 거기서 얻은 직업은 정신병원의 간병인이었다. 환자에게 밥을 먹여 주고, 목욕을 시켜 주고, 여러 가지 심부름을 하는 일이었다. 그는 이 일도 몇 개월 만에 싫증을 느끼게 되었다. 그래서 이번에는 어윈이 다니고 있던 중학교의 소사가 되었다. 어윈은 매일 학교가 끝나면 아버지를 도와 자루걸레로 체육관을 청소하곤 했다. 곧 장마철이 되자, 어윈의 아버지는 '오레곤 주는 비가 너무 많이 내린다'는 이유로 또다시 이사하기로 결심한다. 이번에는 유타 주의 솔트레이크 시티로 이사했다. 아버지의 새로운 직업은 유타 주립대학의 연관공이었다. 어윈은 가까운 부잣집의 잡역부(정원 청소, 심부름 등)로 고용되었다. 결국 일을 아주 잘하는 소년으로 인정받아 그 집에서 운영하는 구둣방의 점원이 되었다.

물론 그 동안 학교에도 다니고 있었다. 성적은 초등학교 때는 모든 과목이 형편없었지만, 중학교에 들어와서부터는 조금씩 좋아져서 고등학교를 졸업하기 2년 전부터는 줄곧 올 A를 받았다. 그러나 일과 공부에 열중했기 때문에 스포츠, 서클 활동, 데이트 등을 할 여유가 없었다. 특히 여자 아이에 대해서는 초등학교 시절부터 아버지가 "여자란 말이야, 모조리 어떻게 하면 남자한테서 돈을 짜낼까 하는 생각밖에 하지 않는 족속이고, 게다가 모두 전염병을 가지고 있어"라고 한 말을 굳게 믿고 있었기 때문에 거의 접촉이 없었다. 유일한 예외로는 고등학교 3학년 때 크리스마스 파티에 동급생 여자를 초대하여 헤어질 때 작별 인사로 볼에 키스한 것뿐이었다고 한다.

고등학교를 졸업할 무렵 어윈이 진학하기를 희망한 학교는 웨스트 포인트(육군 사관학교)였다. 이곳은 일본의 방위대학처럼 학비가 없을 뿐만 아니라 월급까지 받을 수 있다. 웨스트 포인트에 들어가려면 일반 경쟁 시험과 추천 입학이라는 두 가지 방법이 있다. 추천 입학의 경우 각 주 상원의원이 추천권을 가지고 있다. 상원의원에게 추천 의뢰가 쇄도하기 때문에 거기서도 선별 시험이 치러진다.

어윈은 그 시험을 좀 망쳤기 때문에, 웨스트 포인트는 무리지만 지원자가 그보다 적은 아나폴리스(해군 사관학교)라면 추천을 해 주겠다는 말을 듣게 된다. 그 권유를 받아들여 아나폴리스에 입학했지만, 재학중 해군에 대해 염증을 느낀다. 해군의 기풍에 적응하지 못했을 뿐더러 연습 항해에 몇 번 참가하게 되면서 "인생의 대부분을 바다 위에서 보내는 것보다 좀더 나은 일이 있지 않을까 하는 생각이 들었다"는 것이다. 그래서 1951년 아나폴리스를 졸업하자 공군에 들어가기로 했다. 공군은 1949년에 막 창설되었기 때문에(그 이전에는 제2차 대전 이전의 일본처럼 육군 항공대와 해군 항공대가 있을 뿐 공군이라는 것은 없었다) 웨스트 포인트와 아나폴리스의 졸업생 가운데 희망자를 공군에 이적시켜 공군 사관을 양성하려 했다.

여기서 비로소 어윈은 자신의 천직을 발견한다. 그것은 하늘을 나는 일이었다. 처음에는 비행 훈련이 그다지 흥미롭지 않아 성실하지 못한 훈련생이었지만, 첫 단독 비행을 허락받아 혼자 연습기 T6를 몰고 하늘로 날아 올랐을 때, "뭐라고 말할 수 없는 기쁨을 느꼈다. 내가 완전히 혼자 하늘에 있고 다른 사람은 아무도 없었다. 나 혼자만의, 완전히 자유로운 세계. 거기에는 완벽한 평안이 있었다. 마음은 편안했지만 정신은 고양되어 있었다. 그리고 그 편안함과 고양감 가운데 나 자신이 철저한 고독자임을 자각했다"라고 말한다.

그 후로 얼마간은 오로지 비행하는 일에 열중했다. 텍사스 주의 본드 기지, 리스 기지, 애리조나 주의 유마 기지, 조지아 주의 무디 기지 등 여러 기지를 전전하면서 오직 비행만 했다. 동료 중 누군가에게 문제가 생기면 바로 그를 대신해서 비행하는 등, 기회만 있으면 언제라도 비행했다. 한 달에 평균 100시간 이상 비행을 했으며, 누구보다도 대담하게 비행했다. 마침내 비행기가 이륙하는 모습만 봐도 '저건 어윈이다'라고 기지 내 사람들은 누구나 알 수 있을 정도가 되었다. 어윈의 비행기는 다른 어떤 비행기보다도 급각도로 상승했기 때문이었다.

어윈은 누구보다도 빨리, 누구보다도 높이 비행하기를 원했다. 그는 정말 톰 울프Thomas Wolfe(소설가)가 말하는 시험 비행사가 되기 위한 좋은 자질을 가지고 있었다. 누구보다도 빨리, 누구보다도 높이 날고자 하는 사람은 필연적으로 시험 비행사를 지망하게 된다. 당시 어윈이 타고 있던 비행기는 F89(한국전쟁에서 주역을 담당한 전투기)였다. 어느 날 어윈이 있던 무디 기지에 전에 본 적이 없는 최신에 제트기가 날아왔다. 그것은 아직 시험 비행 중이었던 F102와 F104였다. 그 비행기와 거기서 내려온 조종사의 모습에 매료되어 어윈은 그 자리에서 시험 비행사를 지원했다.

시험 비행사가 되기 위해서는 캘리포니아에 있는 에드워드 공군기지(스페이스 셔틀 1호기가 착륙했던 곳으로, 개발 중인 최신 비행기의 시험을 위한 기지이다. 공군의 시험 비행사는 거의 모두 이곳에 있다)에 있는 시험 비행사 학교를 나와야만 했다. 그리고 그 학교에 들어가는 데 학위가 있으면 유리했다. 초기의 시험 비행사는 조종 실력만으로도 충분했지만, 새로 개발되는 비행기가 점점 기술적으로 고도화되어 감에 따라 시험 비행사에게도 조종 실력뿐만 아니라 머리가 요구되었다. 그래서 어윈은 우선 미시간 대학 대학원의 항공공학과에 들어갔다. 거기서 항공역학, 항공항법, 항공기 구조학, 유도미사일, 전자공학, 미적분학 등에서 학점을 취득하고, 2년 후에는 항공항법과 계기공학으로 석사 학위를 취득한다.

미국에서 사관학교는 대학과 동급이며, 사관학교 졸업생은 학사 학위를 취득한다. 그리고 보다 고급 학문을 공부할 의지가 있고, 거기에 알맞은 학력이 있으면 언제라도 군적을 유지한 채 대학원에 진학할 수 있다. 그 동안 학비를 지급받는 것은 물론이고 현역 장교와 똑같이 월급도 지급된다. 다만 도움을 받고 발뺌하는 것을 막기 위해 진학하게 되면 재학 기간의 2배에 해당되는 기간을 반드시 군에서 복무해야 한다는 규정이 있다. 즉 석사 과정을 취득한 어윈의 경우는 졸업 후 4년 간 퇴역할 수 없게 된다.

미국의 대학은 일본의 대학과는 달리 정치·산업과 밀접하게 연관되어 있기 때문에 정학 협동, 산학 협동이 이루어지고 있다는 것은 잘 알려져 있는데, 마찬가지로 군학 협동도 높은 수준에서 이루어지고 있다. 유도 미사일 같은 군사공학 과정은 대학의 과정이라고 하더라도 사실상 군의, 군에 의한, 군을 위한 과정이고, 학생도 거의 대부분이 군인이다. 이런 군학 협동을 배경으로 현대의 전략이 요구하는 많은 수의 기술 장교가 배출되고 있는 것이다.

미시간 대학의 항공공학과에는, 마찬가지로 나중에 우주 비행사가 된 에드워드 화이트Edward White, 제임스 맥디빗James McDivitt이 그 다음 해에 입학한다. 두 사람 모두 어윈과 똑같은 공군 사관이었다. 이 두 사람은 어윈보다 먼저 우주 비행사가 되었다.

어윈은 미시간 대학에 1955년 입학하여 1957년 졸업했다. 소련이 세계 최초의 인공위성 스푸트니크Sputnik 1호를 쏘아 올린 때는 어윈이 미시간 대학을 졸업하던 해인 1957년 10월이었다. 이 사건은 미국에 커다란 충격을 가져다 주었다. 모든 과학 기술 분야에서 선두를 차지하려 했는데, 우주 기술에서 소련에게 추월당한 것이다. 그리고 인공위성을 쏘아 올릴 수 있다는 것은 그것을 가능하게 하는 거대한 로켓 생산 기술과 제어 기술을 소련이 보유하고 있다는 사실을 보여 주고 있었다. 이미 군사적으로는 탄도 미사일 개발을 둘러싸고 미소 간의 경쟁 시대가 시작되고 있었다. 모두 이 분야에서 미국이 절대적인 기술적 우위를 보이고 있다고 믿고 있었다. 그런데 인공위성 발사의 성공은, 보다 강력하고 보다 정밀한 미사일을 소련이 보유하고 있다는 사실을 그대로 보여 준 사건이었다.

한 시간 반마다 전파를 발사하면서 미국 대륙의 상공을 날고 있는 무게 86kg의 스푸트니크 호는, 만약 그것이 핵폭탄이었으면 어떻게 되었을까라는 공포를 미국 대중들에게 심어 주었다. 게다가 한 달 후 소련은 개를 태운 스푸트니크 2호의 발사에 성공했다. 이번에는 무게가 500kg이나 되었다. 미국에서도 이미 2년 전부터 인공위성 발사 계획이 있었다. 그러나 발사 예정은 1958년이었고, 인공위성의 무게도 수십kg에 불과했다. 로켓의 추진력 하나만 보더라도 소련보다 기술적으로 뒤떨어진 것은 명백했다. 미국은 총력을 기울여 소련을 따라잡으려 했다. 그러나 서두른 나머지 충분한 준비도 없이 인공위성을 발사한 결과 무참한 실패를 맛보게 된다. 소련의 스푸트니크 2호가 발사된 3일 후 케이프 커내버럴Cape Canaveral(1963년부터 1973년까지 10년 동안만 케이프 케네디로 불림)에서 쏘아 올려진 뱅가드Vanguard 로켓이 발사 후 2초 만에 추락하여 폭발해 버린 것이다. 미국이 처음으로 인공위성 발사에 성공한 것은 다음해 1월 말 주피터Jupiter 로켓에 의한 익스플로러Explorer 1호의 발사였다. 그러나 무게가 14kg으로, 스푸트니크 2호의 36분의 1에 지나지 않았다.

　미국은 어떻게 해서든 우주에 관해서만큼은 소련을 앞지르고 싶다는 생각에 달 무인 탐사 계획을 세웠다. 1958년 8월 처음으로 달을 향해 로켓을 쏘아 올렸지만 이것마저도 폭발하였다. 이어 10월 파이어니어Pioneer 1호를 시작으로 11월에 2호, 12월에 3호를 연달아서 발사했지만, 모두 추진력 부족 등의 이유로 도중에 지구의 인력에 흡인되어 돌아왔던 것이다. 그리하여 이 계획에서도 소련에게 선두 자리를 양보하게 된다.

　1959년 1월 소련이 최초로 쏘아 올린 달 로켓 루나 1호는 달에서 7,500km 떨어진 지점을 통과하여 인류 역사상 최초의 인공 행성으로 기록된다. 뒤이어 3월, 미국의 익스플로러 4호가 드디어 발사에 성공했지만 달에서 59,000km 떨어진 지점을 통과한 것에 불과했다. 유도 기술이 아직 미완성이었기 때문이었다. 그에 비해 소련의 루나 3호는 달 표면에 도달하여 소련의 문장紋章을 달 표면에 남기는 데 성공한다. 이어 루나 4호는 달의 뒷면을 탐사하고 사진 촬영과 전송에 성공하여 이로써 인류는 처음으로 달 뒷면을 볼 수 있게 되었다. 미국이 이것과 동등한 기술 수준에 도달한 것은 1964년 레인저Ranger 6호, 7호를 발사할 때였다.

　그 다음으로 미국은 어떻게 해서든 소련보다 빨리 인간을 우주 공간으로 쏘아 올리고 싶었다. 그래서 구상한 것이 머큐리 계획이었다. 처음에는 지구를 돌지 않는 탄도 비행을 몇 번 실시한 후 그것이 성공하면 유인 인공 위성을 쏘아 올려 지구 궤도에 올릴 계획이었다. 그러나 이 계획에서도 실패는 계속되었다. 무인 인공 위성의 실험에서 로켓이 폭발하거나, 날지 않거나, 난다 해도 궤도가 맞지 않아 인공적으로 폭발시켜야 하는 등 사고가 속출했다. 그 사이 1961년 4월 소련의 가가린이 보스토크 1호를 타고 지구를 일주하여, 소련은 세계 최초의 우주 비행이라는 영광을 재차 차지하게 되었다. 다음 달인 5월, 미국은 머큐리 계획의 예정을 앞당겨 앨런 셰퍼드로 하여금 15분 동안 탄도 비행을 하게 해 다소 면목을 세울 수 있었지만, 소련은 그 해 8월 보스토크 2호로 지구를 17번이나 돌게 했다. 인공 위성의 무게도 미국은 1톤 조금 넘는 것에 비해 소련은 5톤 조금 못 미치는 것도 있었다.

  우주 계획에서 무엇을 해 봐도 소련에게 지는 경험이 계속되자 미국인들은 자존심이 상했고, 그것이 정신적 외상trauma으로 남았다. 그 때문에 미국에서 처음으로 지구를 일주했던 존 글렌이 린드버그 Charles Lindbergh 이후의 미국 영웅으로 열렬히 환호받게 되었고, 그것이 그에게 정치적 야심(전 상원의원. 1984년 민주당 대통령 후보 예비 선거에 출마하기도 함—역자 주)을 불러일으켰던 것이다. 또한 그 때문에 케네디 대통령이 최초로 달에 인간을 보내는 일을 1960년대에 반드시 성공시키겠다고 선언했을 때, 국민적 지지를 받게 되었다.

  미국의 유인 우주 비행 계획은 다음 순서대로 진행되었다(스페이스 셔틀 이전).

머큐리Mercury 계획	1961~1963
제미니Gemini 계획	1965~1966
아폴로Apollo 계획	1968~1972
스카이랩Skylab 계획	1973~1974
아폴로·소유즈Soyuz 계획	1975

머큐리는 단독 탑승으로 총 6회 6명, 제미니는 2명 탑승으로 총 10회 20명, 아폴로는 3명 탑승으로 총 11회 33명, 스카이랩도 3명 탑승으로 총 3회 9명, 아폴로·소유즈는 한 번의 소련 우주선과의 도킹 비행으로 총 3명, 이렇게 연인원 71명(한 사람이 몇 회씩 비행했기 때문에 실제 수는 43명)이 우주를 비행했다.

이런 우주 비행 계획을 위한 우주 비행사 선발은 1959년에 시작되었다. 머큐리 계획을 위해 선발된 제1기생부터 스페이스 셔틀을 위해 선발된 제8기생까지, 총 108명이 지금까지 우주 비행사로 임명되었지만, 그 가운데 실제로 우주 비행 체험이 있는 기수는 1966년에 선발된 제5기생까지이다. 제임스 어윈은 제5기생이었다. 각 연도 우주 비행사의 숫자와 선발 시기는 다음과 같다.

제1기생	7명	1959년
제2기생	9명	1962년
제3기생	14명	1963년
제4기생	6명	1965년
제5기생	19명	1966년

즉 제1기생은 유인 우주 비행이 아직 일반 사람들에게 알려져 있지 않았을 때(그때까지 우주를 비행했던 생물은 소련의 라이카라는 개뿐이었다) 선발되었고, 제2기생과 제3기생은 머큐리 계획이 진행되고 있으면서 앨런 셰퍼드, 존 글렌이 국민적 영웅이 되는 것을 눈앞에 둔 시기에 선발되었다. 제4기생, 제5기생은 제미니 계획이 차츰 성공을 거두고 미국의 우주 계획이 완전히 궤도에 올라, 잘 하면 케네디가 선언한 대로 1960년대에 달 탐사가 실현될 수도 있다는 기대감이 팽

배해 있던 시기에 선발되었다.

　이 가운데 제1기생만은 특별한 선발 방식을 택했다. 처음에 NASA에서는 심신이 건강하고 대학 졸업생 정도의 과학적 지식을 가지고 있는 사람을 조건으로 내세워 일반인 가운데 공모하려 했다. 그러나 당시 대통령이었던 아이젠하워가 이에 반기를 들었다. 우주 비행사는 군인 가운데 선발해야 하고, 그 선발 과정은 비밀로 해야 한다는 지시가 내려졌다. 그 지시에 따라 100% 위로부터의 선발이라는 방식이 취해졌다. 우선 대상자를 시험 비행사에 한정했다. 군의 각 시험 비행학교를 최근 10년 내에 졸업한 사람들의 파일을 모아 나이 39세 이하, 키 178cm 이하(머큐리 우주선은 작기 때문에 이것보다 키가 크면 탈 수 없었다), 비행 시간 1,500시간 이상, 이공계 학사 이상의 학력이라는 기본적인 조건을 충족시키는 508명이 우선 선발되었다. 이 가운데 더욱 엄격한 서류 심사를 통해 110명으로 압축했다.

　다음으로 이들의 군 경력과 병력 등 상세한 서류를 모아 69명으로 압축했다. 어느 날 이들에게 이유도 알리지 않고 다만 군의 극비 명령으로 워싱턴의 국방성에 출두할 것을 명령했다. 그리고 면접 시험이 실시되어 32명으로 압축되었다. 이들에 대해 철저한 신체 검사, 심리 테스트, 스트레스 테스트, 육체 능력 테스트가 실시되어 성적 상위자 7명이 남게 되었다.

　제2기생부터는 일반 공모로 바뀌었다. 그러나 응모 자격이 엄격했기 때문에 경쟁률이 30~50 대 1에 그쳤다. 제2기생부터 연령 제한은 34세로 낮아졌지만, 키는 183cm 이하로 범위가 넓어졌다(제미니 이후의 우주선은 크기가 커졌다). 또한 시험 비행사여야 한다는 자격 조건도 제2기까지였고, 이후에는 완전히 삭제되었다. 비행 시간도 제3기생 이후는 1,000시간으로 줄어들었다. 다만 제3기생 이후는 학력에 대한 심사가 보다 엄격해져서 제3기생 14명 가운데 석사가 7명, 박사가 1명 있을 정도였다.

이 중 제4기생만은 특별히 우주선의 파일럿이 아니라 미션 스페셜리스트(우주선 탑승 과학자)로서의 과학자가 모집되었다. 따라서 제트기 조종 경험은 요구되지 않았지만, 이공계 박사 학위를 소지한 정도의 학식이 요구되었다. 이때만은 경쟁률이 150 대 1에 이르렀다.

그런데 제임스 어윈이 미시간 대학을 졸업한 1957년에는 우주 비행사라는 것이 아직 세상에 존재하지 않았다. 그는 다만 시험 비행사가 되고 싶었기 때문에 에드워드 공군 기지에 있는 시험 비행학교에 입학을 신청했다. 그러나 공군 당국으로부터 입학을 거절당했다. 군의 규정에는 계속해서 두 군데 학교에 다니는 것이 금지되어 있었다 (다음 해부터 이 규정이 변경되었기 때문에 미시간 대학의 후배인 제임스 맥디빗와 에드워드 화이트가 먼저 시험 비행학교에 입학하게 된다. 이 두 사람은 나중에 우주 비행사 제2기생으로 선발된다).

공군으로 돌아온 어윈은 오하이오 주의 라이트 패터슨Wright-Patterson 기지에 배속되어 개발 중인 GAR9라는 신형 미사일의 프로젝트 장교로 임명된다. 미시간 대학에서 공부했던 유도 미사일학을 활용하라는 것이었다. 이 미사일은 핵탄두를 장착한 것으로서 노스 아메리칸에서 개발 중인 F108에 장착할 예정이었다. 이 임무를 위해 어윈은 기지에 있기보다는 주로 캘리포니아의 노스 아메리칸, 하워드 휴즈(미사일 주 계약자), 뉴멕시코 원자력 위원회 특별 병기 센터, 콜로라도 스프링스의 방공 사령부를 돌면서 지내게 되었다. 이 미사일은 한 발로 적기 1편대 전부를 격멸시킬 수 있도록 구상된 것으로 일급 비밀이었다.

이 임무를 마칠 무렵인 1960년 봄, 마침내 동경의 대상이었던 시험 비행학교에 입학했다. 동기생 15명 가운데 우주 비행사 제2기생이 될 프랭크 보먼Frank Borman과 제3기생이 될 마이클 콜린스Michael Collins가 있었다. 그리고 교관으로는 역시 제2기생이 될 토머스 스태포드Thomas Stafford가 있었다.

이 학교를 졸업한 그에게 주어진 임무가 또다시 일급 비밀에 해당하는 것이었다. 그 당시 공군은 YF12A라는 최신예 요격기를 비밀리에 개발 중이었다. 속도 면에서도 고도 면에서도 최고의 비행기가 될 예정이었다. 실제로 1964년 어윈은 완성된 이 비행기를 타고 속도와 고도 면에서 세계 신기록을 수립했다. YF12A를 개발 중이라는 사실은 공군 내부에서도 기밀에 해당되었기 때문에 명목상 그의 임무는 아직 GAR9 미사일의 개발에 종사하고 있는 것으로 되어 있었다. 그래서 그것 때문이라고 말하면서 캘리포니아로 날아가 하워드 휴즈 공장에 다니고 있었지만, 사실은 그 공장에 가자마자 바로 뒷문으로 나와 록히드 공장으로 향했던 것이다.

그 공장에는 U2형 비행기를 조종하다 소련 상공에서 격추당해 나중에 스파이 교환으로 미국으로 돌아왔던 게리 파워즈Gary Powers를 컨설턴트로 두고, U2형 비행기를 만들었던 그 제작 스태프들이 그대로 YF12A를 만들고 있었다. 이런 특수 임무가 맡겨진 사실로 보면 그가 공군 기술 장교로서, 시험 비행사로서 일급이었다는 것은 의심할 여지가 없다. 따라서 1962년의 제2기생 모집에 응모했다면 틀림없이 그도 선발됐을 것이다.

그러나 그 전해 어윈은 추락 사고를 일으켜 5개월 간 입원을 했고, 한때 두 번 다시 하늘을 날지 못할 것이라는 의사의 선고를 받았다.

어윈은 YF12A의 개발에 종사하고 있는 동안 그전처럼 하늘을 날 기회가 많지 않아서 욕구 불만을 느끼고 있었다. 그래서 주말이 되면 가까운 비행기 조종 교습소에서 아르바이트로 교관 일을 했다. 그날의 생도는 나이 40세인 사진 현상소 아저씨였다. 벌써 이전에 단독 비행을 해도 좋을 만큼 충분한 교습을 받았지만, 시험이 가까워지면 너무 긴장하여 실패를 하는 경우다. 그래서 준단독 비행, 즉 어윈이 뒷 좌석에 앉아서 구두로 지시를 내리기만 하는 훈련을 해보기로 했다. 그런데 300피트 고도에서 나선 회전 강하를 일으켜, 궤도를 수정할 틈도 없이 곤두박질쳐 추락해 버렸던 것이다.

어윈은 부서진 비행기 몸체에 끼어 양 다리가 복잡골절되고, 뼈가 살을 뚫고 밖으로 튀어나왔다. 턱도 복잡골절, 머리는 뇌진탕, 게다가 사고 전 24시간의 기억을 완전히 잃어 버렸을 정도의 중상을 입었다. 한때는 의사도 상처가 심한 오른쪽 다리를 잘라야 한다고 할 정도였다. 결국 자르지 않게 되었지만, 상처가 낫고 나서도 오른쪽 다리와 왼쪽 다리의 길이가 조금 차이 나게 되었다.

어느 때는 어윈 스스로도 더 이상 비행사로서의 미래가 없기 때문에 변호사라도 되어 볼까 생각하여 법학 통신교육을 받기 시작했다고 한다. 그러나 하늘을 날고 싶다는 욕망도 포기하기 힘들어 입원중에 위축되어 버린 신체의 재단련에 힘쓴 결과 14개월 만에 하늘로 복귀할 수 있었다. 공군 규정에 의하면 뇌진탕을 일으켰을 경우 우선 일 년 동안 비행이 금지되어 있고, 그 후에도 뇌파와 뇌 엑스선 사진을 찍어 정밀 검사를 한다. 어윈의 경우 뇌파도 엑스선 사진도 사고

전의 것과 비교했을 때 변화가 없다고 인정되어 비로소 비행이 허락되었다.

1962년 어윈은 공군의 우주항공연구 비행사 학교에 들어간다. 이 학교는 시험 비행사 학교가 발전된 것으로서 우주 비행사가 되기 위한 예비학교 정도의 성격도 가지고 있었다. 국민적 영웅인 우주 비행사를 조금이라도 더 많이 배출하려고 공군은 해군과 경쟁하고 있었다(제1기생은 공군 3명, 해군 3명, 해병대 1명. 제2기생은 공군 4명, 해군 3명, 민간인 2명). 더군다나 가까운 장래에 우주를 NASA에만 맡길 수 없고, 공군이 독자적으로 진출해야 한다고 생각하여 독자적인 우주 비행사 양성을 시작할 무렵에 이 학교가 만들어진 것이다. 이곳에서 훈련하는 도중 어윈은 다시 한번 죽음 일보 직전까지 가는 체험을 하게 된다. F104로 90,000피트까지 상승하여 그대로 기체를 관성 비행시켜 무중력 상태를 40초 동안 경험하는, 우주 비행사와 똑같은 훈련을 하고 있을 때 비행기가 나선 회전 강하를 일으켜 곤두박질치며 추락하기 시작했다. 모든 수단을 다 써 보았지만 도저히 비행기를 똑바로 세울 수가 없었다. 90,000피트에서 3,000피트까지 일직선으로 낙하했을 때 최후의 수단으로 뭔가 도움이 될지도 모르겠다고 생각하여 이륙용 플랩(고양력 장치, 보조 날개 – 역자 주)을 내렸다. 다행히 그것이 잘 작동한 결과 기체를 다시 세워 추락을 면할 수 있었다.

1963년 어윈은 NASA의 우주 비행사 제3기생 모집에 응모했지만 최종 선발에서 탈락된다. 떨어진 이유는 공표되지 않았지만 뇌진탕을 일으킨 사고 후 아직 시간이 충분히 흐르지 않았기 때문일 것이라고 해석했다. 그때 이미 그의 나이 33세. 연령 제한인 34세까지 1년 밖에 남지 않았다. 기회는 내년밖에 없다고 생각했는데, 그 다음 제4

기생은 과학자만 모집했다.

  낙담한 어윈은 비행사 학교 졸업 후 콜로라도 스프링스의 방공 사령부에 부임한다. 콜로라도 스프링스의 방공 사령부는 소련의 미사일, 혹은 항공기에 의한 공격을 재빨리 탐지하여 거기에 맞서 싸우기 위한 사령부로서, 어떤 핵 공격에도 견딜 수 있도록 바위산 깊은 곳에 설치되어 전세계의 레이더로부터 들어온 정보가 시시각각 거대한 스크린에 투영되는 장치를 가지고 있었다. 소련의 미사일 공격에 반격하는 허가를 얻기 위해 대통령 직통 전화가 이곳에 설치되어 있다는 사실은 너무나도 유명하다. 이런 방공 사령부는 통합 참모 본부에 직속하는 특별 부대(전부 4개가 있고 다른 것으로는 전략 공군 등이 있다)이다. 여기에서 어윈은 이미 완성된 YF12A(F12라는 이름으로 바뀌었다)로 편제된 요격 부대를 만드는 책임자로 임명되었다. 공군에서도 최고의 엘리트 코스에 해당된다고 해도 좋을 것이다.

  그로부터 반 년 후인 1966년 어윈은 NASA가 우주 비행사 제5기생을 모집한다는 사실을 알게 되었다. 이미 그의 나이 36세. 이젠 연령 제한 때문에 틀렸다고 생각하고 있던 차에 연령 제한이 36세로 연장되었다. 이번이야말로 정말 최후의 기회라고 생각하고 응모했다. 방공 사령부에서는 그때까지 우주 비행사를 한 사람도 배출하지 못했기 때문에 사령관이 직접 어윈을 위해 은밀한 운동을 전개했다. 공군의 사령관급 장교들의 추천장을 대부분 확보했다. 운동의 효과가 있었는지 어윈은 연령 제한에 아슬아슬하게 통과하면서 우주 비행사 제5기생으로 선발되어 오랜 소원을 이룰 수 있게 되었다.

| 제 2 장 | **우주 비행사의 가정 생활**

 그 후 어윈은 5년 간의 훈련을 거쳐 1971년 41세의 나이로 아폴로 15호에 탑승하게 되었는데, 여기서 그 전에 그의 정신적 생활의 역사를 되돌아보도록 하자. 어윈이 우주 비행 후에 전도사가 된 것에 대해, "그 사람은 원래 종교적인 사람일 뿐, 특별히 우주 비행을 하고 나서 사람이 변한 게 아니다. 우주 비행 따위를 하지 않았어도 그렇게 되었을 것이다"라고 말하는 사람이 동료 가운데 있다.
 그러나 어윈 자신에게 물어 보면 그렇지 않다.
 "나는 확실히 교회에 다니고는 있었다. 그러나 우주 비행사 동료 가운데 신앙이 두터운 편에 속하지도 않았다. 일요일이 되면 교회에 갈 뿐, 그 외에는 교회 활동을 돕는 일도 없었고 내 신앙을 사람들에게 고백하는 일도 없었다. 나보다 신앙심이 두터운 우주 비행사는 얼마든지 있었다.
 피츠버그에 있을 때 우리 집은 루터파 교회에 다니고 있었다. 어머니는 두터운 신앙심을 가진 분이셨다. 아이들은 매일 밤 자기 전에 침대 옆에서 어머니와 함께 기도를 드렸다. 교회까지 5마일이나 되었지만, 눈 오는 겨울날에도 5마일이나 되는 길을 걸어서 교회에 나가야 했던 것을 기억하고 있다. 어머니에 비하면 아버지는 그다지 신앙심을 가지고 있지 않았다. 일요일에는 차로 가족들을 교회까지 데려다 주었지만, 입구에다 내려 주고는 교회에 들어가지 않고 차 속에서 예배가 끝날 때까지 기다리고 있었다. 아버지는 유아독존 형의 인간으로 신앙 같은 건 필요없다고 생각하고 있었던 것 같다.

　11세 때 플로리다로 이사하고 나서부터는 내가 다니고 있던 초등학교 교장 선생이 감리교 목사였기 때문에 그 교회에 다니게 되었다. 그 무렵 어느 날 어머니, 동생과 함께 저녁 산책을 하러 나갔다. 도중에 작은 교회가 있었는데 마침 그곳에서 신앙 부흥회를 하고 있었다. 아무 생각 없이 들어가 보았다. 예배에 참가하고 있는 사이, 지금도 왜 그랬는지 잘 모르겠지만 눈물을 흘릴 정도로 감동했다. 왠지 영혼이 요동치고 있는 듯한 느낌이 들었다. 그래서 예배 마지막에 설교자가 "예수 그리스도를 자신의 구세주로 받아들이기로 결심하신 분은 앞으로 나와 주십시오"라고 했을 때, 생각해 보지도 않고 일어나서 다른 사람들과 함께 앞으로 걸어 나갔다.

　그것은 그날 밤에 국한된 일이었다. 그 교회에는 두 번 다시 가지 않았고, 내가 다니고 있던 교회에서도 갑자기 열렬한 신자가 된 건 아니었다. 그 후 곧 올란도로 이사했고 그곳에서는 내가 다니고 있던 학교의 역사 선생님이 장로파 교회에서 성서반 지도를 맡고 있었기 때문에 그 교회에 다니게 되었다. 그 후 솔트레이크 시티로 이사해서도 장로파 교회를 다녔다. 그 동안 신앙적으로는 쭉 같은 상태를 유지하고 있었다. 다시 말해 적당히 믿는 신자였다는 것이다. 결국 11세 때의 그날 밤부터 30년 동안, 즉 달에서 돌아올 때까지 나는 신앙

취재 당시의 제임스 어윈

고백을 한 적이 없다.

지금 돌이켜보면 11세 때의 그날 밤이 나와 예수 그리스도의 첫 만남이었다. 그러나 그날 밤 도달한 지점에서 나는 점점 멀리 표류하고 있었던 것이다. 특히 하늘을 비행하는 법을 배운 후에는 더욱 그랬다. 하늘을 비행하는 쾌감에 몸도 마음도 빼앗겨 버렸다. 누구보다 높이, 누구보다 빨리 날고 싶다는 것이 내 인생의 목적이 되었다. 그리고 달을 향해 비행하는 것은 그 목적의 정점에 놓여 있었다. 달 로켓보다 빠른 것은 없었고, 달은 지금까지 인류가 도달할 수 있는 가장 높은 고도였다.

성서에는 "이 세상의 모든 것을 다 가져도 너의 영혼을 잃어 버리면 무슨 의미가 있을까(사곡한 자가 이익을 얻었으나 하나님이 그 영혼을 취하실 때에는 무슨 소망이 있으랴—욥기 27 : 8)"라는 구절이 있다. 그러나 이 세상의 모든 것을 가질 수 있다면 자신의 영혼을 악마에게 팔아도 좋다고 한 파우스트적인 생각이 인간에게는 있다. 내 경우가 그랬다.

달의 높이에 도달하기 위해 나는 어떤 희생도 두려워하지 않았다. 그리고 정말로 모든 인생을 건 목표인 그 높이에 도달한 순간, 나는 그 목표를 위해 던져 버렸던 신을 다시 만났던 것이다. 신이 나를 위해 너무나도 훌륭한 각본을 준비해 두었다고 생각할 수밖에 없었다."

이제부터 기독교의 여러 교파가 나오기 때문에 앞으로를 위해서라도 약간의 설명을 해 두겠다.

미국에는 모든 나라에서 이민자들이 흘러 들어왔기 때문에 모든 기독교 교파가 있다. 그뿐만 아니라 미국에서 만들어진 교파도 많기 때문에 세계에서 교파가 가장 복잡하다. 정부 통계로 보면 신자가 50,000명 이상 되는 교파 교단만 83개가 있다.

기독교의 역사가 긴 유럽에서는 어느 나라라도 그 나라의 국교적 성격을 띤 교파가 있고(예를 들면 남유럽과 프랑스는 가톨릭, 독일과 북유럽은 루터파, 영국은 성공회 등), 그 외 교파의 신자는 극소수이다. 그런 나라에서는 나라 구석구석까지 국교적 성격을 띤 교파의 교회가 있고 각각의 교회가 교구를 갖는, 소위 지역별 관리가 이루어지고 있기 때문에 일반적으로 거주지가 결정되면 소속되는 교회도 결정된다. 그러나 미국에서는 모든 교파가 난립하여 전도 활동을 하고 있고, 어느 교파도 나라 구석구석까지 교회를 두고 있을 정도로 크지 않기 때문에(미국에서는 전부 350,000개 정도의 교회가 있는데, 가장 많은 감리교가 40,000개에 조금 못 미치고, 두 번째로 큰 남부 침례교가 35,000개를 가지고 있다. 만 단위의 교회를 가진 교파는 손으로 꼽을 정도이며 나머지는 수천, 수백 단위이다) 특히 새로운 곳으로 이사한 경우에는 어원처럼 교파를 바꾸는 일도 드물지 않다.

신자 수에 관한 통계는 있지만, 각 교파가 신고하는 신자 수에 따른 것이기 때문에 그다지 정확하지는 않다. 일반적으로 부풀려 말하는 경향이 있고, 교파에 따라 신자를 정의하는 방식이 다르기 때문이다. 통계상으로는 가톨릭이 신자 수 약 5,000만 명으로 가장 많다고 되어 있지만, 가톨릭의 경우는 세례받은 사람을 모두 신자로 간주하고, 또한 프로테스탄트가 부정하는 유아 세례를 행하고 있기 때문에 갓난 아이마저 신자 수에 포함하고 있다.

일반적으로는 대략적으로 말해 미국인의 60%가 기독교 신자이고 그 가운데 60%가 프로테스탄트, 다시 프로테스탄트 가운데 60%가 '메인 라인'이라 불리는 주류의 교파에 소속되어 있다고 한다. 메인 라인에 속하는 것은 감리교, 침례교, 장로교, 회중파(조합파), 성공회, 루터파 등이 있다.

흔히 미국에서 엘리트의 조건으로 WASP을 말하는데, 대개 WASP의 P는 프로테스탄트의 P라고 설명한다. 그러나 WASP의 P가 프로테스탄트라면 어떤 교파이든 상관없는 것이 아니라, 주류 교파의 프로테스탄트일 필요가 있다.

가톨릭 신자인 케네디가 대통령이 되었을 때 WASP이 아닌 대통령이 탄생했다고 사람들이 놀랐는데, 카터가 대통령이 되었을 때도 마찬가지였다. 카터는 프로테스탄트이지만 주류 교파에 속하지 않는 남부 침례교 신자였기 때문이었다. 미국의 침례교는 남북 전쟁 당시 노예 해방에 대한 대응을 둘러싸고 남북이 분열하여, 그 후 남부 침례교와 침례교(처음에는 북부 침례교로 불렸지만 그 후 북부라는 말을 빼 버렸다)는 완전히 별개의 교파로 발전해 왔다.

후에 어윈은 남부 침례교 신자가 되었기 때문에 이 교파에 대해 조금 더 설명해 둘 필요가 있다. 남부 침례교는 현재 미국 프로테스탄트 교파 가운데 가장 많은 신자가 있고, 가장 활동적이며 가장 풍부한 자금력을 가지고 있다. 이제 포교 지역은 남부에 한정되어 있지 않지만, 남부에서부터 남서부에 걸쳐서는 압도적인 우위를 자랑하고 있다.

남부 침례교의 교의는 아주 보수적이어서 성서에 쓰여진 것은 모두 글자 뜻 그대로 진실이라는 원리주의이다. 다른 교파가 현대의 과학적 지식과 모순되지 않도록 성서의 어떤 부분(예를 들면 천지 창조를 말하는 창세기 등)은 신화와 우화로 설명하며 합리화를 도모하는 것을 완강하게 반대하고 있다. 따라서 물론 진화론 따위는 믿지 않기 때문에(인간은 아담과 이브의 후예이지 원숭이의 후예가 아니라고 믿고 있다) 남부 침례교가 강한 지역 학교에서는 진화론을 가르치지 않는다. 처녀 마리아의 잉태, 그리스도의 부활, 재림 등의 교의도 많은 교파들은 버리고 있지만, 남부 침례교는 문자 그대로 믿고 있다. 도덕률도 전부 성서에서 끌어오기 때문에 이 부분 또한 보수적이고, 어떤 의미에서건 성 해방에도 반대하므로 지금 문제가 되고 있는 남녀 평등권 헌법 수정안ERA에도 단호히 반대하고 있다.

남부 침례교는 원래 남부의 가난한 백인을 기반으로 발전한 교파이고, 그 후의 발전도 사회적으로 하층 도시 주민이 중심이 되었기 때문에 결코 엘리트의 종교는 아니다. 미국에서는 교파와 사회적 계층이 단단히 결부되어 있다. 따라서 남부 침례교 신자 가운데 대통령이 탄생했다는 사실이 미국인에게는 놀라움이었던 것이다.

이에 비해 주류 교파가 주류가 될 수 있었던 이유는, 일찍 이민 온 사람들이 이민자의 나라 미국에서 그만큼 빨리 성공하여 사회의 상층부를 차지하고 있었기 때문이다. 영국 식민지였던 시대, 식민지 지배자로 온 것은 영국 국교도Episcopalian(성공회 신자, 감독제 주의자―역자 주)였다. 똑같은 영국인들 중 초기의 이민자는 모국 영국에서 국교회에 반대하여 박해받고 있던 청교도들로서 그들의 교파는 회중파였다. 같은 영국인이면서 마찬가지로 국교회 반대파였던 장로교도 거의 같은 시기에 건너왔다. 침례교는 유럽 각지에 기원을 두고 있는데, 역시 신세계에서의 종교의 자유를 구하러 건너왔다. 독립 전쟁 당시 회중파, 성공회, 침례교, 장로교의 순서로 세력이 강한 4대 교파를 형성하고 있었다.

감리교는 19세기 들어와 급격하게 발전한다. 이 교파는 영국의 존 웨슬리가 18세기 중반에 일으킨 것이다. 웨슬리는 원래 국교회 목사였는데, 35세에 갑자기 영감을 받아 대중 전도 여행을 나선다. 그리하여 실내에서건 실외에서건 가는 곳마다 사람들이 모이면 설교하였다. "회개하라, 예수 그리스도를 맞이하라, 진정한 신앙을 가져라"라고 설교하며 돌아다녔던 것이다. 그 후 50년 동안 250,000마일(매년 5,000마일 이상)을 걸으며 일생을 설교 여행으로 보낸 사람이다.

기독교만 그런 것이 아니라 모든 종교가 창립기에는 열띤 신앙을 획득하지만, 결국 교파가 커지고 교단의 관료적 조직이 생기면 교단도 일상적이고 적당한 신앙에 안주하게 된다. 그래서 결국 진정한 신앙은 이런 적당한 것이 아니라고 설교하는 사람이 나타나 신앙부흥 운동이 일어난다. 이것이 리바이벌 운동이다. 일본에서 신란親鸞이 했던 것은 정토종의 리바이벌 운동이었고, 니치렌日蓮이 했던 것이 법화종의 리바이벌 운동이라고 생각하면 될 것이다. 강력한 리바이벌 운동은 그 결과 새로운 교파를 탄생시킨다. 웨슬리의 경우도 마찬가지로 감리교를 탄생시켰다. 이것이 미국에 건너와 열렬한 신자들이 미국 각지에서 전도 집회를 열고 리바이벌 운동을 전개했기 때문에 19세기 중엽에는 프로테스탄트 최대의 교파가 되었다. 리바이벌 운동이 감리교만의 독특한 것은 아니다. 미국에서는 오늘날까지 각 교파에서 반복되고 있고, 그것이 미국 프로테스탄트의 활력소가 되고 있다. 뒤에서 다루겠지만 어윈이 11세 때 참가했던 것은 남부 침례교의 리바이벌 집회였다.

감리교가 미국에서 발전한 19세기 중엽, 독일과 북유럽에서 많은 이민자들이 건너와 중서부를 중심으로 루터파가 굳건한 세력을 구축했다. 그리하여 19세기 중엽에 주류 교파가 확립되었던 것이다.

이런 교파들이 가지고 있는 교의의 차이까지 설명할 여유는 없지만, 조금 설명하자면 프로테스탄트 각 파는 똑같은 기독교라고 생각되지 않을 정도로 각각의 교의가 대립하고 있다. 그러나 안티 가톨릭이라는 점에서는 모든 프로테스탄트가 일치하고 있다. 그 때문에 어윈에게 곤란한 일이 일어나게 되었다.

1952년 어윈이 텍사스의 리스 기지에 부임했을 때 그 기지에 있던 대위의 딸인, 아직 18세밖에 안 된 고등학생 메리와 알게 되어 한눈에 반한다. 그런데 이 집안이 가톨릭을 독실하게 믿고 있었다. 어윈은 자신도, 집안도 안티 가톨릭을 고집하고 있었다. 가톨릭 집안의 딸과 결혼하는 일 따위는 허락받기 힘들었다. 어윈은 메리에게 어떻게 해서든 가톨릭 신앙을 버리고 프로테스탄트로 개종해서 결혼해 달라고 요구하지만, 그녀는 도저히 신앙을 버릴 수 없다고 말한다. 그건 아버지가 허락하지 않을 거라는 이유였다.

결국 2년 동안 가톨릭을 버리고 결혼해 달라고 계속 설득한 결과,

그녀가 신앙을 버리고 결혼을 선택하게 하는 데 성공한다. 두 사람은 프로테스탄트 교회에서 결혼식을 올렸지만, 결혼 후에는 두 사람 모두 어느 교회도 나가지 않았다. 그러나 그 후 1년쯤 지났을 때 메리는 혼자 가톨릭 교회의 미사에 참석하고 있다고 어윈에게 알린다. 어윈이 못 받아들이겠다고 화를 내며 "그렇게 하려면 친정으로 돌아가!"라고 하자, 메리는 "그래요, 그렇게 하라면 하지요"라며 재빨리 짐을 싸서 친정으로 가 버린다. 이 사건으로 메리의 아버지가 격분하게 되고 어윈을 절대로 용서하지 않겠다고 말한다. 결국 그대로 두 사람은 이혼을 하게 된다. 그때 어윈의 나이 24세였다.

다음으로 어윈은 GAR9 미사일 개발 일을 하고 있을 무렵, 역시 메리라는 이름을 가진 여자를 만난다. 이번에 만난 메리는 가톨릭이 아니라 안식일 재림교의 열렬한 신자 집안의 딸이었다.

이 교파의 신도는 미국에 50만 명 정도밖에 없지만, 원리주의 중의 원리주의라고 불릴 정도로 성서를 문자 그대로 믿고 있는 대단히 신앙이 굳건한 신자 집단이다. 일요일을 안식일로 하는 것은 성서에 비추어 보면 잘못이라고 하여, 유대교와 마찬가지로 금요일 일몰부터 토요일 일몰까지를 안식일로 굳게 지키고 있다. 안식일을 굳게 지킨다는 것은 그날은 안식만 하고 아무것도 하지 않는다는 말이다. 토요일 오전에는 교회에 가고 오후에는 낮잠을 자며 보낸다. 그 동안에 불을 사용하면 안 되기 때문에 차가운 것을 먹는다. 또한 일상 생활에서도 술, 담배, 커피, 홍차는 마시지 않고, 육류도 될 수 있는 한 먹지 않는다. 그리고 수입의 10분의 1은 교회에 기부한다. 또한 재림교라는 이름 그대로 그리스도의 재림을 특히 굳게 믿고 있다. 그날이 오면 묵시록에 쓰여져 있는 대로 그리스도가 살아 있는 육체를 가진 모습으로 이 지상에 재림하고, 그때 죽은 자들이 소생하며, 그 후부터 행복이 넘치는 천 년이 시작된다고 믿고 있다. 게다가 그날이 얼마 남지 않았다고 믿고 있다. 그날의 도래는 기독교의 전도가 세계에서 얼마나 이루어지고 있는가에 따라 가까워진다고 되어 있기 때문에, 해외 전도에 대단한 열의를 가지고 있어 일본에도 많은 교회를 두고 있다.

이런 교의에 비하면 어윈이 다니고 있던 장로교 등의 교의는 훨씬 현대풍으로 합리화되어 있다. 그러나 현대풍의 합리화는 원리주의자들의 눈으로 보면 타락이다. 어윈은 이번에는 그녀의 신앙에 참견하지 않고 무조건 결혼하겠다는 승낙을 받아 신혼 여행 단계까지는 순조롭게 진행되었다. 그러나 거기까지 왔을 때 메리가 갑자기 역시 결혼은 할 수 없다고 말을 꺼내는 것이었다. 물어 보니 가족의 반대 때문이었다. 어윈은 그녀의 신앙에 정면으로 반대하지 않았고, 그녀 가족과 함께 안식일 재림교 예배에 참석하기도 했지만, 토요일 오후를 낮잠으로 보내는 습관을 두고 항상 그녀와 충돌하였다. 어윈에게는 그것이 일상 생활 속 습관의 문제였지만, 그녀와 그녀 가족에게는 신앙의 문제였다. 그렇게 신앙심이 없는 사람에게 딸을 줄 수 없다는 것이었다.

결국 어윈은 모든 예약이 끝난 신혼 여행을 전부 취소하는 것도 아깝다고 생각하여, 혼자 마이애미에 가서 휴가를 즐기고 돌아온다. 그리고 그녀와도 이것으로 끝이라고 생각하고 있을 때, 수개월 후 편지가 도착한다. "당신 없는 생활은 견딜 수 없어요"라는 것이었다. 결국 두 사람은 이전으로 돌아가 서로의 신앙을 존중하고, 아이가 태어나면 여자아이는 엄마의 교회로, 남자아이는 아빠의 교회로 보낸다는 합의하에 결혼한다. 어윈의 나이 30세 때의 일이었다.

"그렇지만 나는 메리가 토요일 오후에 낮잠을 자는 데 대해 불만을 가지고 투덜거렸다. 그 후 얼마 지나지 않아 그 무서운 추락 사고가 일어났다. 그 사고가 신과 멀어져 있던 나를 다시 한번 신 곁으로 끌어들였다. 의식이 돌아왔을 때, 그리고 만약 잘못되면 재기 불능일지도 모른다는 것을 알았을 때, 나는 그때까지 완전히 잊고 있던 신에게 호소하고 있었다.

'주여, 왜 저를 이런 시련에 들게 하십니까? 지금까지 저를 성공시키고 저에게 빛나는 경력을 주신 이유가 이렇게 나락으로 떨어뜨리기 위해서였습니까? 왜입니까? 왜 이런 일이 일어난 겁니까? 제가 당신에게 충실하지 않아서입니까?'

확실히 나는 그 동안 신에게 충실하지 않았다. 내 생활은 자기 중심주의적이었다. 내 일 외에는 안중에 없었다. 그리고 인생을 너무 서둘러 살고 있었다.

병원 침대 위에서 깁스한 양쪽 다리 때문에 움직이지도 못하고 고독과 절망을 씹으면서, 나는 처음으로 인생을 반성하는 시간을 가졌다. 밤에 소변이 마려워 간호사를 불렀지만 오지 않아, 어쩔 수 없이 그대로 소변을 싸 버려서 아침까지 축축하게 젖어 있었던 적이 몇 번 있었다. 골절된 턱을 철사로 매어 놓아, 먹을 수 있는 음식은 빨대로 먹는 유동식뿐이었다. 그리고 어쩔 도리가 없는 통증이 끊일 새 없이 엄습했다. 나는 신음하며 오로지 신에게 치유를 기원했다. 그 기도가 통했는지 기적적으로 몸이 원상태를 회복했다.

병상에 있는 동안에는 이처럼 신을 가까이했지만, 정작 낫고 나서 내가 열중했던 것은 영혼의 단련이 아니라 위축된 육체의 단련이었다. 다리 근육이 회복되도록 쇠로 만든 장화를 신고 운동을 하거나 매일 체육관에 다니면서 체조를 하기도 했다. 그리고 육체의 회복과 함께 다시 하늘을 날고 싶다는 열정에 사로잡혀 우주 비행사가 될 꿈을 쫓으며 또다시 신과 멀어지기 시작했다. 그뿐만 아니라 때로는 종교에 대한 회의를 느낀 적도 있었다. 입원하고 있는 동안은 아내 메리의 헌신적인 간호에 감사하는 마음이 충만하여 둘이서 여러 가지 이야기를 하는 시간도 많았기 때문에 부부간의 애정 면에서는 결혼 이래 가장 충실했던 기간이었다. 그러나 일에 복귀하게 됨에 따라 또다시 가정을 경시하게 되고 메리의 기분을 이해하지 못했기 때문에 부부 싸움이 끊임없이 일어나게 되었다. 특히 우주 비행사가 되고 나서는 더욱 그랬다."

우주 비행사는 가정을 돌아볼 여유가 없다. 우선 공부하기가 힘들다. 천문학, 항공 공학, 항공 역학, 로켓 추진, 컴퓨터, 통신 공학, 수학, 지리, 고층 대기권 물리학, 우주 공간 물리학, 환경 제어, 의학, 기상학, 유도 제어, 우주 항법, 지질학, 암석학, 광물학 등 다양한 과목을 각각 수십 시간 동안 배운다. 각 과목을 최고의 학자가 세미나 형식으로 가르친다. 예를 들어 반 알렌대에 관해서는 그것을 발견한 반 알렌 박사가 직접 와서 가르친 적도 있다.

지구를 공전하는 제미니 계획의 경우 지리를 철저히 배워야 했기 때문에 그 과목에 160시간이나 소비했다. 아폴로 계획의 경우, 암석과 광물에 대해 철저하게 공부해야 하기 때문에 한 코스당 58시간이나 걸리는 수업이 여섯 코스 있었고, 미국 대륙 각지를 돌아다니는 야외 조사Field work도 실시되었다.

한편으로 서바이벌 훈련도 실시되었다. 경우에 따라서는 우주선이 예정 지점에 착수着水하지 못하고 정글이나 사막에 떨어질지도 모른다. 그때 구출 부대가 도착할 때까지 살아 남기 위한 훈련인 것이다. 정글에서 먹을 것을 찾는 방법, 각종 위험에 대응하는 방법 등을 배웠고, 실제로 파나마 정글에 가서 서바이벌 실습을 하기도 했다.

일반적인 학습이 끝나면 이번에는 우주 비행의 기술적 과제를 각자 나눠 맡아 그 분야의 전문가가 되어야 했다. 예를 들면 어떤 사람은 컴퓨터 전문가, 어떤 사람은 우주복 전문가, 어떤 사람은 관성 유도 장치와 우주 항법 전문가라는 식이다. 이것을 몇 번 반복하여 각 복수 분야의 전문적 지식을 배운다. 우주 비행사 한 사람 한 사람이 우주선과 우주 비행의 모든 것에 대해 전문적 지식을 갖는다는 것은 도저히 불가능하다. 그렇기 때문에 각기 다른 전문 지식을 가진 사람을 짜맞추어 승무원을 구성하는 것이다. 그런 전문 지식은 이미 완성된 지식으로 존재하는 게 아니다. 우주 계획을 뒷받침하는, 미국 각지에 몇 천 명이나 되는 기술자, 과학자의 손에 의해 아직까지 개발 중인 지식이다. 따라서 지금 개발 중인 현장에 가서 과학자, 기술자와의 협동 작업을 통해 그 개발에 참여하는 것이 바로 학습이 된다. 컴퓨터를 배우려면 IBM에, 우주 항법을 배우려면 매사추세츠의 MIT에 가야 한다. 우주복의 본체는 델라웨어에 있는 회사가 만들고 있지만 거기에 부착되는 산소 공급 장치는 코네티컷에 있는 회사가 만든다. 이렇게 우주 계획의 세부는 전부 미국 각지에 산재하는 다양한 기업, 연구소, 대학에서 개발 중이었기 때문에 우주 비행사는 그곳을 돌아다녀야 했다.

게다가 육체적인 훈련이 있다. 예를 들어 우주선을 쏘아 올릴 때 4G(gravity)의 가속도를 견뎌야 하는데, 이 훈련을 하기 위해서는 펜실베이니아에 있는 해군항공의학 가속도연구소의 거대한 원심 장치 속으로 들어가야 했다. 무중력 상태에 적응하는 훈련을 하기 위해서는 공군 C135 수송기에 타고 여러 번 탄도 훈련을 해야 했다. 한 번 비행으로 수십 초밖에 무중력 상태를 맛볼 수 없기 때문에 몇 번이나 반복할 필요가 있었다. 의사적擬似的 무중력 상태 훈련법으로는 사람의 몸의 부력이 정확하게 제로가 되도록 추를 달아 물 속에서 하는 방법도 있다. 이 훈련을 위한 수영장은 볼티모어에 있기 때문에 훈련을 위해서도 각지를 돌아다녀야 했다. 또한 NASA는 우주 계획에 대한 국민적 지지를 얻기 위해 선전에 힘쓰고 있었다. 각지에서 우주 비행사를 게스트로 초청한 우주 계획의 선전 집회를 무수히 열었다. 그런 이유로도 우주 비행사들은 미국 각지를 돌아다녀야 했다. 어쨌든 우주 비행사는 여러 가지 목적으로 언제라도 미국 전역을 돌아다녀야만 한다. 그래서 우주 비행사 개인당 자가용 비행기로 T38 제트 연습기가 주어졌다. 그 비행기로 언제라도 미국의 어디든 마음먹으면 갈 수 있는 것이다.

 그러나 이런 생활 때문에 좀처럼 집에 돌아올 수가 없다. 돌아온다고 해도 피로에 젖어 가족과 상대할 여유가 없다. 집에 돌아오면 자고, 일어나면 나가는 생활의 연속이다. 일본의 '맹렬 샐러리맨' 가운데는 이와 비슷한 가정 생활을 하는 사람이 적지 않지만, 미국에서는 드문 일이다. 미국 여성들은 그런 가정 생활에 익숙하지 않기 때문에 가정 붕괴의 원인이 된다. 우주 체험이 있는 41명(현존자 중에서. 스페이스 셔틀은 제외. 이하 같음)의 우주 비행사 가운데 결국 7명이 이혼했다. 가정 생활은 물론 모든 면에서 모범적인 미국인으로 선발된 우주 비행사들이 이처럼 높은 이혼율을 보이고 있는 건 놀랄 만한 일이다.

어윈의 경우도 몇 번 이혼 직전까지 간 적이 있다. 우주 비행사의 아내들은 보통 티 파티에서 만나 공통적인 고민을 서로 이야기하면서 푸념하는 것으로 욕구 불만을 해소하고 있었지만, 메리는 아주 내성적인 성격이었기 때문에 그런 파티에 한 번도 나가지 않았다. 게다가 휴스턴에 와 보니 그곳에는 안식일 재림교 교회가 없어서 어쩔 수 없이 감리교 교회에 다녀야 한다는 것도 불만이었다.

1967년 메리의 남동생이 산에서 추락 사고로 죽었다. 메리는 이것을 자신이 교회와 멀어진 탓에 신이 내린 벌이라고 받아들였다. 그래서 20마일 떨어진 마을에서 작은 재림교 교회를 발견하고는 그곳으로 매주 토요일 예배를 보러 가게 되었다.

드디어 아폴로 계획이 시작되어 더욱 바빠진 시기에 또다시 아내의 토요일 낮잠이 시작된 것이다. 어윈은 화가 났고 부부 사이는 험악하게 변했다. 어윈은 이래서는 안 되겠다고 생각하여 일 주일 동안 아카풀코Acapulco에서의 둘만의 휴가를 계획했다. 편하고 안정된 상태에서 이야기를 함으로써 두 사람 사이의 애정과 신뢰를 회복하려 했던 것이다. 그러나 아카풀코에 도착한 그날 밤 저녁 식사를 하러 가려는 순간 휴스턴에서 전화가 걸려 왔다. 아이들을 맡겨 둔 사람에게서 온 전화였다. 세 명의 아이들이 근처에 있는 공사 중인 집 주변에서 놀다가 벽이 무너지는 바람에 그 밑에 깔려 모두 병원으로 후송되었다는 것이었다. 두 아이는 큰일이 없었지만, 한 아이는 두개골에 금이 갔다. 화해를 위해서 계획한 여행이 이런 사고로 중단되었다는 사실이 왠지 불길했다.

1968년 어윈은 아폴로 10호의 보조 승무원에 임명되었다. 아폴로에서는 정식 승무원과 함께 예비 승무원, 보조 승무원이 임명된다.

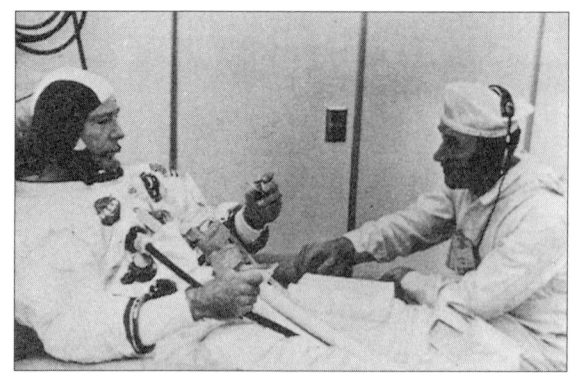

에드가 미첼

예비 승무원은 정식 승무원에게 사고가 생기면 언제라도 대신할 수 있도록 정식 승무원과 똑같은 훈련을 받는다. 그리고 예비 승무원으로 선발되면 3, 4호 뒤에 정식 승무원으로 선발되는 것이 상례였다. 그에 비해 보조 승무원은 이름 그대로 정식 승무원을 지원할 뿐, 정식 승무원과 예비 승무원이 임무 이외의 일에 일절 신경 쓰지 않고 잘 끝내도록 모든 준비를 도맡아 하는 역할이었다.

아폴로 10호의 토머스 스태포드는 우주 비행사로서는 제2기생으로 대선배였지만, 해군 사관학교에서는 한 학년 아래였다. 그리고 예비 승무원에는 같은 제5기생인 에드가 미첼Edgar Mitchell과 스튜어트 루사Stuart Roosa가 들어 있었다. 동기생의 보조 역할을 해야 한다는 게 조금 불만이었지만, 어윈은 이 기회를 이용해 원래 자기 전문 분야 가운데 하나였던 달 착륙선Lunar Module에 대해 누구에게도 지지 않는 전문가가 되려고 했다. 케이프 케네디 조립 공장에서 그러먼사의 기술자들과 매일 기름투성이가 되도록 일을 했다.

우주 비행사는 일반적으로 현장 기술자들을 깔보는 경향이 있기 때문에, 충고를 하거나 지시를 내리는 일은 있어도 현장에서 공구를 들고 기술자와 함께 일하는 예는 거의 없었다. 그러나 어원은 이 일을 통해 달 착륙선에 관해서는 구석구석 모든 것을 알고 있다는 자부심을 갖게 되었다. 그렇게 한 보람이 있었는지 이 일이 끝나자 바로 아폴로 12호의 예비 승무원 선장에 임명된 데이비드 스콧David Scott이 와서 능력 있는 LM 전문가가 필요한데 도와주지 않겠느냐고 부탁을 하였다. 이것으로 이미 달을 향해 가는 패스포트를 얻은 거나 마찬가지였다. 실제로 그 후 달을 향해 가는 것을 전제로 한 지질학 필드워크가 집중적으로 실시되었다. 지질학적으로 달 표면과 비슷하다고 생각되는 장소에서 철저하게 훈련받았던 것이다.

아폴로 11호까지는 어쨌든 인간이 달에 갔다가 무사히 돌아오는 일이 최대의 목적이었다. 그러나 그 이후에는 달에 대한 과학적인 조사·연구가 주목적이 되었다. 달 표면에 머무르는 시간도 11호는 겨우 21시간 36분으로 하루를 채우지 못했지만, 그 이후로는

12호	31시간 31분
14호	33시간 31분
15호	66시간 55분
16호	71시간 2분
17호	75시간

으로 점점 장기 체재화되었고, 운반할 기재와 달 위에서 실시해야 할 실험 계획도 증가되었다. 언론 보도량은 11호의 성공 이후 서서히 줄어들었지만, 나중의 것일수록 성과가 더욱 컸다. 특히 15호 이후로는 루나 로버라는 달 표면 탐사 차량을 가지고 가서 그때까지 도보로 탐

사하던 것과는 비교가 되지 않을 정도로 광대한 지역을 조사했다. 아폴로 11호의 우주 비행사가 달 착륙선에서 불과 60m 거리까지밖에 갈 수 없었던 것에 비해 루나 로버에 탄 어윈 등의 우주 비행사들은 10km나 떨어진 곳까지 갈 수 있었다. 아폴로 17호에 이르러서는 총 90km 이상 되는 거리를 탐사했다.

정식 승무원, 예비 승무원으로 선발되면 발사, 우주 비행, 달 착륙, 귀환이라는 전 과정에 대한 시뮬레이션 훈련이 몇 번이나 되풀이되었다. 달 착륙 등의 특히 중요한 부분은 100회 이상이나 반복하였다. 발사 훈련 시뮬레이션 장비는 실전과 똑같은 굉음과 진동을 내고, 달 착륙선의 시뮬레이션 장비는 창문에서 실제와 똑같은 광경이 보이도록 만들어져 있다. 착륙 지점이 결정되면 지상 관측에서 얻은 데이터를 토대로 정밀하게 조각한 모형을 만들고, 조종 장치와 연동하여 텔레비전 카메라가 그것을 찍도록 장치되어 있었던 것이다. 시뮬레이션 훈련은 총 3,000시간에 이르렀다고 한다. 그 때문에 우주 비행사들은 실전에서도 시뮬레이션 같다고 생각하는 게 보통이었다.

이런 사정 때문에 아폴로 12호의 예비 승무원으로 선발된 어윈은 그전보다 훨씬 바빠졌고, 집을 떠나 있는 시간도 많아졌다. 1969년 말, 드디어 대망의 정식 승무원으로 선발되고부터는 더욱 그랬다. 아폴로 15호에서는 앞에서 말한 루나 로버가 처음으로 사용될 예정이었기 때문에 그것에 대비한 훈련도 새로 추가되었다. 달 위에서는 중력이 지구의 1/6밖에 되지 않는다. 따라서 실물의 루나 로버로 지상을 달려도 훈련이 되지 않을 뿐만 아니라, 우선 그렇게 했다가는 부서져 버린다.

달 위에서는 거기에 승차하는 인간의 체중도, 모든 적재물도 무게가 지구의 1/6에 지나지 않기 때문에 루나 로버는 아주 가냘프게 만들어진다. 그래서 지상 훈련용으로는 달 위에서의 루나 로버의 승차감에 가깝다고 생각되는 것을 특별히 설계·제작하는 것이다. 실물 루나 로버는 보잉Boeing사가 1대당 800만 달러를 들여 4대를 만들었지만, 지상 훈련용은 GM이 만들고 그 비용은 1대당 100만 달러가 들었다. 100만 달러를 들여도 여전히 1G의 세계에서 1/6G의 세계를 시뮬레이션하는 것은 무리이며, 승차감도 완전히 다르다고 한다. 지상에서는 제대로 달리지 못해 걱정이었던 것이 달 표면에서는 하늘을 날듯이 달렸다고 한다. 실제로 중력이 약하기 때문에 작은 요철로 인해 튀어 오르면 루나 로버는 정말로 하늘을 날아 버리는 것이다.

이처럼 어윈은 1971년 7월의 발사 전까지 달 비행의 준비에 모든 정력을 쏟고 있었지만, 그 사이 가정 생활은 악화되기만 했다. 이젠 이혼할 수밖에 없다는 이야기가 아내와의 사이에서 몇 번이나 거론되었다. 발사 7개월 전 어느 날 밤에는 그렇다면 내일 아침에 일어나자마자 이혼하자는 이야기까지 나왔던 적도 있었다고 한다.

어느 날 메리는 이혼해야 할 이유와 이혼하지 말아야 할 이유를 생각나는 데까지 2장의 종이에 나누어 적었다고 한다. 그랬더니 이혼해야 할 이유 쪽은 금방 종이가 가득 찰 정도로 잔뜩 써 내려갔지만, 이혼하지 말아야 할 이유 쪽은 겨우 두 가지만 생각났다고 한다. 이런 이야기를 들을 때마다 어윈은 분통을 터뜨리며 화를 냈다. 남편이 인생을 걸어 왔던 최대의 목표를 막 실현시키려고 하는 이때, 아내라는 사람은 가정을 굳건히 지키고 정신적으로 충분한 뒷받침을 해야 하는 게 아닌가라고 하며. 이런 면에 있어 어윈은 일본식 남성 중심적 가정관의 소유자였다. 그러나 아내 쪽은 그런 가정관을 받아들이

지 않았다. 결국 말 싸움, 이혼 얘기, 그리고 아이의 울음으로 어름어름 그 자리를 넘겨 버리는 과정이 되풀이되었다. 어원은 그럴 때마다 이제 아폴로 15호의 임무도 반납하고 우주 비행사도 그만둬야겠다고 생각한 적이 몇 번이나 있었다고 한다.

그러나 발사 3, 4개월 전부터 변화가 나타났다. 그 변화는 어원이 교회를 바꾸었을 무렵부터 일어났다. 그때까지 감리교 교회에 나가던 것을 남부 침례교로 바꾼 것이다. 주류 교파에서 원리주의 교파로 대전환했던 것이다. 교파는 다르지만 같은 원리주의자가 되었다는 이유로 아내의 기분도 조금 풀렸던 것 같다. 이 배경에는 두 가지 사건이 있다. 그 시기 내내 어원은 케이프 케네디에 머물렀고, 휴스턴에는 주말에만 돌아오는 생활을 계속했다.

어느 날 어원은 문득 생각이 나, 케이프 케네디에서 그리 멀지 않은 곳에 있는, 자신이 소년 시절을 보냈던 뉴 포트 리치 마을을 방문해 보았다. 11세 소년 시절에 눈물을 흘리며 신앙 고백을 했던 그 조그만 교회가 아직도 남아 있을까 찾아보러 갔던 것이다. 가 보니 옛날 그대로 그 교회가 남아 있었다. 그리고 기억 속에서 그것이 회중파 교회였다고만 생각하고 있었는데, 가 보니 남부 침례교 교회였다는 것을 알게 되었다.

또 다른 사건은 지질학 필드워크로 하와이의 마우나 로아Mauna Loa 산에 갔을 때의 일이다. 어원은 밤에 갑자기 앓게 되었다. 그때 밤중임에도 불구하고 마을을 뒤져 의사를 찾아 주고, 옆에 붙어 서서 간호해 준 사람이 우주 비행사 동료인 윌리엄 포그William Pogue와 잭 루스마Jack Lousma였다. 우주 비행사들 가운데는 명목상으로만 기독교인인 경우가 많았지만, 이 두 사람은 진정한 신앙을 가진 사람들이라는 것을 일찍부터 어윈은 인정해 왔다. 이 두 사람이 속해 있던 교회가 휴스턴 우주 센터 부근에 있는 남부 침례교였던 것이다. 소년 시절의 기억이 되살아난 데다 이 두 사람의 친절한 마음에 감동을 받았는지 그는 그 교회의 예배에 참석하였다. 그리고 그곳 목사의 설교에 감화되어 바로 교회를 바꾸어 버린 것이다.

1971년 7월 26일 아폴로 15호를 타고 달을 향해 여행을 떠났을 때 그것이 단순한 우주 비행이 아니라 정신적인 여행이 되리라고는 꿈에도 생각지 못했다고 어윈은 말한다. 머리 속은 기술적인 준비 생각으로 가득 찼고, 출발 전에 기술적인 것 외에는 무엇 하나 생각할 여유가 없었기 때문에 우주 체험에 대한 심리적·정신적 준비를 할 마음의 여유가 전혀 없었다고 한다. 이것은 어윈뿐만 아니라 다른 우주 비행사들도 공통적으로 말하는 것이다. 출발 직전까지 우주 비행사들은 기술적 점검에 쫓기는 것이다. 의식적으로는 아무런 준비도 없었을지 모르지만, 아마 교회를 바꾼 일이 잠재 의식 속에서는 마음의 준비가 되었던 것이 아닐까. 달에서 돌아왔을 때 어윈은 굳건한 원리주의 신앙을 가지고 돌아왔던 것이다.

앞에서도 말했듯이 주류 교파에서는 이신론理神論적 경향이 강하고, 성서에 쓰여져 있는 것을 전부 믿지는 않는다. 그뿐만 아니라 실제로는 신의 존재조차 믿지 않는 신도가 많이 있다. 미국인의 기독교 신앙은 일본인이 일반적으로 기독교라고 상상하고 있는 신앙과는 상당히 동떨어져 있다.

이런 조사 결과가 있다.

"당신은 신의 존재를 믿습니까?"

"당신은 예수를 신의 아들이라고 믿습니까?"

이런 소위 기독교의 근본 교의 가운데서도 근본인 교의를 각 교파의 신도들에게 질문하여 그 대답을 통계로 종합했더니, 주류 교파에서는 최대 교파인 감리교의 경우 신의 존재를 믿는 자가 60%, 예수를 신의 아들이라고 믿는 자가 54%밖에 되지 않았다.

신도라고 해도 엉터리 신앙밖에 가지고 있지 않은 단순한 Church-goer(단지 교회에 나갈 뿐 신앙은 없는 사람)를 포함한 조사이기 때문이라고 생각할지도 모르겠다. 그러나 그렇지 않다. 같은 질문을 목사와 교회 성직자들에게 실행한 조사가 있다. 이것은 교파별 조사가 아니라 신학적 입장에서 원리주의, 보수주의, 신권위주의, 자유주의의 4가지로 분류되어 통계가 잡혀 있는데, 감리교는 대부분이 자유주의의 입장이기 때문에 그 수치를 보면, 신의 존재를 믿는 자 46%, 예수를 신의 아들로 믿는 자 31%라는 놀랄 만한 결과가 나온다. 신도보다 목사와 교회 성직자들이 신의 존재를 더욱 믿지 않는 것이다. 이에 비해 남부 침례교는 어떨까? 정말 훌륭하게도 99%의 사람들이 신의 존재도 예수의 신성도 믿고 있다. 목사의 경우를 봐도 마찬가지이다. 원리주의의 99%가 두 가지 사실 모두를 믿고 있다.

어윈의 경우, 그때까지 주류 교파의 교회를 전전했음에도 불구하고 그 동안 눈물을 흘릴 정도로 감동을 받았던 때는 단지 한 번 가 봤던 남부 침례교의 부흥 예배에서였다는 점, 또한 휴스턴의 남부 침례교 교회 예배에 나갔다가 바로 마음에 들어 교파를 바꾸어 버렸다는 점으로 볼 때, 원래 마음 깊은 곳 어딘가에 원리주의적 정신 구조를 간직하고 있었다고 할 수 있지 않을까.

| 제3장 | **신비 체험과 우표 사건**

 어쨌든 어윈은 이런 정신 상태 속에서 달로 향했던 것이다.
 발사 당일은 준비 단계보다 오히려 더 여유가 있었다. 오전 4시 30분에 기상. 우선 의무실로 가서 옷을 모두 벗고 정밀 검사를 받는다. 이때 조금이라도 병의 징후가 발견되면 바로 예비 승무원으로 교체된다. 동행한 승무원은 선장이 제3기생인 데이비드 스콧. 이미 제미니 8호, 아폴로 9호의 경험을 가진 베테랑이었다. 공군 준장의 아들로 웨스트 포인트 출신. MIT에서 석사 학위를 두 개나 취득했다. 사령선 비행사인 알프레드 워든Alfred Worden은 어윈과 같은 제5기생으로 이번이 첫 비행이었다. 웨스트 포인트 출신. 미시간 대학 석사.
 신체 검사가 끝나면 스테이크와 스크램블 에그로 아침 식사를 하고 우주복 탈의실로 간다. 여기서 한 번 더 옷을 다 벗고 신체 검사를 받는다. 다음으로 가슴, 옆구리 등 맨몸 위에 총 4개의 바이오 메디컬 센서를 부착한다. 이것으로 맥박, 혈압, 호흡 등 모든 신체 상태가 46시간 내내 모니터화되어 그 신호의 변화를 휴스턴의 우주 센터에서 전임 의사가 주시하게 된다.

페니스에 채뇨기를 끼우고 우주복용 속옷을 입은 후 그 위에 우주복을 입는다. 이때부터 100% 산소를 마시기 시작한다. 적어도 출발 3시간 전부터 100% 산소를 호흡하여 체액 내에 용해되어 있는 질소를 전부 내보낼 필요가 있다. 우주선에 탄 후 기압이 내려갈 때 질소가 남아 있으면, 그것이 기화되어 혈액 속에 기포가 생기기 때문이다. 우선 산소를 마시는 일 외에는 별다른 할 일이 없기 때문에 그대로 침대에 눕는다. 그 동안 어윈은 잠깐 눈을 붙였다고 한다.

6시 30분에 로켓 발사대로 간다. 엘리베이터로 360피트 높이까지 올라가 사령선 안으로 들어간다. 다시 한번 모든 것을 재검검하면 7시에 승강구가 닫힌다. 이때부터 9시 발사 전까지 2시간 동안 우주 비행사들은 아무것도 하지 않는다. 로켓 위에서 다리를 위로 든 채 대자로 누워 있을 뿐이다. 발사하는 쪽은 부산스럽지만 발사되는 쪽은 아무런 할 일이 없다. 그러다가 소변이 마려워진다. 벌써 세 시간째 소변을 보지 않았기 때문이다. 어린아이가 기저귀를 갈 때와 같은 자세로 소변을 보는 일이 쉬운 게 아니다. 그러나 이런 자세로 소변을 보는 것도 우주 비행사의 훈련 가운데 포함되어 있기 때문에 큰 어려움 없이 소변을 본다. 기분이 편안해져서 다시 잠시 동안 잠이 든다. 여기까지 오면 의외로 긴장하거나 흥분되지 않는다고 한다.

9시, 로켓이 점화되어 불을 뿜기 시작한다. 바깥에서는 로켓이 화염과 연기에 휩싸이고, 대폭발이 일어난 것처럼 엄청난 굉음이 울리지만, 로켓 내부는 의외로 조용하고 바깥은 아무것도 보이지 않는다. 발사될 때는 사령선의 창문이 봉쇄되기 때문이다. 실은 로켓의 가장 윗부분에 또 하나의 작은 로켓이 달려 있다. 발사될 때 만약 어떤 사고가 일어나서 우주 비행사들이 탈출을 해야 하는 위험이 닥칠 때,

이 로켓이 불을 뿜으며 사령선 부분만을 메인 로켓에서 분리시켜 다른 방향으로 날아간 다음 낙하산으로 탈출하게 하는 장치이다. 이 비상용 로켓이 점화되면 그 화염이 바로 사령선 창문을 덮치게 된다. 그래서 비상용 로켓이 만에 하나 필요할지도 모를 동안만은 사령선의 창문이 보호판으로 덮여 있는 것이다. 그 때문에 고도 15,000피트에 도달해 보호판이 떨어질 때까지 우주 비행사들은 아무것도 볼 수가 없다.

발사될 때의 우주 비행사들은 비행기가 이륙할 때처럼 점점 지상에서 멀어져 가는 모습을 볼 수 없는 것이다. 고도 15,000피트에 도달하여 보호판이 떨어져 나가도 로켓은 아직 맹렬한 속도로 상승 중이어서 우주 비행사들은 전과 같은 자세로 4G의 가속도로 인해 좌석에 압착되어 있다. 따라서 창문으로 보이는 것은 상공뿐이다. 로켓이 지구 궤도에 오르고 자세를 수평 방향으로 바꿀 때까지 우주 비행사들에게 보이는 것은 하늘뿐인 것이다. 그 하늘은 짙은 감색에서 청흑색으로 바뀌고, 점점 검은 빛을 더해 간다. 그러면 곧 로켓은 지구 궤도에 오르고, 눈 아래로 지구를 볼 수 있다. 즉 우주 비행사들은 중간 과정을 일체 생략당한 채 갑자기 지구 궤도 위에서 지구를 보는 것이다. 단 십여 분 전까지만 해도 지상에 있었는데 벌써 우주에서 지구를 바라보게 되는 것이다. 이런 과정을 생략한 시점의 변화가 우주 체험을 독특한 것으로 만드는 하나의 요소이다.

궤도에서 본 지구의 광경은 정말 아름답지만, 아폴로 우주선의 경우 그것을 바라보고 있을 여유가 없다. 지구를 단 두 번도 돌지 않은 상태에서 곧바로 달로 출발해야 하기 때문이다. 우주 비행사들은 벨트를 풀고 헬멧을 벗고 무중력 상태 속에서 정신없이 일을 해야 한

우주에서 바라본 지구

다. 무엇인가 생각하거나 느낄 여유가 없다. 휴스턴의 지시를 받으며 이리저리 움직일 뿐이다.

어느 정도 마음의 여유를 갖고 창문으로 지구의 모습을 볼 수 있게 된 것은 달로 향하는 궤도에 올라 다양한 작업을 마치고 나서 철저한 점검을 끝낸 다음이었다고 한다. 발사 후 4시간 정도를 경과하여 벌써 지구에서 10,000km 이상 떨어져 있었다. 창문에서 지구를 보니 그것은 또 하나의 둥근 물체로 보였다. 암흑의 우주를 배경으로 태양빛을 받아 동그랗게 빛나 보였다(지구는 완전한 구가 아니라 조금 타원을 이루고 있을 텐데 동그랗게 보였다고 한다). 만월이 아니라 만지구full-earth라고 생각했다. 거대한 지구의를 보듯 대륙과 섬을 하나하나 구분할 수 있었다. 그 후 3일 동안 달을 향한 여행을 계속하고 있는 사이에 지구는 서서히 작아져 갔다.

달로의 비행을 계속하는 사이, 자신들이 초스피드로 날고 있다는 실감은 전혀 없었다. 그건 그렇다. 달로의 여행은 관성 비행이기 때문에 우주선 내부는 관성 공간이고, 그 내부에 있는 사람에게 관성

공간은 정지 공간과 마찬가지인 것이다. 지구상의 인간 가운데 그 누구도 지구가 초스피드로 움직이고 있다는 것을 실감하지 못하는 것과 마찬가지이다. 창 밖에서 점점 작아져 가는 지구만이 자신들이 계속 날고 있다는 사실을 보여 주고 있었다.

그런데 앞으로 우주 여행의 세부 사항에 대해 그다지 자세히 서술할 여유가 없기 때문에 특히 중요한 점만 언급해 두겠다.

재미있는 건 어윈이 우주로 나가고부터 두뇌 활동이 무척 좋아진 듯한 기분이 들었다고 말한 점이다. 똑같은 지적을 한 우주 비행사가 또 있다. 어윈이 탄 우주선에 있는 승무원 3명 모두 그것을 실감했다. 머리 속이 분명하고 똑똑해졌다는 느낌이 들고 정신 능력이 향상된 기분이었다. 느낌뿐만이 아니었다. 우주선 조작도 지상에서의 훈련 때보다 몇 배나 효율적으로 할 수 있었다. 어떤 것을 생각해도 바로 떠오른다. 클레어보이언스clairvoyance(투시 능력. ESP 능력 가운데 하나)가 바로 이런 것을 말하는 게 아닌가 생각될 정도였다고 한다. 뒤에 말하겠지만 아폴로 14호의 에드가 미첼의 경우, 이 체험이 워낙 강렬해서 자신이 ESP(extrasensory perception) 능력을 가졌다며 달에서 돌아온 후 ESP 능력에 대한 연구에 열중하다가 나중에 연구소까지 설립한다.

어윈은 이런 두뇌의 명석화, 정신 능력의 향상은 100% 산소를 계속 마셨기 때문에 뇌세포가 보통 상태보다 활성화되었기 때문이 아닐까 생각했다. 공기가 나쁜 곳에서는 두뇌 활동이 둔해지는 것과 반대의 현상이 일어난 게 아닐까 하는 것이다.

또 하나 주목해야 할 것은 발사 후 이틀째에 행해진, 'Visual Light

Flash Phenomenon Experiment(가시섬광현상 실험)'이다. 이것은 아폴로 11호의 버즈 앨드린이 처음으로 보고한 'flicker-flash phenomenon(반짝반짝-번쩍번쩍 현상)'으로 시작된다. 우주 비행사가 지구에 귀환하면 디브리핑이 행해진다는 것은 앞에서 말했다.

앨드린은 디브리핑에서 우주 비행 중 번쩍 하고 한순간 빛나는 섬광을 야간에 몇 번씩이나 보았다고 보고했다. 그것을 들은 NASA 관계자는 그다지 염두에 두지 않았다. 시각 기관에서 일어난 어떤 생리적 현상으로 생각했든지, 일종의 환각이라 생각했든지, 어쨌든 문제가 되지 않는다고 생각한 것 같다. 그러나 앨드린은 이것이 어떻게 설명하면 좋을지 알 수 없는 섬뜩한 현상이지만, 여하튼 연구할 가치가 있는 중요한 현상일 것이라 생각하고 직접 한 번 더 상세한 보고서를 제출했다. 그 보고서에 의하면 처음에 그 현상을 본 것은, 달로 향하면서 보낸 사흘 밤 가운데 두 번째 날 밤이었다.

우주선에서는 원래 밤도 낮도 없기 때문에, 밤은 인공적으로 만들어진다. 우주 비행을 하고 있는 동안, 휴스턴 시간에 맞춰 활동하기 때문에 휴스턴 시간으로 밤이 되면 창문 가리개를 내리고 실내등을 끈 후 휴스턴과의 통신 연락도 잠시 쉰 채 잠자리에 드는 것이다. 밤새 켜 두는 조그만 실내등 외에는 거의 어둠이 된다.

그런 가운데 번쩍 하는 빛을 보았다. 그것은 마치 만화에 자주 나오는, 등장인물이 누군가에게 머리를 얻어맞으면 눈에서 별이 튀어나오는 그림에서처럼 무언가가 빛났다는 느낌이었다. 번쩍 하고 빛나는 걸로 끝이었기 때문에 처음에는 신경도 쓰지 않았다. 그 다음에 보았을 때 번쩍 하는 빛이 한순간이었지만 꼬리를 길게 끌었다. 그리고 잠시 후 이번에는 두 번 계속해서 번쩍, 번쩍거렸다. 신경이 쓰였지만 달 착륙이 눈앞에 다가와 있었기 때문에 모르는 사이에 완전히 잊어 버렸다. 그리고 달 탐사에서 돌아오는 길에 또 그것을 보았다. 그리고 갈 때도 그것을 보았다는 사실을 기억하고, 동료인 암스트롱과 콜린스에게 어젯밤 무언가 번쩍 빛나지 않았냐고 물어 보았다. 두 사람 모두 멍하니 무슨 말을 하는지 이해 못하겠다는 표정이었다. 그날 밤 앨드린은 바로 잠들지 못하고 눈을 뜬 채 그 빛이 나타나기를 기다렸다. 얼마 되지 않아 예상대로 똑같은 빛이 나타났다. 다음날 아침 다시 한번 암스트롱과 콜린스에게 어젯밤 뭔가 보지 않았냐고 물어 보았다. 콜린스는 고개를 저었지만, 암스트롱은 많이 보았다고 대답했다.

앨드린은 이건 필시 어떤 소립자가 우주선 외피를 뚫고 들어와서 우주선 내의 공기를 이온화한 거라고 생각했다. 만약 그렇다면 태양풍(태양으로부터 불어오는 고에너지 소립자의 흐름)과 관계가 있을지도 모른다. 태양풍이라면 빛의 방향, 태양의 위치와 무슨 관계가 있는 건 아닐까. 그런 생각 끝에(앨드린은 MIT에서 박사 학위를 취득했는데, 무엇이든 이론적으로 생각했다) 다음날 밤은 태양의 위치와 빛의 방향의 상관관계를 연구해 봐야겠다고 생각했다. 또다시 빛은 나타났지만, 앨드린의 가설에 들어맞는 현상은 관찰되지 않았다.

결국 원인 불명이지만 착각은 아니며, 객관적으로 존재하는 현상임이 확실하리라는 결론이 났다. 아폴로 11호 이전에 달에 갔던 우주 비행사들을 조사해 보면 그런 것을 본 적이 없다는 사람과 본 적이 있다는 사람으로 크게 두 부류로 나뉘어 왔다.

당연히 다음에 비행할 아폴로 12호의 우주 비행사들은 이 현상에 흥미를 가지고 출발했다. 돌아온 3명 모두 그것을 보았다고 보고했다. 그리고 놀랍게도 눈을 감은 상태에서도 볼 수 있었다고 보고한 것이었다. 눈을 감은 상태에서 그 빛을, 이번엔 오른쪽 눈으로 봤다든지, 이번엔 왼쪽 눈으로 봤다든지 하는 식으로 구별할 수 있었다고 한다.

그렇게 보면 가장 유력한 가설은 우주선 내에 날아들어 온 소립자가 헬멧을 지나 두개골을 통과하여 시신경에 연결된 뇌세포에 자극을 주었든지, 아니면 망막세포를 직접 자극했든지 둘 중에 하나라는 것이다. 혹은 우주 공간을 날아온 소립자가 직접 두개골 속까지 통과하는 것이 아니라, 도중에 부딪친 물질(선체나 헬멧, 혹은 공기) 속의 소립자를 쳐내어 그것이 두개골을 통과했을지도 모른다. 어느 가설이든 어떤 고에너지 소립자가 원인이라고 생각할 수밖에 없지만, 자세한 것은 잘 모르겠다는 결론을 내리게 되었다.

어쨌든 이 가설이 옳다면 뇌세포, 혹은 망막세포가 그 소립자로 인해 파괴되든지, 아니면 파괴까지는 아니더라도 적어도 어떤 손상을 입을 위험성이 있는 것이다. 학자들 가운데는 더 오랜 기간 우주 비행을 할 경우 실명할 위험성이 있을 거라고 말하는 사람도 나오게 되었다. 또한 생각해 보면 이 현상은 우연히 뇌 속을 통과한 소립자가 시신경에 연결된 뇌세포와 부딪칠 때만 일어나는 현상이기 때문에, 만약 그 소립자가 시신경과는 무관한 뇌세포에만 부딪치면서 통과해 간다면 본인에게는 아무런 자각 증상도 일어나지 않게 된다. 그리고 뇌세포 수의 비율로 보면 그 쪽이 훨씬 수가 많기 때문에 뇌세포의 파괴는 번쩍번쩍 하는 섬광을 느끼는 것보다 훨씬 많은 빈도로 일어날지도 모른다.

뒤에 말하겠지만 버즈 앨드린은 우주 비행에서 돌아와 정신 이상을 일으켜 정신병원에 들어가게 된다. 그때 그가 가장 염려한 것이 이런 것이었다. 어쩌면 그에게만 소립자와의 충돌 때 운 나쁘게 아주 중요한 뇌세포가 파괴되어, 그 때문에 정신 이상을 일으킨 것은 아닌지 생각했던 것이다. 그 사실을 정신과 의사에게 말하니 확률적으로는 대단히 낮지만(뇌세포는 100억 개나 있다) 가능성은 부정할 수 없기 때문에 조사해 볼 필요가 있다고 했다. 그러나 현실적으로 한 개, 혹은 두 개의 뇌세포가 이상을 일으킨 것은 조사하려고 해도 조사할 방법이 없다. 그런 가운데 다른 치료법이 효과를 보이기 시작해 이 일은 잊혀지고 말았다.

여하튼 이 현상의 해명과 뇌 및 시신경계에 대한 영향 유무를 조사하는 것은 NASA에 있어 주요한 과제였다. 그래서 그것을 조사하기 위한 실험이 어윈 팀에게 부여되었다. 이번에는 밤이 되기를 기다리지 않고 밤과 똑같은 상태를 만든 다음, 눈가리개까지 하고 섬광이 나타나기를 기다려 그 결과를 상세히 기록했다. 어윈 등 세 명 모두가 섬광을 보았다. 그 가운데 가장 강렬한 것은 사진 플래시를 터뜨렸다고 생각될 정도로 강했고, 또한 세 명이 동시에 똑같은(똑같다고 생각되는) 섬광을 본 적도 있다고 한다. 어윈 팀은 출발 전에 정밀한 안저眼底 사진을 촬영해 두었다. 귀환 후에 다시 한번 안저 사진을 촬영해 두 가지를 비교해 보았지만, 이 조사에서는 아무런 성과도 나타나지 않았다.

결국 현재에 이르기까지 이 현상에 대해서는 다양한 연구가 이루어져 왔지만, 전혀 밝혀진 것이 없다. 이 예는 우주에는 아직도 해결되지 않은 수수께끼가 많다는 증거 가운데 하나이다.

그런데 어윈 일행이 달을 향해 비행하고 있는 도중에 두 가지 사고가 일어났다. 하나는 달 착륙선 계기의 유리창 하나가 어떤 충격으로 부서져 버린 것이다. 계기 기능에는 문제가 없었지만 부서진 유리 조각이 문제였다. 지상이라면 떨어진 유리 조각을 청소하면 되겠지만, 우주에서는 미세한 파편으로 부서진 유리가 밑으로 떨어지지 않고 주변을 떠다닌다. 큰 파편은 문제가 없지만 미세한 것은 잘못하다가 공기와 함께 들이마셔 폐를 상하게 되거나 눈 속에 들어가는 일들이 벌어질지도 모른다. 그리고 공중에 여기저기 떠다니고 있는 파편을 청소하는 작업은 아주 힘들다. 유일한 방법은 접착 테이프를 뒤집어 손에 감아 유리 조각을 붙이는 수밖에 없다. 그 이후 이틀 동안 세 사람은 쉬지 않고 열심히 그 작업을 했다.

다음으로 일어난 사건은 염소 소독 장치에서 물이 새는 일이 벌어졌다. 즉시 휴스턴에 보고하니, "1분에 몇 방울 정도 새고 있는가?"라고 물었다. NASA 사람들조차 우주가 무중력 상태란 걸 충분히 알고 있으면서도 이런 예기치 못한 일이 일어나면, 지구에서의 감각대로 말하게 된다. 우주에서는 물이 새도 방울이 되거나 떨어지지 않는다. 누수가 일어난 장소에서 물이 보이더니, 곧 그것이 공 모양으로 점점 부풀어 갈 뿐이었다.

"방울 같은 게 아니다. 완전히 큰 공이다. 1분에 1온스 비율로 부풀어 가는 공 말이다"라는 게 우주선 측의 대답이었다. 물은 우주에서는 귀중품이기 때문에 누수는 심각한 사고이다. 곧 휴스턴에는 전문가가 모여 대책을 검토했다. 그리고 이런 지시가 내려졌다.

"도구 상자를 열어 도구 번호 3과 도구 W를 꺼내라. 번호 3을 W의 래칫latchet 톱니에 물려라. 그 다음에 그것을 염소 주입구의 육각형 구멍에 집어 넣어 확실히 밀면서 4분의 1 회전시켜라."

그대로 하니 새는 것이 딱 멈추었다. 우주선 측에서는 무엇이 원인인지, 어떻게 하면 수리할 수 있는지 알 수 없었는데, 휴스턴에서는 모든 것을 해명할 수 있었던 것이다. 그만큼 우주 비행은 지상에서 잘 관리되고 있는 것이다.

여하튼 둘 다 큰 사고는 아니었다. 드디어 4일째 아침 우주선은 달에 도착, 달 궤도에 올랐다. 밤 부분(태양이 비치지 않는 부분)에서 달로 접근해 갔기 때문에 처음에는 뭔가 어둠 속에서 거대한 검은 물체가 불쑥 나타난 것 같은 인상을 받았다. 밤 부분에서 낮 부분으로 돌아드는 순간, 눈앞에 놀랄 만한 광채를 지닌 달의 모습이 나타났다. 달에는 대기가 없기 때문에 지구처럼 밤과 낮 사이에 있는 희미하게 밝은 박명薄明 부분이 없다. 밤의 어둠과 낮의 밝음이 확실히 한 선에 의해 나누어져 있다.

달의 색깔은 납빛이었다. 그것이 진짜 달이라고는 생각되지 않았다. 마치 점토 세공으로 만든 것 같다고 어윈은 생각했다. 그러나 조금 더 나아가니 달 색깔은 점점 변해 갔다. 납빛을 하고 있던 것은 달의 아침 부분이었다. 이윽고 그것은 갈색으로 되었다가, 황갈색으로 되었고, 그 다음 한낮의 부분, 그러니까 태양 광선을 바로 위에서 받고 있는 부분에서는 거의 흰색으로 빛나 보였다. 그리고 다시 이번에는 거꾸로 색조를 점점 떨어뜨려 밤 부분으로 들어간다. 그 가운데 산과 바다와 분화구, 계곡이 놀라울 정도로 거대한 파노라마를 펼쳐 보여 준다. 달은 지구보다 훨씬 작지만 하나하나의 지형은 크다. 분화구 가운데 큰 것은 일본 열도보다 더 크고, 후지산보다 큰 산도 얼마든지 있다. 그랜드 캐년보다 큰 계곡도 있다.

그리고 거기에는 생명의 단편조차 관찰할 수 없다. 생명의 색인 청색도 녹색도 없다. 색은 앞에 말한 것뿐이다. 어떤 움직임도 없다. 움직이는 것이 전혀 없는 것이다. 대기가 없기 때문에 바람조차 없다. 완전히 소리가 끊긴 고요의 세계다(음이 있어도 우주선 내에서는 들리지 않게 되어 있지만, 보는 것만으로도 무음이라는 사실을 알 수 있었다고 한다). 생명이라는 관점에서는 완전한 무이다. 완벽한 불모라고 할 수밖에 없다. 사람을 떨리게 할 정도로 황량하고 삭막한 곳이다. 그러나 그럼에도 불구하고 사람을 놀라게 할 만한 장엄함, 아름다움이 있다. 어윈은 말을 잃은 채, 그 광경에 빠져들어 갔다. 그리고 바로 여기에 신이 있다고 느꼈다. 달 위에 신이 있다는 것은 아니다. 지금 여기에 신이 있다고 느꼈던 것이다. 자기 바로 옆에서 신의 존재를 느꼈다. 바로 손을 뻗으면 신의 얼굴을 만질 수 있을 것처럼 가까이에서 그것을 느꼈다고 한다.

어윈과 스콧은 달 착륙선으로 옮겨 타고 드디어 달 표면으로 강하를 개시했다. 선장은 스콧, 어윈은 비행사였다. 강하하는 도중 스콧은 어윈에게 창문으로 바깥을 쳐다보지 말라고 명령했다. 컴퓨터 조작과 계기 판독에 모든 신경을 집중하라고 했다. 어윈은 명령받은 대로 했다. 그리곤 스스로에게 이렇게 타일렀다.

"제임스, 사실 너는 지금 달로 내려가는 게 아냐. 이건 시뮬레이션이야."

실제로 창 밖을 내다보지 않으면 시뮬레이션과 조금도 다를 바가 없었다. 고도계가 점점 제로에 가까워져 간다. 그러자 갑자기 계기판 위의 램프에 불이 들어온다. 달 착륙선의 다리 끝 부분에 나와 있는 감지계가 달 표면에 닿았다는 신호이다. '접지!'라고 외치니 스콧이

데이비드 스콧

재빨리 엔진 스위치를 껐다. 쿵 하는 충격과 함께 착륙이 완료되었다.

달 표면에 첫발을 디딜 때의 일은 이미 말했으므로, 그 후 달 표면에서의 주된 활동을 간단히 적어 두겠다.

달 표면에서 무엇을 하는가는 이미 분 단위로 스케줄이 잡혀 있었다. 그것이 모두 소맷부리에 동여매진 체크 리스트에 적혀 있다. 그것을 짚어 나가면서 하나하나 일을 정리해 간다.

처음에 해야 할 일은 루나 로버(달 탐사 차량)의 시험 주행이다. 만일 고장날 때를 대비해 걸어서 돌아올 수 있는 범위 내에서 달려 본다. 그것이 끝나면, 여러 가지 실험 관측 장치를 설치하는 일을 한다. 지열 측정 장치, 태양풍 관측 장치 등을 조립·설치한 후, 작은 원자력 발전 장치가 붙은 통신기와 앞의 관측 장치를 결합하여 지구로 데이터를 송신한다. 그것도 장치를 그냥 꺼내기만 하면 되는 게 아니다. 지열 측정을 위해서는 측정기의 탐침을 지하 약 1m 깊이로 묻어야 한다. 그렇게 하기 위해서는 드릴로 바위에 구멍을 뚫어야 한다. 그것과는 별도로 지하 약 3m 부분까지 드릴로 파내려 가서 원통형의 지층 샘플을 채취하는 일도 있다. 헐렁한 우주복(진공인 달 표면에서 공기를 채운 우주복은 풍선처럼 부풀어 오른다)을 입고 1/6G 중력 상태에서 하는 작업은 의외로 품이 많이 든다.

 지층의 샘플을 채취하는 작업은 단단한 암반에 부딪쳐 예정된 시간보다 네 배나 더 걸렸다고 한다. 그날 스케줄을 전부 마치고 착륙선으로 돌아와 장갑을 벗으니 그 속에 땀이 흥건히 괴어 있어 손은 불어 있었고, 손톱도 부러져 있었다. 그만큼 중노동이었던 것이다. 너무 피곤해서 그날 밤은 푹 잤다.

 다음날은 루나 로버를 타고 암석 채집을 위해 멀리까지 나갔다. 그래서 예의 그 창조석을 발견한 것이지만 그 경위는 이미 썼던 대로다. 그 후에는 다시 기지로 돌아와 과학적 실험을 계속했다. 사흘째도 이틀째와 거의 마찬가지 스케줄에 따라 눈이 돌아갈 정도로 열심히 일했다. 그 사이사이 텔레비전 중계로 전 미국 시청자들에게 달나라란 어떤 세계인가를 알리는 프로그램을 제작하는 일도 해야 했다. 예를 들면 그 프로그램에서 어윈이 멀리뛰기를 해 보인다(우주복을 입은 채라도 조금만 도움닫기를 하면 높이 1m, 폭 3m를 가볍게 뛸 수가 있다. 지상에서는 우주복을 입고 있으면 걷는 것도 힘들다). 아니면 '달 표면에서의 갈릴레오 실험'이라고 부르며 깃털과 강철 해머를 동시에 떨어뜨린다(물론 진공이기 때문에 완전히 동시에 낙하한다. 그리고 중력이 1/6G밖에 안 되기 때문에 천천히 떨어진다).

 "이런 저런 일로 정말 여유가 전혀 없었다. 그러나 가끔 정신없이 바쁜 스케줄 사이 사이에 지구를 올려다본 적이 있었다. 우주복을 입은 채로 지구를 올려다보는 일은 생각보다 쉽지 않다. 뭔가를 붙잡아 넘어지지 않도록 조심하면서 될 수 있는 한 몸을 완전히 뒤로 젖혀 위를 바라보면 겨우 지구가 보인다. 그건 꼭 마블 정도의 크기였다"고 말하며, 우주에서 본 지구처럼 청색과 백색이 섞인 마블을 손으로 들어 보여 주었다. 마블은 돌이나 유리로 만들어진 큼직한 유리 구슬 같은 것으로, 구슬치기에 사용된다. 어윈은 강연할 때 써먹기 위해 이 특제 마블을 항상 지니고 다닌다.

"그것이 암흑 속에서 하늘 높이 보였다. 아름답고 온기를 가진 듯 살아 있는 물체로 보였다. 그러나 동시에 너무나 섬세하고 연약하며 덧없는 듯, 부서지기 쉬워 보였다. 공기가 없는 탓인지 그 먼 거리에도 불구하고 손을 뻗으면 바로 닿을 정도로 가까이 있는 것처럼 느껴졌다. 그리고 손가락으로 집으면 부서져 조각조각 파편이 되어 버리지나 않을까 생각될 정도로 연약했다.

지구를 떠나 처음으로 지구를 하나의 둥근 물체로 봤을 때, 농구공 정도의 크기였다. 그런데 점점 멀어져 감에 따라 야구공 정도의 크기가 되고, 다시 골프공 정도로 되어, 마침내 달에서는 마블만 한 크기가 되어 버렸다. 처음에는 그 아름다움, 생명감에 눈을 빼앗기고 있었지만, 나중에는 연약함을 느끼게 되었다. 감동했다. 우주의 암흑 속에서 빛나는 푸른 보석. 그것이 지구였다.

지구의 아름다움은 그곳, 그곳에만 생명이 있다는 사실에서 오는 것이리라. 내가 바로 그곳에서 살아왔다. 저 멀리 지구가 오도카니 존재하고 있다. 다른 곳에는 어디에도 생명이 없다. 자신의 생명과 지구의 생명이 가느다란 한 가닥 실로 연결되어 있고, 그것은 언제 끊어져 버릴지 모른다. 둘 다 약하디 약한 존재이다. 이처럼 무력하고 약한 존재가 우주 속에서 살아가고 있다는 것. 이것이야말로 신의 은총이라는 사실을 아무런 설명 없이도 느낄 수 있었다. 신의 은총 없이는 우리들 존재 자체가 있을 수 없다는 사실을 의문의 여지 없이 깨닫게 되었다. 우주 비행 전까지 내 신앙은 보통 사람 정도였다. 그와 동시에 보통 사람 정도의 회의도 가지고 있었다. 신의 존재 자체를 의심한 적도 여러 번 있었다. 그러나 우주에서 지구를 보고 나서 얻은 통찰 앞에서는 모든 회의가 바람에 날아가 버렸다. 신이 거기에 있다는 사실이 절실히 느껴졌다. 이런 정신적 내적 변화가 우주 안에서 나에게 일어나리라고는 꿈에도 생각하지 못했기 때문에, 솔직히 나 스스로도 놀라고 있었다."

_당신이 우주에서 신을 만났다거나, 달에서 신의 존재를 느꼈다는 것은 그런 직관적 통찰을 얻었다는 것을 말하는가? 번개를 맞은 것처럼 한순간에 신의 은총을 깨달았다든가, 뭐 그런.

"아니, 그건 아니다. 우주선 창문에서 작아져 가는 지구의 모습을 바라본다. 달에서 지구를 올려다본다. 그리고 우주와 지구와 나를 견주어 보고 거기에서 신의 은총을 느낀다. 이런 통찰과 달에 있을 때 얻은, 신이 그곳에 있다는 실감은 또 별개의 것이다. 그런 임재감臨在感은 지적 인식을 매개로 한 것이 아니다. 더 직접적인 실감 그 자체인 것이다. 내가 여기에 있고 네가 거기에 있다. 그때 서로 상대가 거기에 있다는 느낌을 가질 것이다. 그것과 마찬가지다. 알겠나? 바로 거기에 있기 때문에 말을 걸면 바로 대답해 온다. 당신과 내가 이렇게 대화하고 있는 것처럼 신과 대화할 수 있다.

사람은 모두 신에게 기도한다. 다양한 일에 대해 기도한다. 그러나 신에게 기도할 때, 신이 직접적으로 답해 준다는 경험을 가진 사람이 얼마나 있을까. 아무리 기도해도 신은 말이 없다. 직접적으로는 아무것도 대답하지 않는다. 곧바로는 아무것도 대답하지 않는다. 그게 보통이다. 신과 사람의 관계는 그런 것이라고 나도 생각한다. 그러나 달에서는 달랐다. 기도를 하면 신이 직접 그 자리에서 대답해 준다. 기도라기보다 신에게 뭔가를 질문한다. 그러면 바로 대답이 온다. 신의 목소리가 목소리로서 들려온다는 말은 아니지만, 신이 지금 나에게 이렇게 말하고 있다는 것을 알 수 있다. 그건 뭐라고 표현하기 힘들다. 초능력자끼리의 대화란 바로 이런 거다라고 생각될, 그런 커뮤니케이션이다. 신의 모습을 본 건 아니다. 신의 목소리를 들은 것도 아니다. 그러나 내 곁에 살아 있는 신이 존재한다는 걸 알았다. 그곳에 있는 신과 나 사이에 정말 사적인 관계가 지금 이루어졌고, 지금 서로 이야기하고 있다는 실감이 든다.

어쨌든 바로 그곳에 신은 실제로 있을 것이다. 혹시 모습이 보이는 게 아닌가 하고 몇 번이나 뒤돌아볼 정도였다. 그러나 모습을 볼 수는 없었다. 그럼에도 불구하고 신이 바로 내 곁에 있었다는 것은 사실이다. 내가 어디에 있건 신은 내 바로 옆에 있었다. 신은 항상 동시에 어디에나 있는 보편적인 존재라는 것을 실감하게 되었다. 그 존재감을 너무나 가까이서 느꼈기 때문에 결국 인간의 모습을 한 존재로 가까이 있음에 틀림없다고 생각하지만, 신은 초자연적으로 널리 퍼져 존재하고 있다는 사실을 실감했다."

_그렇다면 신은 당신에게 무슨 말을 하던가?

"내가 구하는 모든 것에 대해 대답해 주었다. 달 위에서의 활동은 모두 프로그램화되어 있다고는 하지만, 예기치 못한 여러 가지 상황과 부딪쳐 어떻게 해야 좋을지 헤맬 때가 많이 있었다. 통신 기지의 장치를 조립할 때 끈을 당기면 핀이 튀어나오는 장치가 되어 있었는데, 그 끈이 끊어져 버린다든가, 절대로 새지 않을 물이 샌다든가 하는 예기치 못한 곤란한 상황이 하나씩 일어났다.
 휴스턴에 문의하여 대답을 얻을 때까지 기다리면 너무 시간이 걸려 이미 때가 늦는 경우가 있다. 그때는 스스로 빨리 판단을 내려야 한다. 어떻게 하면 좋을지 신에게 물어 본다. 그러면 바로 대답이 들려온다. 어떤 사람에게 물어서 대답을 듣는 것과는 과정이 다르다. 모든 과정이 한순간에 이루어진다. 헤매고, 묻고, 대답한다고 했던 건 설명하기 위한 것이고 실제로는 한순간이다. 마치 좋은 해답을 모두 스스로 깨달은 것 같다. 창조석의 발견이 신의 계시라고 했던 것과 똑같은 의미이다. 탐사자가 고생에 고생을 거듭한 끝에 어렵게 발견했다는 건 아니다. 우리들은 조금도 헤매지 않고 그곳에 바로 가서 그것을 손에 넣었다. 마치 그곳에 그것이 있다는 걸 사전에 알고 있었던 것처럼.
 신에게 기도해도 직접적인 대답은 없다. 어쩔 수 없이 스스로 판단을 내린다. 나중에 그것이 가장 좋은 판단이었다는 걸 알게 된다. 그래서 그때 스스로 내렸다고 생각했던 판단이 사실은 신의 인도였다고 결과적으로 생각한다. 이런 일은 자주 있다. 그러나 그런 소위 신의 유도와는 질적으로 완전히 다르다. 더 직접적으로 신이 이끈다. 자신과 신 사이의 거리감이 전혀 없는 유도이다. 즉 계시이다."
 어윈이 자신의 체험을 충분히 다 표현할 수 없기 때문에 자기가 시인이나 작가였으면 하고 한탄했다는 이야기는 앞에서 썼다. 달 위에서 신과 만난 일을 어윈에게 물으면, 이런 설명이 반복된다. 그건 예를 들면 성서의 기록처럼, 다마스커스로 가는 도중 바울의 눈앞에 하얗게 빛나는 그리스도가 모습을 드러내어 그를 회개시켰다는 식으로 드라마틱한 것은 아니다. 외면적 형상으로는 아무것도 나타나지 않았다. 그의 순수 내적 체험이었다. 그것이 입에서 나오는 대로 지껄인 엉터리라 해도 누구도 그 진위를 가릴 방법은 없다.

그러나 나는 그가 엉터리로 말하고 있다고는 생각지 않는다. 실은 그 같은 체험은 종교사에서 그다지 희귀한 일이 아니다. 신, 혹은 신적·영적 존재와의 직접적 합일 혹은 교감을 체험했다는 보고는 무수히 존재한다. 기독교뿐만 아니라 모든 종교에 다 있다. 그것을 일반적으로 신비 체험이라 부르고, 신비 체험을 중시하는 사람들을 신비주의자라 부른다. 종교와 철학의 세계에서 신비주의는 고대로부터 동서양을 막론하고 면면히 이어져 오고 있다. 서구에서는 신플라톤주의와 원시 기독교 이래 철학·신학에서 아주 강력한 신비주의의 조류가 계보로서 존재한다. 그것의 가장 큰 특징은 반反이성, 초超이성의 입장에 있다. 이성적으로는 아무리 생각해도 해석할 수 없는 신비 체험이 원체험으로 존재하고, 그것을 우선 있는 그대로 받아들이는 데서 출발하기 때문에 신비주의는 처음부터 이성을 넘어서 있다.

그러면 그 신비 체험이란 무엇인가. 신비주의의 고전적 분석으로 유명한 윌리엄 제임스William James의 『종교적 경험의 다양성』(한길사, 2000)에서는 "신비적 체험의 가장 단순한 단계는 어떤 격언이나 글이 가진 깊은 의미가 한순간 더욱 깊은 의미를 띠고 갑자기 확 떠오르는 경우가 보통이다"라고 하며, 유명한 마틴 루터의 계시 체험을 예로 들고 있다. 루터는 아우구스티누스 수도원의 수도승이었는데, 수도원의 탑에 있는 서재 안에서 시편을 펴 놓고 공부하고 있을 때, 바깥에서 동료 수도승이 "저는 죄의 사함을 믿습니다"라고 사도신경을 읊는 것을 들었다. 그것은 자신도 지금까지 몇 만 번이나 읊었던 구절이었다. 그럼에도 불구하고 그때 "나는 성서가 완전히 새로운 빛에 비추어진 것을 보았다. 그리고 문득 자신이 새롭게 태어난 것처럼 느껴졌다. 마치 낙원의 문이 활짝 열려진 것을 본 것 같았다"고 한다.

어떤 일상적인 계기가 갑자기 생각지도 못한 깊은 통찰을 한순간에 열어 젖혀, 세상이 그때까지와는 달리 보이는 체험은 종교인이 아니라도 정도의 차는 있지만 적지 않은 사람들이 경험한 일일 것이다. 신비주의에서는 어디까지나 그것이 최초의 단계이고, 보다 고차원적인 체험에서는 신의 목소리를 직접 듣거나, 여러 가지 환각을 보거나, 도취·황홀 상태에 빠지거나 신과 합일되는(자신과 신이 일체화되는) 체험을 하게 된다. 그런 체험에 대해서 수많은 신비주의자가 기록을 남기고 있다. 그러나 어느 것을 읽어 봐도(실은 나도 한때 그런 문헌에 빠져 열심히 읽었던 적이 있다) 그 체험은 읽는 독자에 있어서는 무엇 하나 확실하지 않다.

윌리엄 제임스는 신비 체험에는 공통적 특징이 있다고 하며, 첫 번째로 표현 불가능성, 전달 불가능성을 들고 있다. 그리고 그것은 마치 연애 경험이 없는 사람에게 연애 심리를 천만 단어를 쓴다 해도 설명할 수 없는 것과 마찬가지라고 말하고 있다. 그가 든 또 하나의 공통적인 특징은 그것이 일상적인 지성, 이성으로서는 도저히 얻을 수 없는 진리의 깊이를 통찰한 상태라는 사실이다.

그 외의 특징, 또한 체험 내용으로 보아 어윈의 체험은 신비 체험의 고전적 유형에 정확히 들어맞는다. 그리고 뒤에서 말할 에드가 미첼의 경우는 신비 체험의 또 다른 유형의 사례이다.

그러면 다시 어윈의 이야기로 돌아가자.

_당신의 정신적 변화에 더 큰 충격을 준 것은 달 위에서 느낀 신이 옆에 있다는 존재감이었나, 아니면 우주에서 지구를 본 체험이었나?

"그건 어느 쪽이라고도 할 수 없다. 두 체험에는 질적으로 다른 부분이 있다. 우주에서 지구를 보고 있을 때, 모독적인 표현을 쓰면 나는 지금 신의 눈으로 지구를 보고 있다, 나는 지금 신의 위치에 자신을 놓고 있다는 감각이었다. 그에 비해 달에서는, 나는 지금 신 앞에 있다는 감각이었다. 스콧과 나는 달 위에서 단 둘뿐이었다. 다른 사람은 아무도 없었다. 오직 두 사람만이 신 앞에 있다고 생각하면, 아담과 이브가 신 앞에 두 사람만 있었을 때 아마 지금의 우리들 같은 기분이었을 거라고 생각했다. 두 가지 체험은 질적으로 다르다. 그러나 어느 쪽이긴 보통 사람들은 절대로 가질 수 없는 체험으로 강한 충격을 주었다. 그 충격의 강도는 체험하지 않은 사람에게는 절대로 이해시킬 수 없을 것이다."

_달 위에 있었던 두 사람 가운데 또 다른 한 명인 스콧은 정신적인 충격을 받지 않았을까?

"스콧과 개인적으로 그 문제로 이야기한 적은 없지만, 받은 것이 틀림없다. 대체로 스콧은 나보다 훨씬 신앙이 깊은 기독교인이었다. 그가 정신적 영향을 받은 것은 틀림없다. 그러나 스콧은 자존심이 강한 사람이다. 너무 심할 정도로 강한 사람이다. 따라서 내가 이런 식으로 우주 비행의 정신적 측면에 대한 대변인처럼 되버린 후에는 그것에 대해 자신의 입으로 말하고 싶지 않을 것이다. 인간은 누구나 타인과는 다른 사람이고 싶다는 욕구를 가지고 있기 때문이다. 게다가 나와 그는 우표 사건으로 충돌이 있었기 때문에 더욱이 나와 함께 되고 싶지는 않을 것이다. 그는 누가 봐도 군에 남아 있으면 대장까

리처드 고든

지 갈 인물이었지만, 그 우표 사건으로 퇴직해야 했기 때문이다."

여기서 말하는 우표 사건이란 스콧과 어윈이 우주 비행 기념우표를 붙인 봉투 650장을 달까지 들고 가서, 달 위에서 소인을 찍어(스탬프도 가져갔다) 돌아온 사건이다. 소인뿐만 아니라 이 봉투에는 스콧, 어윈, 워든의 사인도 들어가 있었다. 우표 수집가 사이에서 난리가 날 거라는 건 틀림없었다.

우표를 달로 가져 가는 건 아폴로 15호에서 시작된 게 아니다. 아폴로 11호부터 매번 실시되었다. 원래 시작은 리처드 고든Richard Gordon(아폴로 12호)의 아내 바바라가 우표 수집가였기 때문에 비롯되었다. 그녀는 아폴로 계획 이전부터 항상 우주 비행사의 기념 우표가 나오면 그것을 대량으로 구입하여 봉투에 붙이고, 거기에다 우주 비행사의 사인을 받곤 했다. 경우에 따라서는 한 사람에게 100장이나 사인하게 해서 동료들의 빈축을 샀다. 그러나 사인이 들어간 이 봉투의 우표는 엄청난 가격으로 팔렸기 때문에 바바라는 아무리 싫은 표정을 지어도 끈질기게 부탁을 했다. 결국 다른 우표 수집가도 그 일에 편승하게 되었다. 그 사이 사인에 대해 사례금이 나오게 되었다.

어윈 일행이 가지고 갔던 650통 가운데 대개는 바라라 등 지인들로부터 부탁받은 것과 스스로 기념 혹은 장래의 가격 상승을 내다보고 보존해 두기 위한 것이었지만, 그 가운데 100통은 서독의 우표업자로부터 1인당 8,000달러의 사례금을 받고 의뢰받은 것이었다.

세 사람은 그것을 아폴로 계획이 끝날 때까지는 시장에 내놓지 않겠다는 약속하에 받아들인 것이지만, 실제로는 그로부터 얼마 지나지 않아 한 통에 1,500달러로 시장에 나오고 말았다. 이것이 매스컴에 보도되고, 결국 사건의 전모가 명백하게 드러나 일대 스캔들이 되었다. 아폴로 15호뿐만 아니라 과거로 거슬러 올라가 비슷한 이야기가 파헤쳐졌고, 결국 상원에 조사 위원회가 생길 정도까지 되었다. 우표 외에도 어떤 메달 회사가 우주 비행사들에게 100개의 영국 파운드 은화를 달로 가져가게 하여, 그 가운데 50개는 사례로 주고 나머지 50개는 돌려받은 후, 그 50개를 다시 주조하여 13만 개의 메달을 팔아 이익을 얻은 사건도 있었다.

스콧은 이런 스캔들의 중심 인물이 되어 버려, 대장이 될 수 있는 경력을 무산시키고 말았던 것이다(지금은 캘리포니아에서 과학 기술 컨설팅 회사를 경영하여 성공을 거두고 있다). 어윈도 공범이었지만, 이미 종교인이 되어 버린 그는 사건의 전모를 곧바로 밝혔다. 그리고 자신의 설교 도중 이것을, 자신에게 얼마나 인간으로서의 약점이 있는가, 그렇기 때문에 얼마나 신의 도움을 필요로 하고 있는가 등의 예증으로 들어, 오히려 청중의 공감을 얻고 있었다. 그러나 생각해 보면 달 위에서 그는 자기가 말하던 신의 눈앞에서 우표를 꺼내 소인을 찍고 있었던 셈인데, 그때 신이 어윈에게 아무런 말도 하지 않았을까 의문이 생긴다.

　_우주 비행사 가운데 당신이 가장 극단적으로 변한 사람이다. 우주 비행사의 후일담을 들어 보면 비즈니스계에 들어간 사람이 대부분이고 정치가가 된 사람도 있어, 오히려 세속적인 욕망을 추구하고 있는 사람이 더 많아 보이기 때문에 하는 질문인데, 정말 우주 체험이 그만큼 강한 정신적 충격을 가져다 준 것인가? 혹시 당신만 특수한 경우가 아닌지. 우주 비행사들 사이에서는 당신이 원래부터 종교적이었지, 우주 체험 이후 변한 건 아니라고 말하는 사람도 있던데.

"나보다 종교적인 우주 비행사도 많이 있다. 스콧도 그렇고, 포그와 루스마도 그렇다. 아폴로 11호를 타고 처음으로 달에 갔던 앨드린 등은 장로교 교회의 장로였다. 나보다 신앙심이 독실했던 사람은 얼마든지 있다. 그러나 지상에서 얼마나 종교적이었나와는 상관없이 우주 비행사들은 모두 우주 체험으로 인해 큰 정신적 영향을 받아 내면적으로 변했다. 변했지만 스스로 그것을 인정하려 하지 않는 사람도 몇 명 있다. 나머지 대다수는 자신이 정신적으로 변한 것을 나처럼 나서서 말하고 싶지 않을 뿐이다. 왜냐하면 그런 것을 공개적으로 말하면 우주 비행사로서의 장래에 마이너스가 된다고 생각하기 때문이다. 그놈은 좀 이상한 놈이기 때문에 더 이상 비행은 그만두는 게 좋겠다고 상부에게 인식시키고 싶지 않기 때문이다. 그러나 퇴직한 후에는 솔직하게 말하기 시작한 사람이 몇 명 있다.

　내가 운영하는 하이 플라이트 재단의 활동에 참여하여 함께 전도하고 있는 전직 우주 비행사로는 알프레드 워든(아폴로 15호), 찰스 듀크Charles Duke(아폴로 16호), 윌리엄 포그(스카이랩 4호), 세 명이나 있

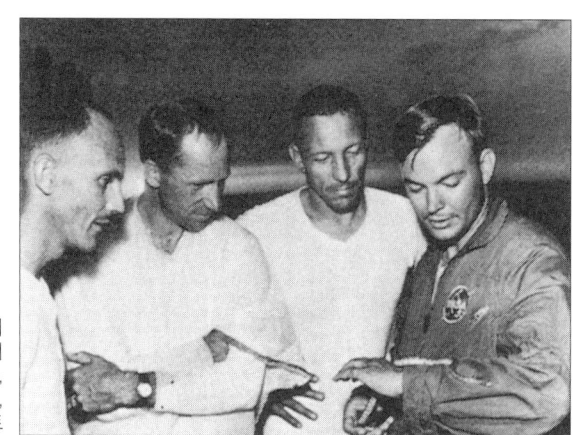

왼쪽부터
토머스 마팅글리
Thomas Mattingly,
알프레드 워든,
존 스와이거트

다. 워든은 그때까지 문학에 친밀감을 보인 적이 한 번도 없었는데, 달에서 돌아와서 종교적인 시를 쓰게 되었다. 하지만 같은 우주 체험이라도 지구 궤도만을 돌았던 체험과 달에 직접 간 체험은 매우 다르다. 지구 궤도에서는 우주 내 존재로서의 지구를 볼 수 없다. 지구 궤도는 지구의 일부이기 때문이다. 지구 궤도에서는 지구가 압도적인 크기로 보인다. 그러나 달에서는 지구가 암흑의 우주 속에서 마블 크기로 부각되어 보인다. 이 차이는 결정적인 것이다. 게다가 지구 궤도를 도는 우주 비행사는 너무 바쁘다. 너무 바빠서 무언가를 생각할 틈도, 느낄 틈도 없다―스카이랩의 경우는 조금 다를지도 모르지만.

따라서 우주 비행사 가운데서도 달에 간 경험이 있는 24명과 경험이 없는 다른 우주 비행사가 받은 충격은 많이 다르다. 게다가 달에 갔다고 해도 달에 착륙하여 달 표면을 걸어 보았던 사람과 그렇지 않은 사람은 또 다르다. 우주선 내부의 경험밖에 갖지 못한 사람과 지구와는 다른 천체를 걸어 본 경험을 가진 사람은 다른 것이다. 우주선 안은 무중력 상태이지만, 달 위는 1/6G의 세계로 서서 걸을 수 있다. 이렇게 서서 걸을 수 있다는 상태가 의식을 움직이는 데 결정적으로 다른 영향을 주었다는 생각이 든다.

달 위를 걷는다는 것은 인간으로서 완전히 다른 차원을 체험하는 것과 같다. 비유하자면 지구 궤도밖에 돌지 못했던 사람과 달 여행을 했던 사람 사이에는 자동차로 땅 위를 달린 경험만 가진 사람과, 비행기로 하늘을 날아 본 적이 있는 사람 사이 정도의 차이가 있다. 달 여행을 했어도 착륙했던 사람과 착륙하지 못했던 사람 사이에는, 비행기 속에서 어딘지 모를 땅 위를 날기만 했던 사람과 거기에 착륙하여 걸어 본 사람의 사이의 정도만큼 차이가 있다.

달에 갔던 24명 가운데 착륙했던 사람은 12명인데, 이 가운데서도 선장과 승무원 사이에 또한 차이가 있다. 선장은 너무 바쁘고 책임감으로 머리 속이 가득 차 있기 때문에 임무 이외의 일을 생각할 여유가 그다지 없다. 그 점에서 승무원은 심리적으로 여유가 있기 때문에 여러 가지를 생각하고 느낄 여유가 있다. 6명의 달 착륙선 승무원, 순서대로 말하면 버즈 앨드린, 앨런 빈Alan Bean, 에드가 미첼, 나, 찰스 듀크, 해리슨 슈미트Harrison Schmitt가 각각 그 후의 인생이 독특했던 것을 봐도 알 수 있을 것이다."

버즈 앨드린은 정신 이상을 일으켰고, 앨런 빈은 화가가 되었으며 (오로지 달 세계 풍경만을 그리고 있다), 에드가 미첼은 ESP 능력 연구자가 되었고, 어윈과 찰스 듀크는 전도사가, 그리고 해리슨 슈미트는 상원의원이 되었다.

"결국 우주 비행사들은 각기 독특한 체험을 했기 때문에, 독특한 정신적 충격을 받았다. 공통적으로 말할 수 있는 것은 모든 사람이 보다 넓은 시야에서 세상을 볼 수 있게 되었고, 새로운 비전을 획득했다는 사실이다. 나는 미사일 전문가였지만 지금 현재의 초강대국 간의 군사적 대립을 매우 슬픈 일이라고 생각하게 되었다. 소련의 위협 때문이라지만 소련도 미국의 위협을 느끼고 있다. 서로 위협을 주는 이런 관계의 밑바닥에 있는 것은 결국 관념적 대립이다. 서로 목적을 달리하는 관념 체계를 가지고 있다는 것만으로, 전세계의 불행한 모든 사람들을 구하고도 남을 거액의 자금을 들여 서로 살육할 준비를 무한히 거듭하고 있는 현상은 슬퍼해야 할 사실이다. 신의 메시지는 '사랑하라'는 단 한마디임에도 불구하고.

나는 우주 비행사가 우주에서 얻은 새로운 비전, 새로운 세계 인식을 전인류에게 나누어 주어야 할 책임이 있다고 생각한다. 우리들이 우주에서 본 지구의 이미지, 전인류가 공유하고 있는 우주선인 지구호의 진정한 모습을 전하고, 인간 정신을 보다 높은 차원으로 인도하지 않으면 지구호를 조종하는 데 실패하여 인류는 멸망해 갈 것이다. 인간은 모두 같은 지구인이다. 나라가 다르고, 종족이 다르고, 피부색이 다르다고 해도 모두 같은 지구인이다. 최소한 이것만은 알아 두었으면 좋겠다."

_인간은 다 같은 지구인이지만 모두 같은 종교를 갖는 것은 아니다. 종교가 없는 사람도 있다. 당신은 우주에서 기독교의 신과 만났고, 그 때문에 복음을 전한다고 말해도 다른 종교를 믿는 자, 무종교자는 고개를 갸우뚱할 것이다. 다른 종교를 당신은 어떻게 생각하는가? 기독교의 신만이 신인가?

"나는…… 다른 종교를…… 비판하려고는 생각하지 않는다"라고 어윈은 어물거리면서도, "그러나 예수 그리스도는 신의 아들이었던 것이다. 예수는 신, 그 자체이다. 신이 이 지상에 인간의 모습을 띠고 내려왔다. 이것은 인류 역사상 가장 큰 사건이다. 그런 가르침이 부처의 가르침과 모하메드의 가르침보다 강력하고, 보다 많은 진리를 함축하고 있는 것은 당연한 일이 아닐까"라고 답하고, 나아가 그 후 기독교가 진정한 신을 따르는 유일한 종교인 까닭을 거침없이, 그리고 길게 이야기했다.

_그러면 당신은 성서에 씌어져 있는 것은 모두 진실이라고 믿고 있는가?

"그렇다. 성서는 신의 말이다. 나는 성서에 적힌 모든 것을 믿고 있다. 솔직히 말하면 조그만 부분에서 몇 가지 의문이 있다. 그러나 그 의문은 자신의 이해가 미치지 못하기 때문에 생긴 의문이라고 생각한다. 그러나 근본적인 부분은 모두 믿고 있다. 예수가 신의 아들이고, 처녀로부터 잉태되었으며, 죄 없는 인생을 보냈고, 전인류의 죄를 짐지고 십자가에 못박혀 사흘 후에 부활하였고, 승천했다는 것은 모두 진실이라고 생각한다."

앞에 말했듯이 그가 여기에 든 신화적 부분을 모두 역사적 사실로 믿는 것이 원리주의의 특징이다. 보다 지적인 교파에서는 이런 신화적 부분은 많든 적든 합리화되어 버렸다.

_그건 모두 신약 성서에 대한 것인데, 구약 성서에 대해서는 어떤가?

"천지 창조 말인가?"라고 그는 질문의 취지를 알겠다는 투로 씩 웃고 이렇게 말했다.

"이 지구를 신이 창조한 것임은 의심할 수 없다. 그러나 지구를 만드는 데 얼마나 시간이 걸렸는지는 알 수 없다. 성서에 있듯이 6일 동안 천지의 모든 것이 만들어졌는지, 아니면 좀더 시간이 걸렸는지. 지구와 태양계의 연령은 40~50억 년이라고 한다. 그러나 그것은 40

~50억 년 전에 천지 창조가 일어났다는 것을 의미하는 것이 아니라는 점에 주의할 필요가 있다. 바꿔 말해 보자. 신은 아담을 만들 때 성인 남자로 만들었다. 어린아이로 만든 게 아니다. 지구에 대해서도 똑같이 말할 수 있다."

앞에 썼듯이 태양계는 약 46억 년 전 한번에 만들어진 것으로 되어 있지만, 실은 우주 전체의 연령은 그것보다 훨씬 오래되어 100억 년 내지 200억 년이라고 한다. 신은 어떤 것도, 어떤 연령에서도 창조할 수 있다는 전제를 설정해 버리면, 우주 연령과 태양계 연령 사이의 이런 차이는 천지 창조 신화와 모순되지 않게 된다.

_우주 비행사는 과학적 지식을 싫증날 정도로 주입하는 교육을 받는데, 과학적 지식과 종교의 가르침 사이의 분열로 고민한 적은 없는가?

"물론 있다. 특히 진화의 문제가 그렇다. 생물학적 진화의 문제보다 우리들의 경우 지질학적 진화 쪽이 공부의 중심인데, 이 문제로 고민하지 않았다면 거짓말이다. 하지만 우주 공간에서 지구의 모습을 보았을 때, 이 지구가 우주 가운데 완전히 특별한 존재임을 부정할 수 없었다. 지구와 지구 이외의 모든 우주와는 완전히 별종인 것이다. 부정하기 힘든 그런 사실이 눈앞으로 육박해 온다. 그때 이것은 신의 직접적인 창조물 이외에 그 어떤 것도 될 수 없다고 생각했다. 천문학이 진보하고, 우주 저 먼 곳의 정보가 많이 들어오게 되어 더욱 확실해진 것은 이 넓은 우주 어디에도 지구 이외에는 생명체가 없다는 사실이다. 우리들은 이 넓은 우주 속에서 완전히 고독한 것이다. 지구에만 신의 손이 작동하여 우리들이 창조되어 살고 있다는 것은 의심할 여지가 없다. 이만큼 훌륭하고 아름답고 완벽한 것을 신 이외에는 만들 수 없다. 결국 과학은 종교에 대립되는 것이 아니다.

과학은 신의 손이 어떻게 작동하고 있는가를 조금씩 발견해 가는 과정이다. 그렇기 때문에 과학이 얼핏 보기에 종교의 가르침과 모순되는 것처럼 보이는 장면에서도 과학이 보다 높은 차원에 도달하면 그 모순은 해소되어 가는 것이다. 과학은 과정이다. 그러므로 과학 측에서도 종교 측에서도 서로 적대시하는 건 잘못이다."

_생물학적 진화에 대해서는 어떤가? 역시 믿지 않는가?

"물론 믿지 않는다. 인간이 원숭이로부터 진화했다고는 절대로 생각하지 않는다. 그럴 리가 없다. 인간이라는 것은 특별한 존재이다. 신이 특별히 창조한 것이다."

_이것도 과학과는 모순되지 않나?

"모순되지 않는다. 진화설의 증거와 창조설의 증거는 비슷할 정도로 많다."

즉 무한히 자유로운 신의 창조력을 가지고 설명하면, 앞에서도 말했듯이 우주와 태양계를 어느 연령대의 모습으로 창조했다고 생각되는 것과 마찬가지로, 진화설의 증거인 고생물학적 발견물도 각각의 나이로 신이 창조한 것이라고 생각하면 모순되지 않는다. 화석은 화석으로서, 원인猿人・원인原人의 뼈는 뼈로서 창조되었다고 생각하는 것이다. 그러나 그렇게 되면 왜 신은 일부러 그런 것까지 창조했을까 하는 의문이 든다. 거기에 대한 대답이 이미 준비되어 있다. 신앙심이 얕은 사람들을 진화론으로 미혹시키기 위해서이다. 이처럼 원리주의자의 이론은 처음부터 끝까지 일관하다. 그런데 지금까지 말해 온 우주 체험이 어윈에게 준 정신적 변화는 너무나 특수한 예라고 생각될지도 모르겠다. 그러나 앞으로 계속 읽어 나가면 반드시 그렇지는 않다는 것을 자연히 깨닫게 될 것이다.

광기와 정사

"나는 우주 체험에 관해서는
말하고 싶지 않다."
—버즈 앨드린

| 제1장 | **우주 체험에 대해 말하지 않는 앨드린**

　이번에는 방향을 바꿔 어윈의 사례와는 정반대인 또 하나의 특수한 사례를 옮겨 보자.
　아폴로 11호 발사 때 암스트롱 다음으로, 즉 인류 가운데 두 번째로 달에 족적을 남겼으며, 나중에 정신 병원에 들어가게 된 버즈 앨드린Buzz Aldrin이 그 사람이다.
　어윈은 우주 체험에 대해 말하는 것이 우주 비행사였던 사람의 책무라고 말하고 있지만, 이전에 우주 비행사였던 사람 중 그런 생각을 가지고 있는 사람이 적지 않다. 한정된 취재 기간 동안 실로 많은 우주 비행사들이 무리한 스케줄에도 불구하고 만나 준 것은 그 때문이다. 그러나 인터뷰를 요청한 사람 가운데 단 한 사람만이 스케줄이 맞지 않는다는 소극적인 이유에서가 아니라 "우주 체험에 대해서는 말하고 싶지 않다"는 적극적인 이유로 취재를 거부했다. 그가 바로 앨드린이다. 그는 이미 정신 병원에서 퇴원하여 로스앤젤레스 교외에서 과학기술 컨설팅업체를 개인적으로 운영하고 있었지만, 사람들과도 그다지 만나려 하지 않을 뿐만 아니라 자신의 일에 대해서도 말하려고 하지 않았다.

따라서 앞으로 써 나가는 글은 그가 쓴 자서전, 각종 보도 등의 활자로 인쇄된 자료와 다른 우주 비행사 등 관계자로부터 입수한 정보에 기초를 둔 것이다.

어윈의 말에 따르면, "앨드린은 우주 체험이 부정적으로 작용한 유일한 예"이다.

"그는 우주 비행사 가운데서도 손꼽힐 정도로 신앙심이 깊은 사람이었다. 그런 그는 저렇게 되었고, 나는 이렇게 되었다는 식으로 설명할 수 있는 성질의 것이 아니다. 신은 인간 한 사람 한 사람에게 다른 작용을 한다고 말할 수밖에 없다."

그가 신앙심이 깊었다는 것을 보여 주는 유명한 에피소드로, 달에 착륙하자마자 착륙선 바깥으로 나가기 전에 우주선 안에서 혼자 성찬식을 올렸다는 일화가 있다. 그는 사물함 속에 약간의 포도주와 성찬용 빵(웨하스 같은 것)을 넣어 두고, 작은 카드에 항상 성찬식 때 읽을 성서 한 구절(최후의 만찬에서 예수가 제자들에게 빵을 잘라 주며 "먹거라. 이것은 나의 몸이니라" 하고, 포도주를 돌리며 "마시거라. 이것은 나의 계약의 피니라" 하며 빵과 포도주를 먹게 했던 장면을 적은 것)을 써두었다. 이것을 읽으면서 포도주를 마시고 빵을 먹으려고 했던 것이다. 성찬식은 그리스도의 피와 살을 나눔으로써 신자가 그 성스러움에 참여한다는 의미를 갖는, 기독교에서는 가장 중요한 의식 가운데 하나이다(가톨릭에서는 이것을 성체배수라고 부른다).

앨드린은 이런 혼자만의(암스트롱은 참가하지 않았다) 성찬식을 세계로 실황 중계하려 했다. 그러나 마지막 순간에 휴스턴의 NASA 본부가 그것을 제지하였다. 앞에서 말했던 것처럼 미국인들 대부분은 기독교인이지만, 그 가운데는 열렬한 종교 반대 운동가도 있다. 아폴로 8호가 한 해 전인 1968년 크리스마스에 처음으로 달 주변을 돌았다. 그때 보먼 선장이 우주선 안에서 창세기 1절을 읽으며 크리스마스와 우주 비행의 성공을 축하했다. 대부분의 미국인들은 이를 대환영했지만, 일부 종교 반대 운동가가 국가 기관(NASA도 국가 기관이다)의 종교 개입을 금지한 헌법에 위반되는 행위라며 소송을 제기했던 것이다. 이런 시점에서 앨드린이 여봐란듯이 성찬식을 달 위에서 거행하는 것을 실황 중계한다면 역시 소송에 휘말리게 될 거라고 휴스턴은 염려하며 두려워했던 것이다. 어쩔 수 없이 앨드린은 이렇게 말하는 데서 그쳤다.

"휴스턴, 여기는 달 착륙선의 파일럿이다. 전원 잠시 조용히 해주기 바란다. 이 방송을 듣고 있는 사람은 누구라도, 어디에 있더라도 이 몇 시간 사이에 일어난 일(달 착륙의 성공)을 생각하며 각자 나름대로 감사를 드리길 바란다."

이때는 텔레비전 화면이 없었기 때문에 전세계에서 이것을 들은 사람은 이해할 수 없었겠지만, 이렇게 말하고 나서 그는 입 속으로 성서의 구절을 중얼거리며 혼자 성찬식을 거행했던 것이다.

"결국 그렇게 강한 신앙심을 가진 사람이 이상하게 된 건 인류 최초의 달 착륙이라는 인생의 목적을 달성한 결과, 인생의 목표를 상실하여 마음이 공허하게 되었기 때문일 것이다."

어윈은 이렇게 해석한다. 확실히 그것은 커다란 요인이다. 그러나 그것만으로는 설명되지 않는다. 우주 비행을 끝낸 후 공허함을 느낀 것은 앨드린만이 아니다. 적지 않은 우주 비행사들이 같은 심리 상태에 빠졌다. 예를 들면 찰스 듀크Charles Duke가 그랬다. 그는 휴스턴

존 영(왼쪽)과
로버트 크리펜Robert Crippen

에서 아폴로 11호와의 통신을 담당했다. 달에 착륙하는 날 "여기는 휴스턴"이라고 말한 사람이 그였다. 듀크는 그 후 아폴로 16호 달 착륙선 파일럿으로 존 영John Young과 함께 데카르트 고원에 착륙하여 3일 간에 걸친 달 탐사를 실시했다. 그의 '공허한 체험' 후의 인생은 앨드린과는 완전히 대조적이다.

"나는 교회에 다니고는 있었지만, 신은 믿지 않았다. 예수가 신의 아들이라고는 생각하지도 않았다. 종교가 사회 생활상 사교의 일환으로서 필요하긴 했지만, 그 이상의 것은 아니라는 게 나의 종교관이었다. 개인으로서의 나에게 종교는 아무 필요성도 없었다. 종교 때문에 인간은 변하지 않는다고 생각하고 있었다. 그 때문인지는 모르지만 나의 우주 체험에 정신적인 요소는 전혀 없었다. 원래 그런 기대는 전혀 없었고, 현실에도 없었다. 우주 체험은 순수하게 테크니컬한 체험이었다고 해도 좋다. 정신적 충격이 있었다고 할 수 없는 것도 아니지만, 그것은 종교적인 것과는 반대 방향으로 작용했다. 즉 우주 체험은 테크놀러지에 대한 신뢰감을 한층 강화시켰다.

인간은 어떠한 문제라도 테크놀러지로 대응하고 해결해 갈 수 있다는 것이 테크놀러지 신앙이다. 나는 기독교인이라기보다는 휴머니스트였다. 말 그대로 휴머니스트, 즉 인간중심주의자였다. 인간에게 신은 필요없다. 인간이 신이 되면 된다는 것이다. 확실히 우주에서 지구가 우주선이라는 인식은 가졌고, 인류의 미래에 대해 새로운 비전을 갖게 되었다는 면은 있다. 그러나 어디까지나 그것은 테크놀러지스트, 휴머니스트로서의 입장에서였다. 지구라는 별의 믿기 어려울 정도의 아름다움, 달 세계의 완벽한 정적, 완전한 불모성에 감동도 했지만, 그것은 어디까지나 감각적인 것이지 정신적인 것은 아니었다. 지구와 인간 사회에 대한 귀속감은 강해졌지만, 신에 대한 귀속감은 생기지 않았다.

1975년 12월에 나는 NASA에서 나왔다. 1975년 아폴로·소유즈 계획 이후 스페이스 셔틀까지 우주 비행 계획은 하나도 없었다. 우주 비행을 하고 싶어 우주 비행사가 되었는데, 이제 언제 날아 볼 수 있을지 알 수 없었다. 우주를 날지 않는 우주 비행사 따위는 의미가 없다. 그런 욕구 불만 때문에 그만두었다. 나뿐만이 아니다. 그 무렵 많은 우주 비행사가 같은 이유로 은퇴했다. 나는 물질주의자였다. 이번에는 돈벌이로 성공하려고 생각했다. 백만장자가 되는 것, 사회적인 성공을 거두는 것을 목표로 삼았다. 인간이 신뢰할 만한 것은 자신밖에 없다. 사람은 누구라도 자신의 힘으로 살아가는 것이다. 열심히 일하고 재치와 능력만 있다면 사람은 이 세상에서 성공할 수 있고, 어떤 문제가 일어나도 대응할 수 있다는 것이 나의 신념이었다.

나는 텍사스 주 샌 안토니오에서 맥주 판매업을 시작하여 큰 성공을 거두었다. 짭짤하게 벌었다. 우주 비행사였다는 경장이 비즈니스 커넥션을 만드는 데 아주 유익했다는 점도 성공의 한 요인이었다. 40세 무렵 나는 세상 사람들이 선망하는 모든 명성과 부를 손에 넣었다. 그러나 한편으로 돈을 벌면 벌수록 내 마음은 공허해져 갔다. 마음 속에 커다란 구멍이 뚫려 있는 느낌이었다. 사는 것이 공허했다. 충실했던 우주 비행사 시절이 그리웠다. 우주를 난다는 대목표를 향해 나는 인생의 6년을 전부 바쳤다(1966년 채용되어 1972년에 비행). 나의 몸과 마음이 가지고 있는 모든 능력을 그 목표를 실현하기 위해 쏟아부었다. 매일 매일이 새로운 도전이었고 재미있어 어쩔 줄 몰랐다. 그만큼 자극적이고 사람을 흥분시키는 일도 없을 것이다. 그러나 이제는 그만큼 자신을 흠뻑 빠져들게 하는 커다란 목표는 아무것도 없었다.

부와 명성의 획득은 인생의 목표 상실을 보충해 주지 않았다. 그리고 그 무렵 내 가정은 어떤 사정 때문에 붕괴되고 있었다. 우리 부부는 이혼을 진지하게 고려하고 있었다. 그것이 원인이었는지 아내는 갑자기 종교적으로 변해 갔다. 그리고 어느 날 아내에게 이끌려 성서 연구회에 참가했다. 그리고 태어나서 처음으로 성서를 진지하게 읽게 되었다. 그때까지 교회에 다니고는 있었지만 진지하게 성서를 읽은 적은 없었다.

성서를 읽는 사이, 어쩐지 눈앞에 드리워 있던 베일이 조금씩 걷혀 가는 느낌이 들었다. 2,000년 훨씬 이전에 쓰여진 언어가 이만큼 사람의 마음을 움직이게 할 거라고는 생각해 보지도 않았다. 그리고 인간이 신이 되려고 하는 것은 근본적으로 잘못된 것이라고 생각하게 되었다. 인간은 계속 신에게 등을 돌려 왔다는 것을 알았다. 신이라

찰스 듀크

는 존재는 받아들일 수 있었다. 그러나 예수를 신의 아들로 받아들이는 것은 상당히 어려웠다. 신은 받아들여도 예수를 받아들이지 않으면 기독교인이 아닐 것이다. 예수는 자신이 신의 아들이라고 말했다. 만약 그것이 거짓말이라면 그는 역사상 최대의 거짓말쟁이라고 해도 될 것이다. 그러면 그는 진실을 말한 것일까. 그러나 신에게 아들이 있고, 그 아들이 인간으로서 지상에 내려왔다고는 믿기 힘들었다.

예수란 어떤 사람일까. 신의 아들일까. 천재적인 거짓말쟁이일까. 나는 이 문제로 고민했다. 어느 쪽을 택해야 하는가. 인생에서 가장 큰 선택을 강요받고 있다고 생각했다. 만약 예수가 정말 신의 아들이라면 나는 그를 따르지 않으면 안 된다.

그리하여 1978년 4월, 운명적인 날이 왔다. 차로 고속도로를 달리고 있을 때 갑자기 예수가 신의 아들이며, 신이라는 사실을 깨달았다. 초자연적인 인식이 계시의 형태로 갑자기 찾아왔다. 그때까지 자신과는 먼 객관적인 존재에 불과했던 예수가 갑자기 가깝고 구체적이고 리얼한 인간 존재로 인식되었다. 그와 동시에 나의 온몸, 모든 정신이 안정과 기쁨으로 충만해졌다.

나는 차를 멈추고 바로 감사의 기도를 드렸다. 그러자 그때까지 나름대로 인식하고 받아들였던 신의 존재가 이제까지와는 다르게 보였다. 멀리 있던 신이 바로 옆에 있는 신이 되었다. 그날 밤부터 모든 것이 바뀌었다. 세계관이 근본적으로 바뀌었다. 예를 들면 우주의 탄생에 대해서도 나는 빅뱅 가설을 믿고 있었지만, 성서가 말하는 대로 신이 손으로 창조했다고 생각하게 되었다. 생명은 물질 진화의 과정에서 우연히 태어난 물질의 어떤 특별한 조합이고, 그 존재는 목적이 없다고 생각하고 있었다. 하지만 그 이후, 생명은 신의 손에 의해 목적을 가지고 창조된 것이고, 그 목적이란 모든 생명이 신에게 봉사하는 것이라고 생각하게 되었다.

그때까지의 내 인생은 모두 무언가를 '얻는' 것을 목적으로 해 왔지만, 그 이후 무언가를 사람들에게 '주는' 것이 목적이 되었다. 더불어 내 인생은 정신적으로 충만하게 되었고 가정 문제도 해결되었다. 지금 나는 어윈처럼 세계 각지로 전도 여행을 다니고 있다.

이런 나의 마음의 변화에 우주 체험이 직접적인 계기가 되었던 것은 아니다. 우주 체험 그 자체는 아무것도 가져다 주지 않았다. 그러나 우주 체험 이후에 일어난 마음의 공허함이 그것을 불러일으켰기 때문에 우주 체험은 간접적인 계기가 되었다고 할 수 있다. 나는 이 다리로 달 표면을 걸은 사람으로서 인간이 달 표면을 걸었다는 것보다 예수가 이 땅 위를 걸었다는 것이 인류에게 있어 훨씬 의미 있다는 것을 깨달았다."

이런 듀크의 마지막 말은 미국인이라면 금방 눈치채겠지만, 실은 닉슨 대통령의 실언 사건을 배경으로 하고 있다. 닉슨은 아폴로 11호가 성공리에 달 탐색을 마치고 지구에 돌아왔을 때 하와이 앞바다에 정박해 있던 항공모함 호넷Honet까지 우주 비행사들을 마중 나가서, "여러분들이 완수한 일은 천지 창조 이래 이 세상에서 일어난 가장 위대한 일이다"라고 그 공로를 치하했다. 그러나 이 말은 닉슨 대통령이 2,000년 전 신의 아들 예수가 이 땅에 내려왔던 것을 잊어 버린 모독적인 발언으로 여겨져 떠들썩한 비난을 불러일으켰던 것이다.

우주 체험 후의 마음의 공허함이라는 점에서는 앨드린도 듀크와 비슷한 체험을 했지만, 그것을 매개로 종교적이었던 앨드린은 정신적인 파탄을 맞았고, 세속적이었던 듀크는 종교적이 되었던 것이다. 무엇이 앨드린에게 정신적 파탄을 가져다 주었을까. 우선 그의 인생을 간단하게 따라가 보자.

앨드린은 1930년 1월 뉴저지 주 몬클레어(뉴욕 교외)에서 태어났다. 아버지는 스탠더드 오일의 중역으로 직접 비행기를 조종하여 여기저기 돌아다니는 '하늘을 나는 중역'의 선구적 존재였다. 메사추세츠 공대MIT에서 박사 학위를 취득했고, 제2차대전 중에는 공군 대령으로 종군한 경력을 가졌기 때문에 비즈니스계, 항공계, 학계, 공군 상부까지 발이 넓은 사람이었다. 하층 계급 출신인 어윈과는 대조적으로 미국 기성 사회의 중심을 이루는 엘리트 가정에서 태어나고 자랐다. 어머니는 감리교 목사의 딸로 신앙심이 깊고 몸가짐이 발랐다. 앨드린이 종교적으로 된 것은 어머니의 영향이 크다.

요리 담당과 가사 담당 하녀가 따로 있을 정도로 부유한 가정이었기 때문에 초등학교 때부터 아르바이트를 해야 했던 어윈과는 달리 앨드린의 소년 시절은 축복받은 생활이었다. 여름방학이 되면 먼저

산으로 캠핑을 가고, 돌아오면 이번에는 바다로 스쿠버 다이빙을 하러 갈 정도였다.

성적도 초등학교 시절은 평균 정도. 스포츠와 싸움에 열중했다. 경쟁심이 강해서 어디서든 리더가 되고 싶어했다. 9학년(중학교 3학년에 해당) 무렵부터 성적도 올라가 올 A였다. 그렇긴 해도 이과 과목은 뛰어났지만 문과 과목은 잘하지 못했다.

고등학교 시절부터 군인이 되기로 마음먹고 메릴랜드 주에 있는, 상류 가정의 자제들만 다니는 군사 예비학교에 다녔다. 국어가 특히 약했기 때문에 그때까지 항상 문제에 나왔던 동의어 암기에 집중했다. 그러나 그해 시험에 나온 것은 동의어가 아니라 반의어였다. 2시간 동안의 시험 가운데 15분 만에 수학과 물리 문제를 전부 풀어 버리고 남은 시간 동안 반의어 문제로 끙끙 앓았다. 그 정도로 그의 머리는 수학과 물리 쪽으로 발달해 있었던 것이다. 다행히 시험 성적이 좋았고, 아버지가 힘을 써 주어서 상원의원의 추천서도 받아 1947년에 웨스트 포인트에 입학했다.

입학한 첫해에는 학업에서도 운동에서도 1등을 했다(졸업할 때는 3등). 웨스트 포인트에 들어가 보니 자신의 진로 선택이 옳았다는 것을 알게 되었다. 매사에 목적이 확실하고 엄격한 룰이 있으며, 자신이 어떻게 행동하면 좋은가를 항상 알고 있었다. 엄격한 능력주의에 의해 자신이 받고 있는 평가가 항상 점수로 정확히 매겨졌다. 이 두 가지 점이 마음에 들었다고 그는 말한다. 즉 수학적으로 규율되는 인생이 마음에 들었던 것이다.

19세 때 멕시코 국경에 있는 기지로 실습 훈련을 나갔는데, 그때 급우들과 함께 멕시코에 가서 여자를 사, 첫 경험을 한다. 그러나 그

행위에 대한 죄의식이 깊어서 무의식 속에서 자신이 처벌받기를 원하여 임질에 걸렸으면 좋겠다고 생각한다. 성병으로 고생하면 죄를 씻을 수 있다고 생각한 것이다. 소변을 볼 때마다 빨리 통증이 왔으면 하고 바랐지만 결국 오지 않았다.

졸업 전에 로즈 장학생(세실 로즈가 만든 장학제도. 영연방 국가, 미국, 구 서독에서 선발된 학생이 옥스포드에서 유학할 수 있다. 로즈 장학생은 미국의 지적 엘리트를 꿈꾸는 젊은이들에게 동경의 대상이다)에 응모했지만 떨어지고 만다. 처음으로 맛보는 좌절. 국어 성적이 너무 나빴던 것이 원인인 듯하다. 졸업 후 다시 한번 응모했지만 똑같은 이유로 실패하고 만다. 어쨌든 그는 극단적으로 언어 능력이 부족했던 것이다.

웨스트 포인트를 졸업하기 직전 점령 행정의 실습을 목적으로 도쿄를 방문했는데, 방문 다음날 한국전쟁이 발발하여 바로 미국으로 돌아간다. 웨스트 포인트 졸업 후 공군에 들어간다. 비행 훈련에서 우수한 성적을 거두어 전투기를 타게 되고, 바로 서울에 있는 항공단에 배속된다. 한국전쟁은 이미 끝나가고 있었지만, F86을 타고 66회 출격했는데 그 가운데 3회는 미그기와 공중전을 벌여 상대 전투기를 격추시켰다.

1954년 미국으로 돌아와 파티에서 처음 만난 여자와 결혼한다. 신부 존은 컬럼비아 대학에서 연극학 석사를 받은 신출내기 여배우였다. 그전까지는 초등학교 때부터 여자들에게 데이트 신청을 해도 줄곧 차이기만 했다. 그것도 그의 언어 능력 부족 때문에 생긴 일일 것이다. 여자를 즐겁게 해줄 수 있는 말솜씨가 없었고, 하물며 능수능란하게 말재주를 부려 마음에 들게 하는 건 불가능했던 것이다.

공군 사관학교 비행교관을 거쳐, 1956년 독일 주둔군에 배속된다.

여기서는 F100에 탑승하여 핵폭탄을 투하하는 훈련을 받았다. 이곳에서의 동료가 나중에 우주 비행사 제2기생이 되는 에드워드 화이트 Edward White(제미니 4호로 미국에서 처음으로 우주 유영을 한다. 후에 아폴로호 발사 훈련 중에 사고사)이다. 두 사람은 친구가 되었는데 화이트는 일년 먼저 미국으로 돌아가 미시간 대학에 진학했다. 이에 자극을 받아 앨드린도 1959년에 귀국하여 아버지의 모교인 MIT에 진학한다. 우주 비행사 제1기생을 선발한 해이다. 유인 우주 비행 계획이 있다는 것을 알았을 때부터 그는 우주 비행사가 되려고 결심했다. 무엇이든 일등을 목표로 해 왔던 그가 파일럿의 최고봉인 우주 비행사를 목표로 한 건 너무나도 당연했다.

  1961년 석사 학위를 취득했을 때, 우주 비행사가 되기 위한 다음 단계인 시험 비행사 학교에 진학할 것인지, 아니면 박사 과정에 진학하여 학문을 계속할 것인지를 망설이게 되었다. 학문을 좋아했기 때문에 망설인 것은 아니었다. 우주 비행사가 될 때 어느 것이 유리한지 망설인 것이었다. 제1기생은 시험 비행사가 필수 자격 요건이었다. 그러나 그는 다음 번에는 시험 비행사가 필수 자격 요건에서 제외될 것이라고 내다보았다. 그렇게 되었을 때 좀더 학문을 쌓아두는 편이 유리하게 된다. 그러나 그 학문은 우주 비행에 직접적으로 도움이 되는 것이어야 한다. 이런 판단하에 그는 박사 과정에 진학, 우주 항법을 전공하게 되고 랑데뷰를 연구 테마로 선정한다.

  우주 비행의 다양한 요소는 이미 연구가 많이 축적되어 있고 전문가도 많았지만, 랑데뷰는 아직 미개척 분야였다. 그러나 랑데뷰와 도킹은 우주 비행에서 불가결한 기술이었기 때문에 전문가가 되어 두면 유리하다고 판단했다. 이 판단은 옳았다는 것이 나중에 증명된다.

1963년 MIT 졸업 후 곧바로 실시된 우주 비행사 제3기생 모집에서 앨드린이 예상했던 대로 시험 비행사는 필수 자격 요건에서 제외되었다. 여기에 응모하여 훌륭하게 합격, 동경했던 우주 비행사가 될 수 있었다. 이미 머큐리 계획은 끝났고, 제미니 계획의 준비가 시작되고 있을 때였다.

제미니 계획의 중심은 제1기생과 제2기생이었지만, 제3기생도 상위 몇 명은 참여할 수 있을 것 같았다. 그래서 앨드린은 승무원 선발에 중심적 역할을 담당하고 있던 딕 슬레이턴Deke Slayton에게 자기를 선전하러 갔다. 선전의 무기는 자기 전문이었던 랑데뷰 기술이었다. 제미니 계획의 최대 목적은 랑데뷰와 도킹 기술을 완성시켜 아폴로 계획의 달 착륙을 위한 기술적 준비를 마련하는 데 있었다. 랑데뷰 기술에 관해서는 자기가 최고의 전문가이며 최적격자라는 사실을 말하러 갔던 것이다.

앨드린은 언어 능력이 뛰어나지 않기 때문이기도 하지만 우회적인 표현은 하지 않는다. 항상 직설적으로 표현한다. 거침없이 선전했던 것이다. 그러나 그는 제미니 10호의 보조 승무원으로 임명된다. 앞에서 말했듯이 보조 승무원이 되면 3호 뒤에 정식 승무원으로 뽑히게 되어 있었다. 그러나 제미니 계획은 12호까지만 예정되어 있었다. 10호 보조 승무원에게는 정식 승무원이 될 기회가 없었던 것이다. 그는 완전히 낙담하여 절망감에 시달렸다고 한다. 그러나 불행한 사건이 행운을 가져온다. 1966년 2월, 제미니 9호의 승무원으로 임명되었던 찰스 버셋Charles Bassett과 엘리어트 지Elliot See가 함께 비행기 사고로 죽고 만 것이다. 9호 이하의 순번이 하나씩 올라가서 앨드린은 12호에 탑승하게 되었다.

레이더와 컴퓨터를 연동시켜 랑데뷰를 자동적으로 실시하는 기술은 이미 개발되어 있었다. 앨드린이 MIT에서 연구했던 것은 레이더와 컴퓨터가 고장났을 경우, 육안과 수동으로 랑데뷰를 가능하게 만드는 수법이었다. 우주에서 실시하는 랑데뷰는 비행기가 편대를 이루는 것처럼 간단하지 않다. 예를 들면 지구 궤도상에서 랑데뷰 목표를 발견하여 그곳에 다가가려고 로켓을 분사하는 순간, 궤도 자체가 변화해 버려 목표에 도달하지 못하는 사태가 발생한다. 지구 궤도상에서는 속도의 변화가 궤도의 변화를 유발하고, 궤도의 변화는 속도의 변화를 유발한다. 따라서 랑데뷰에는 복잡한 계산과 순서가 필요하게 된다. 앨드린은 이것을 육안과 수동으로 할 수 있는 기술을 개발하여 일련의 차트로 작성해 두었다. 그러나 이제까지 기계 장치가 모두 잘 작동되었기 때문에 한 번도 그것을 이용할 기회가 없었다. 그런데 또 불행이 행복을 낳았다. 앨드린이 탄 제미니 12호에서 레이더가 고장을 일으켜 작동하지 않았던 것이다. 앨드린은 자신의 차트를 꺼내 레이더와 컴퓨터의 도움 없이 훌륭하게 랑데뷰와 도킹을 해 보였다.

  그전까지 자신의 이론을 동료 우주 비행사에게 설명해도 그들은 귀기울여 주지 않았다. 우주 비행사라고 해도 다른 사람들은 그만큼 고도의 우주 비행 이론에 정통했던 것은 아니기 때문이다. 우주선의 작동자로서 필요한 만큼의 지식밖에 가지고 있지 않다. 우주항법을 스스로 설계하고 그것을 컴퓨터에 프로그래밍하라고 하면 손들어 버릴 사람이 대부분이다. 항법 시스템의 근본적인 부분은 MIT가 연구하여 컴퓨터에 이미 저장되어 있다. 우주 비행사는 그것을 작동시킬 수 있으면 되는 것이다.

버즈 앨드린

그러나 앨드린은 작동만으로는 만족하지 않는 사람이었다. 스스로 시스템을 설계하고 프로그래밍할 수 있는 사람이었다. 대체로 컴퓨터는 완벽한 것이 아니기 때문에 언제 오류가 발생할지 모른다. 오류가 발생하여도 그것이 오류라고 인지하고 수정할 수 있는 능력 정도는 우주 비행사에게 필요하다는 것이 그의 주장이었다. 그러나 그 정도의 이론에 통달한 사람은 거의 없었기 때문에 모두들 그의 주장을 거북스럽게 생각했다. 우주 항법으로 박사 학위를 받은 지식을 자랑하고 있다고 생각했던 것이다. 그는 두뇌가 뛰어났기 때문에 동료들의 충분한 이해를 얻지 못하고 고립되어 있었다. 그러나 이처럼 그의 이론이 실증되자 그를 싫어하던 사람들도 그의 능력을 인정하지 않을 수 없었다. 그 후 앨드린은 랑데뷰 박사라는 별명을 얻게 되었다.

앨드린이 아폴로 11호의 승무원으로 뽑힌 데도 제미니 12호에서의 이런 극적인 성공이 기반이 되었다. 앨드린을 승무원으로 두는 것은 보조 컴퓨터를 한 대 더 두고 있는 것이나 마찬가지였다. 처음으로 달까지 비행했던 아폴로 8호가 천구 적도를 중심으로 한 항법을 취했던 것에 비해 앨드린은 황도黃道, ecliptic를 중심으로 한 항법이 합리적인 것으로 보고 그것을 설계하거나, 지상에서의 연락이 어떤 사정으로 두절되어 지상 컴퓨터의 지원을 받을 수 없는 경우에 우주선의 컴퓨터만으로 우주 비행을 계속할 수 있기 위해 무슨 프로그램을 입력해야 하는가 등의 다양한 연구를 독자적으로 실시했다. 누구라도 그의 두뇌에는 감탄하지 않을 수 없었다.

그런데 아폴로 11호의 달 착륙선 파일럿으로 선발된 앨드린은 자기가 인류 가운데 최초로 달 표면에 첫발을 딛게 될 사람으로 선발되었다고 굳게 믿고 있었다. 왜냐하면 그때까지의 우주 비행에서는 우주선 바깥에서 활동할 필요가 있을 때 반드시 선장이 우주선 안에 남고 승무원이 바깥으로 나갔기 때문이다. 그러나 이번에는 선장인 암스트롱이 먼저 나가게 되어 그가 달 표면에 역사적인 첫발을 디딜 사람이 될 것 같다는 소문이 귀에 들어왔다. 앨드린은 이 말을 듣고 발끈해서 특유의 직선적인 행동에 돌입했다. 암스트롱에게 가서 이러이런 이야기를 들었는데 정말이냐, 원래는 내가 먼저 밖으로 나가야 하는 게 아니냐고 따졌다. 암스트롱은, 자기는 아직 아무 말도 듣지 못했지만 어느 쪽으로 결정되건 먼저 나가는 사람이 역사적인 역할을 담당하게 될 것이기 때문에, 자기로서는 결정도 나지 않았는데 나중에 나가겠다고 말을 꺼내 스스로 기회를 놓치는 짓은 하고 싶지 않다고 아주 이성적으로 대응한다.

다음으로 앨드린은 우주 비행사 실장인 딕 슬레이턴과 담판지으러 간다. 슬레이턴은 아직 결정되지 않았지만 아마 암스트롱이 먼저가 될 것이라고 말한다. 왜냐하면 암스트롱은 제2기생이고 앨드린은 제3기생이기 때문이라고 대답한다(우주 비행사 세계에서는 군대와 마찬가지로 선임자 우선이 절대적인 서열이다). 앨드린은 그래도 납득하지 않고 NASA 아폴로 계획 국장에게까지 담판하러 가지만, 결국 암스트롱으로 결정났다.

아폴로 제11호 승무원으로 결정되었을 때부터 자신이 달에 역사적인 첫발을 디딜 것이라는 믿음이 강했기 때문에, 이 일은 그의 자존심에 큰 상처를 주었다. 그 후 앨드린과 암스트롱 사이에는 미묘한 감정의 균열이 생기게 된다. 그가 쓴 자서전에는 암스트롱에 대한 감정적 반발이 여기저기에 보인다. 예를 들면 달 표면에 착륙선이 내려가자마자 암스트롱이 "휴스턴, 여기는 '고요의 바다 기지'. 이글Eagle호는 무사히 착륙했다"고 말한 장면에서는 '고요의 바다 기지'라는 단어를 쓸 예정은 전혀 없었다든가, 사전에 자기와 아예 상의조차 하지 않은 것은 괘씸하다든가, 달에 첫발을 디딜 때 무슨 말을 할지 암스트롱에게 물어 보아도 끝까지 자기에게는 가르쳐 주지 않았다든가, 혹은 달 착륙 기념 우표의 문구가 "First men on the moon"이 아니라 "First man"으로 되어 있다는 등, 아주 장황하게 늘어놓았다. 그가 달에 첫발을 디딘 최초의 인간이 되지 않았던 것에 얼마나 집착하고 있는지를 잘 알 수 있다.

앨드린이라는 사람을 짐작해 보면, 수학적 두뇌는 발군의 능력을 가지고 있으면서도 노골적인 경쟁심, 염치 없는 자기 중심주의, 계집애 같은 집착 등 인간적으로는 결함이 많아 사람들이 그리 좋아하지 않을 타입인 것 같다.

아폴로 11호가 지구로 귀환하고 난 뒤 3명의 승무원은 3주 동안 격리실로 보내졌다. 왜냐하면 달에는 지구에 없는 세균, 바이러스가 있어서 그것이 승무원 몸에 붙어서 지구로 들어왔을지도 모른다는 염려 때문이었다. 3주 동안 세 사람은 건강에 아무런 이상이 없다는 사실이 확인되지 않는 한 바깥으로 나갈 수 없었다.

격리실에 있을 때의 이야기인데, 암스트롱과 마이클 콜린스Michael Collins는 곧바로 트럼프를 가지고 두 사람이 놀 수 있는 진 러미gin rummy를 하기 시작했다. 3주 동안 틈만 나면 두 사람은 진 러미를 했다. 앨드린은 완전히 왕따가 되었던 것이다. 앨드린은 처음에만 잠시 혼자 트럼프 놀이를 했을 뿐 줄곧 의자에 앉아 눈을 감은 채 아무것도 하지 않고 아무것도 생각하지 않으려고 노력했다고 한다. 여기서 앨드린의 고립상이 잘 나타난다.

아폴로 11호의 비행과 달 탐사에 대해서는 너무나 유명한 이야기이기 때문에 여기서는 전부 생략하고 지구에 귀환한 이후부터 이야기를 이어 나가자.

앨드린은 격리실에서 아무것도 생각하지 않으려고 노력하면서 지금부터 자신이 무엇을 하면 좋은지 생각하고 있었다. MIT 시절을 포함해 과거 8년 간의 인생은 전부 우주 비행을 위해 존재했다. 우주 비행의 정점인 달 착륙에 인생을 걸었고, 마침내 실현했다. 모든 경쟁에서 승리하여 인류 최초의 달 착륙선에 탈 수가 있었다. 달에 갔다와서 무엇을 하나. 그런 것은 지금까지 생각해 본 적도 없었다. 달에 간다는 목적만 머리 속에 있었다. 그 목적이 달성되자 무엇을 하면 좋을지 알 수가 없었다. 앨드린은 이때 39세였다. 아직 인생의 절반도 지나지 않았다. 인생의 절반도 지나지 않아 자신의 인생 목표를 달성하고 말았다. 달 표면에 있었을 때가 훨씬 좋았다고 생각했다.

달 표면에서는 다음에 해야 할 일이 분 단위로 정해져 있었다. 아무것도 생각할 필요가 없었다. 해야 할 일을 차례차례 하면 되는 것이었다.

그러나 지금부터는 먼저 무엇을 해야 할지 생각해야 한다. 그것은 앨드린에게 힘든 일이었다. 해결해야 할 문제가 눈앞에 주어지면, 특히 그것이 수학적으로 풀리는 문제이면, 그는 어떤 문제든 풀어 보일 자신이 있었다. 그러나 지금 자신이 놓여 있는 상황은 문제를 해결하는 것이 아니라 새로운 문제를 만드는 것이었다. 새로운 인생의 목표를 설정하는 것이었다. 그것을 금방 생각해 낼 수가 없었다. 생각하지 말자고 다짐해도 그 생각에 잠 못 드는 일이 자주 있었다. 그리고 사소한 일로 화가 났다. 격리실에 들어가 샤워를 하고 옷을 갈아입으려 했는데 준비되어 있는 것은 사각 팬티였다. 앨드린은 삼각 팬티를 좋아해서 출발하기 전에 말해 두었는데 준비되어 있는 것은 사각이었다. 달 왕복 시스템은 한치의 오차도 없이 작동했는데, 지구에 돌아온 순간 왜 준비되어 있어야 할 팬티가 준비되어 있지 않은 것일까. 그는 팬티가 다른 것을 용납할 수 없었다. 격리실 창 너머로 아내와 처음 면회를 했을 때 앨드린이 제일 먼저 한 말은, "내일 올 때 삼각팬티 좀 가져와"였다.

| 제 2 장 | **고통스런 축하 행사**

우주 비행에서 귀환하면 우주 비행사들은 미국 각지를 방문하여 축하 퍼레이드, 축하 파티를 펼치는 것을 관례로 하고 있었다. 인류 최초로 달 착륙을 성공시킨 아폴로 11호의 경우, 이제까지 없었던 규모로 행사가 벌어지게 되었다. 미국 전역은 물론 세계 각지를 방문할 계획이 세워져 있었다.

3주 간의 격리를 끝내고 격리실을 나온 것이 8월 10일. 3일 후에는 하루 동안 뉴욕, 시카고, 로스엔젤레스에서 축하 행사를 벌이는 엄청난 스케줄(시차가 있기 때문에 가능하다)이 기다리고 있었다. 시작은 뉴욕 다운타운에서 벌어진 퍼레이드였다. 높이 솟은 빌딩 사이로 색종이가 가득 흩날리는, 흔히 볼 수 있는 그런 퍼레이드였다.

앨드린에게 무서웠던 것은 연설이었다. 일상 생활에서조차 언어표현 능력이 부족해서 종종 인간 관계를 어렵게 만들었던 앨드린에게 있어 화려하게 드러난 자리에서 연설을 한다는 것은 몸서리칠 정도로 무서웠던 것이다. 그러나 어쨌든 하지 않으면 안 되었다. 격리실에서 나와 곧바로 준비를 시작했다. 원고를 써 보았지만 몇 번을 써

봐도 정리가 되질 않았다. 힌트를 얻으려고 우주 비행에 대해 쓴 신문 논설과 잡지 기사를 산더미처럼 읽어 보았다. 세계 여러 나라 사람들로부터 받은 편지를 읽어 보았다. 다시 초고를 써 보았다. 다시 읽고 그것으론 안 되겠다 싶어 찢어 버리고 또 써 보았다. 그것도 마음에 들지 않았다. 또 찢어 버렸다. 휴지통이 금세 가득차 버렸다.

이렇게 땀을 뻘뻘 흘리면서 3일 동안 악전고투를 계속하였다. 그렇게 해도 만족할 만한 것이 나오지 않았다. 결국 휴스턴에서 뉴욕으로 향하는 비행기(대통령이 사용하는 에어포스 II 였다)에 타고 나서도 비행기 안에서 초고를 계속 고쳤다. 그러나 연설은 그렇게 길지 않았다. 기껏해야 3분 정도, 단어 수로 치면 300~400단어 정도였다. 단지 뉴욕, 시카고, 로스엔젤레스에서 각기 다른 말을 해야 하기 때문에 세 종류를 준비해야 한다.

뉴욕에서 한 시간 반 동안 벌어진 열광적인 퍼레이드, 시청에서의 기념식, 계속되는 UN에서의 기념식이 끝나자 곧바로 비행장으로 달려가 시카고로 향한다. 시카고로 향하는 비행기 안에서도 오로지 시카고에서 할 연설 초고를 고치기만 했다. 시카고에서 축하 행사를 끝내고 로스엔젤레스로 향하는 비행기 안에서도 마찬가지였다. 로스엔젤레스에서는 닉슨 대통령 주최하에 미국 전역에서 수천 명의 주요 인사들을 초대하여 국가의 식전으로 센추리 플라자에서 축하 만찬회가 열릴 예정이었기 때문에 앨드린의 긴장감은 한층 커졌다. 만찬회가 시작되고도 앨드린은 무릎 위에 노트를 펼쳐 놓고 여전히 연설 초고를 고치고 있었다. 물론 옆 좌석의 사람과는 거의 한마디도 나누지 않았고 제공된 요리에도 손을 대지 않았다. 여하튼 머리 속이 연설로 가득찼던 것이다. 드디어 그가 연설할 차례가 되었다. 스스로도 무엇을 말하고 있는지 알지 못하는 사이에 연설을 끝내고, 끝나자마자 안도의 한숨과 함께 눈앞의 와인을 단숨에 들이킨 후 옆 좌석의 사람에게 주절주절 말을 걸었다.

3대 도시에서 축하 행사가 끝나자 이번에는 휴스턴에서 축하 행사가 있었다. 시가 퍼레이드가 끝난 후 애스트로돔에서 프랭크 시나트라 사회로 축하쇼가 있었고, 미국 전역에 텔레비전으로 중계되었다. 쇼가 끝나면 프랭크 시나트라 주최의 만찬회, 이것이 끝나면 이번에는 각자 태어난 고향 마을에 가서 축하 행사를 한다.

이어 워싱턴에서 축하 행사가 있었다. 거기서는 상하 양원의 총회에서 연설을 하게 되었다. 미국에서 상하 양원의 총회에서 연설한다는 것은 대통령 이외에는 일반적으로 생각할 수 없는 일이다. 이 연설이 앨드린의 마음을 무겁게 짓눌렀다. 그때까지는 아직 2주 간의 여유가 있었지만 그 동안 앨드린은 밤에 자지도 않고 연설 초고 작성으로 끙끙댔다.

무슨 얘길 할지 생각을 메모해 가는 사이에 금세 노트 한 권이 가득 차 버렸다. 그것을 3분 연설 분량으로 줄이려면 어떻게 해야 좋을까. 매일 씨름하면서 생각할 때마다 쓰레기통이 망친 종이로 가득 차 버렸다. 아내 존은 그렇게 괴로우면 NASA에 있는 연설문 대필가에게 초고를 부탁해서 그걸 읽으라고 충고하였다. 사실 존 자신이 NASA의 연설문 대필가였던 적이 있었다. 그녀는 컬럼비아 대학 연극학 석사로 앨드린과는 달리 순수한 문과계 출신이었기 때문에 언어 표현 능력이 충분했다.

머큐리 계획 시절부터 우주 비행사들의 연설문 중 상당수가 그녀의 손에 의해 작성된 것이었다. 그래서 앨드린도 자존심을 버리고 그

달 표면에서 사용했던
카메라를 살펴보는 앨드린

녀의 도움을 빌리게 된다. 이런 이야길 하고 싶다고 우선 그녀에게 말하면 그녀가 그것을 문장으로 써서 보여 준다. 거기에 앨드린이 수정을 가하는 식이었다. 그러나 실제로 해 보니 그녀가 쓴 연설문에 불만이 생겨 완전히 새로 쓰게 하였다. 그래도 여전히 불만이어서 다시 한번 해 보게 된다. 이런 식으로 반복해서 2주 동안 칠전팔기로 계속해 나갔다. 그렇다고 고생한 보람이 있어 명연설문이 만들어진 것도 아니었다. 연설문 전체를 읽어 보았더니 판에 박힌 표현이 여기저기 보일 뿐 개성이 없었다. 깊은 내용이 있는 것도 아니고 위트와 유머가 있는 것도 아니고, 평범하기 그지없는 연설문이었다.

컴퓨터 소프트웨어를 만들게 했다면 천재적인 발상으로 독특한 내용을 거침없이 작성했을 사람이, 연설문은 2주 동안이나 땀을 흘려서 겨우 그렇게밖에 쓸 수 없었다는 것이 재미있다. 우주 비행사들 모두가 앨드린 같다는 이야기는 아니다. 언제라도 적절한 연설을 해 내는 사람도 있었고, 상당한 문장가도 있었다. 실제로 아폴로 11호에 탔던 세 사람 가운데 암스트롱은 달변이었고, 콜린스는 글을 잘 썼다 (콜린스가 쓴 "Carrying The Fire"는 우주 비행사가 쓴 책 중에 가장 좋다).

 앨드린은 우주 비행사 사이에서도 원래 조금 특이한 사람으로 인식되고 있었다. 일반적인 상식과는 조금 동떨어진 구석이 있었던 것이다.

 우주 비행사 동료인 커닝엄Walter Cunningham은 앨드린을 저녁 식사에 초대한 적이 있다. 그런데 약속 시간 직전에 커닝엄에게 급한 일이 생겨서 외출을 했는데 그날로 돌아올 수 없게 되었다.

 약속 시간에 맞춰 도착한 앨드린에게 커닝엄 부인은 현관에서 실은 이러저러한 일이 생겼다고 설명했다. 그렇게 말하면 당연히 앨드린이 "그러면 다음 기회에 뵙도록 하죠"라며 돌아갈 거라고 생각했던 것이다. 그런데 앨드린은 커닝엄이 집에 없다는 사실은 안중에도 두지 않고 집에 들어와서 술을 마시고 밥을 먹었다. 밥을 먹은 후에는 또 술을 마시며 밤늦게까지 있었다. 앨드린이 커닝엄 가족과 그 정도로 친한 관계였던 것은 아니었다. 그 동안 앨드린은 커닝엄 부인과 재미있는 이야기를 나누었던 것도 아니었다. 상대가 알든 모르든 오로지 우주선 랑데뷰의 기술적 문제에 대해(커닝엄 부인은 하나도 이해하지 못했다고 한다) 4시간 넘게 혼자서 강의를 계속했던 것이다.

 그의 머리는 항상 눈앞의 현실에는 무신경했다. 눈앞에 사람이 있어도 본질적으로 혼자 있는 것과 마찬가지였다. 대화의 형식을 띠고 있어도 실제로는 대개 독백이었다. 이런 그의 성격을 호의적으로 해석하는 콜린스는, "말하자면 그는 체스 명인과 비슷했다. 우리들이 한 치 앞밖에 보지 못하고 이런 저런 대화를 나누고 있을 때 그는 다섯 치, 여섯 치 앞을 보고 있었다. 따라서 이야기가 통하지 않는 것도 당연하다. 그러나 오늘은 앨드린이 무슨 말을 하고 싶어하는 걸까 종잡을 수 없어도, 얼마 지나자 그래, 그가 이럴 때 이런 말을 하려고 했구나 하고 이해되는 일이 자주 있었다"고 평한다. 물론 이것은 기술적 측면에 있어서 앨드린의 사고에 관한 것이다. 그 부분에서는 사고가 비약적이어도 결국은 다른 사람이 이해할 수 있는 때가 온다. 그런데 일상 사회 생활에서도 앨드린은 비약적인 사고를 드러낼 수밖에 없었다. 이런 경우, 무엇을 어떻게 비약해서 그렇게 되었는지 아무도 알 수 없기 때문에, 결국 이상한 남자로 간주된 채 끝나 버리는 일이 종종 있었던 것이다.

따라서 앨드린은 사람과 접촉하는 일 자체가 곤혹스러웠다. 사교성은 제로에 가까웠다. 자기를 알고 자기를 인정해 주는 사람들로 이루어진 폐쇄적인 사회에서는 관계를 잘 지탱해 갈 수 있었지만 처음 보는 상대라든가 불특정 다수의 사람들을 앞에 두게 되면 어떻게 행동하면 좋을지 몰랐다. 그런데 달에서 돌아와서부터는 거의 매일 사람들 앞에 나가 연설을 하거나, 붙임성 있게 사교적인 말을 하거나, 악수를 하거나, 사인을 하거나, 텔레비전 카메라와 군중들의 주목을 받는 그런 생활을 해야 했다. 그에게 이것은 고행이나 다름없었다. 그러나 NASA는 우주 비행 계획에 대해 비판적인 목소리("돈이 너무 많이 든다")가 나오기 시작하는 가운데 국민적 영웅이 된 아폴로 11호의 우주 비행사들을 PR의 재료로 최대한 이용하려고 했다.

NASA가 이제부터 얼마만큼 우주 비행 계획을 실현할 수 있는가는 전적으로 의회에서 얼마만큼 예산을 획득할 수 있는가에 달려 있었다. 그 결정권을 쥐고 있는 것은 개별 의원들이었다. 그렇기 때문에 NASA는 의원들에게 최대한으로 서비스를 했다. 각 의원의 선거구에

사는 유지들이나 지지 모체인 경제 단체, 문화 단체 등이 자신들의 집회에 반드시 아폴로 11호의 우주 비행사를 초대하고 싶다고 의원을 통해 부탁해 오면 NASA는 거절할 수가 없었다. 오히려 중요도에 따라 세 사람을 모두 보내든지, 아니면 셋 중 누군가를 파견했다. 그들은 유력 의원의 유력한 후원자가 맥주 회사 사장일 때는 그 맥주 회사 창립 몇 주년 기념 파티에까지 출석해 달라고 요구받았다. 요컨대 NASA를 위한 남자 기생이었던 것이다. 그리고 어디에 가더라도 사람들로 북새통을 이루어 화장실 안에서도 사인을 부탁받았다. 이런 생활이 이후 2년 동안이나 계속되었던 것이다. 내성적인 앨드린에게는 참을 수 없는 생활이었다.

아폴로 11호의 우주 비행사를 선전에 이용하려고 생각했던 것은 NASA뿐만이 아니었다. 국무성은 세 사람을 국제 친선대사로 서방의 우호국에 파견하려고 계획했다. 우주 비행 계획의 초기 단계에 소련에 뒤떨어졌던 굴욕감을 한꺼번에 청산하고 싶었던 것이다. 당시 소련은 가가린과 테레슈코바Tereshkova를 친선대사로 세계 여러 나라에 파견하여 사회주의의 기술적 우위를 선전하였다. 이번에는 미국의 기술적 우위를 세계에 과시할 차례였다. 그것을 위해 국무성이 세운 계획은 살인적인 스케줄이었다. 멕시코에서 시작하여 중남미, 유럽, 중동, 아프리카, 아시아를 두루 돌아 45일 동안 23개 국을 방문한다는 계획이었다.

어떤 나라에 도착해도 우선 공항에서 환영식전이 있고, 연설이 있고, 이어서 퍼레이드, 기자 회견, 리셉션, 국가 원수의 훈장 수여, 만찬회 순으로 진행되는 스케줄이 빡빡히 들어차 있었다. 스케줄이 가장 빡빡했던 부분은 2일 동안 세 나라를 방문하여 세 명의 국왕을 배

알한다는 것이었다.

　최초로 방문한 멕시코에서 앨드린은 공포에 휩싸인다. 환영 인파가 너무나도 많았기 때문이다. 군중에게 둘러싸인 경험은 이미 미국 각지에서 겪었지만 그것과는 비교도 되지 않는 대군중이 몰려와서 우주 비행사들은 글자 그대로 눌려서 찌부러지게 되었다. 똑같은 일들이 라틴계 국가들에서는 반드시 일어났다. 사람 수가 많다는 이유뿐만 아니라 그들은 라틴계 특유의 열광적인 군중이었다. 그리고 라틴계 국가에서는 경찰이 그런 군중들을 제재할 수 있었던 것도 아니다. 그 때문에 비행기에서 내리는 순간부터 비행기에 타기 전까지 앨드린 등은 인파에 시달려야 했다. 앨드린은 멕시코에서 현기증과 구토증 때문에 신경안정제를 복용해야 했다. 결국 그 후 여정의 막바지인 태국에 도착할 때까지 앨드린은 매일 그 약을 복용했다. 그러나 약을 먹으면 부작용으로 목과 입이 말라 말하는 것이 고통스러웠다. 잘 하지도 못하는 연설이 더욱 싫어졌다.

　그리고 살인적인 스케줄을 강행하고 있는 도중, 이번에는 스케줄 가운데 쉬는 날을 이용해 미국에 돌아와 애틀랜틱시티에서 개최되고 있는 AFL-CIO(American Federation of Labor and Congress of Industrial Organization : 미국노동총연맹산업별조합회의) 대회에 내빈으로 출석하여 연설을 하라는 닉슨 대통령의 명령이 앨드린에게 내려졌다. 노동계의 보스인 AFL-CIO의 미니 회장과 닉슨 대통령의 친교는 예전부터 정평이 나 있었고, 그 관계가 닉슨 정권의 기반 가운데 하나였기 때문에 이런 지시가 대통령으로부터 직접 내려진 것이었다. 앨드린은 못마땅했지만 대통령의 명령을 따르지 않을 수 없었다.

　애틀랜틱시티에 도착해 보니 NASA가 작성한 연설 초고가 이미 준비되어 있었다. 앨드린은 그것을 보고 나서, "우리들이 우주 비행에 사용한, 조합 노동자의 손으로 만들어진 재료는 모두 최고였다"는 대목을 삭제했다. 왜냐하면 달 착륙선을 만든 그라만사의 노동자는 조합에 가맹하지 않았지만, 그들이 만든 달 착륙선 또한 최고의 품질이었기 때문에 조합 노동자들이 만든 것만 최고라고 말할 수는 없다는 것이 앨드린의 생각이었기 때문이다.

합리적으로 생각한다면 그럴지도 모르겠지만 세상에는 외교 사령辭令이라는 게 있다. 보통 사람 같으면 그것이 엄밀하게 옳은 것이 아니라도 이 정도의 표현에는 타협할 것이다. 그러나 앨드린은 그게 불가능한 사람이었다.

앨드린이 세상과 순탄하게 지낼 수 없었던 원인 중에 하나는 여기에 있었다. 그가 생각하는 이상적인 세계는 모든 것이 수학적 엄밀함으로 정확하게 진행되어 가는 세계였다. 그런 의미에서 우주 비행은 그에게 있어 이상적인 세계였다고 할 수 있다. 그러나 현실 사회에서는 우주 비행과는 정반대로 어떤 일도 엄밀하고 정확하게 진행되지 않는다. 늘 착오가 생기고 오류가 발생한다. 거기에 일일이 화를 냈다가는 신경이 남아나질 않는다. 의사 소통에 있어서도 일반 사회에서는 엄밀하고 정확한 메시지만 교환하고 있는 건 아니다. 고도의 거짓말과 애매함과 오해가 섞인 의사 소통이 사회가 매끄럽게 돌아가기 위해서는 종종 필요한 것이다.

그러나 앨드린은 그것을 참을 수 없었다. 앞에서 말한 것처럼 격리실에 준비된 팬티 종류에도 화가 났다. 미리 준비된 연설문에 있었던 사교적인 문장이 엄밀하게 따지면 옳지 않다는 이유로 삭제해 버렸다. 일반 사회와 관계를 많이 갖게 되면 될수록 그와 비슷한 일들이 더욱 빈번하게 발생했다. 예를 들면 시카고에서 기자 회견을 했을 때 어떤 기자가 우주 멀미(그전에 몇 명의 우주 비행사가 우주 공간에서 배 멀미와 비슷한 구토 증세를 느꼈던 적이 있기 때문에 우주 멀미라고 이름붙였다)는 일으키지 않았냐고 물어 보았다. 앨드린은 제미니 우주선에서도 아폴로 우주선에서도 우주 멀미를 일으킨 적이 없었지만, 비행기에서 무중력 상태 훈련을 하고 있을 때 딱 한 번 멀미를 일으킨 적이 있었다. 그러나 그것은 전날 밤 마티니를 과음했기 때문이라고 앨드린은 대답했다. 이 말을 어떤 신문이 〈앨드린, 우주 멀미를 고백〉이라고 표제를 붙여 보도했을 때, 그것은 무중력 상태 훈련 중의 일이지 우주 멀미는 아니라고 화를 냈다. 아무튼 기사가 엄밀하게 따져 정확하지 않으면 바로 화를 냈던 것이다.

이 연설에서도 앨드린은 역시 자기가 삭제한 부분은 연단에서 말하지 않았다. 그리고 끝나고 나서 홍보 담당이 인쇄하고 싶으니 초고를 달라고 하자 앨드린은 일부러 그 부분은 삭제했다고 지적하며 초고를 건네주었다. 그런데 다음날 신문을 보니 삭제되어야 할 부분이 그대로 남아 있었다. 더군다나 〈앨드린, 조합 노동자의 제품이 최고 품질이라고 칭찬하다〉라는 것이 표제가 되어 있었다. 여기서 또한 앨드린은 엄청나게 화를 내며 휴스턴에 전화를 해서 NASA 본부에 뒷수습을 요구했다.

이런 해프닝 때문에 신경을 소모시킨 채 다시 세계 친선 여행에 합류하기 위해 카나리아 제도로 갔다. 그 후는 강행군의 연속이었다. 매일 아침 일찍 출발하여 밤늦게까지 스케줄에 따랐다. 나라에 따라 기후가 다르고 시차도 있어서 밤에도 쉽게 잠들지 못할 뿐만 아니라 몸 상태가 말이 아니었다. 아내인 존은 중간부터는 무엇을 먹어도 토해 버리고 말았다(만찬회에서는 참으면서 목구멍에 쑤셔 넣지만 호텔에 돌아오면 전부 토해 버렸다). 그러면서도 매일 매일 국왕과 대통령, 수상 같은 높은 사람들과 계속 만나야 했다. 유럽을 다 돌고 나니 세 명 모두 (각자 아내를 포함하여 여섯 명) 완전히 피로에 절어 버려 밤에 호텔에 돌아오면 자기가 머물고 있는 도시의 이름은 물론 나라 이름조차 헷갈리게 되었다고 한다.

  앨드린 부부는 두 사람 모두 몸도 상했고 정신적으로도 피로했기 때문에 호텔 방에 두 사람만 있게 되면 툭하면 험한 말로 싸움을 하게 되어 이혼하자는 말까지 나오게 되었다. 앨드린은 달에서 돌아올 때까지 전혀 가정을 돌볼 수 없었다. 어원의 이야기 부분에서 말했던 것처럼 우주 비행사의 생활은 가정 생활을 희생해야만 성립되는 측면이 있었다. 달에 간다고 하는 큰 목적 앞에서 아내도 참고 참고 또 참아 왔다. 그 불만이 그곳에 와서 폭발했던 것이다. 가정을 좀 돌보고 아이에게 애정을 기울이라는 것이 아내 쪽의 요구였다.

  달에서 돌아오면 평범한 생활로 돌아올 수 있을 줄 알았는데 우주 비행 전보다 더 지독하게 변칙적으로 되어 버린 생활이 존에게는 참을 수 없는 일이었다. 앨드린도 나름대로 똑같이 이런 변칙적인 생활이 참을 수 없었다. 그는 가정이 아니라 직장으로 돌아가고 싶었다. 다음 우주 비행을 위한 준비 작업에 들어가고 싶었다. 제미니 12호에서도 아폴로 11호에서도 자신은 파일럿이었지 선장은 아니었다. 그러나 다음 번에는 선장이 될 거라고 예상했다. 선장으로서 자신이 명령을 내리면서 우주 공간으로 다시 한번 나가 자기 생각대로 우주선을 다뤄 보고 싶었다. 그러나 이런 짓을 하고 있으면 동료 우주 비행사들에게 점점 뒤처지고 만다는 생각이 들었다. 우주 테크놀러지의 진보는 빠르다. 우물쭈물하고 있다가는 추월당하고 만다. 기껏 선전을 위해 이렇게 세계를 돌아다니며 진을 빼는 짓 따위는 바보 같다고 생각했다.

최초로 달에 간 사람이 되어 버렸기 때문에 자신들은 더 이상 평생 동안 평범한 일상으로 돌아갈 수 없는 것인가. 앨드린과 아내 존에게는 '평범한 일상'의 의미가 서로 달랐지만 두 사람은 평범한 생활로 돌아갈 수 없다는 공포감을 공유하고 있었다. 두 사람 모두 밤이 되면 술에 취해 말다툼을 하거나 푸념, 탄식을 서로 주고받으며 때로는 껴안고 눈물을 흘리며 울기도 했다.

어쨌든 신경안정제의 힘을 빌려 무사하게 세계 친선 여행을 마치자 앨드린 일행은 백악관으로 초대되었다. 닉슨 대통령은 이번 친선 여행이 대성공이었다고 칭찬한 후 국무성은 이런 성공에 힘입어 좀 더 계속 이 일을 전개하고 싶으니 협조해 달라고 요청했다. 콜린스는 기꺼이 응낙했다. 그도 이번 스케줄에 지치긴 했지만 이런 일 자체는 즐기고 있다는 것이었다. 그 후 그는 NASA에서 국무성으로 자리를 옮겨 홍보담당 국무차관보에 임명되어 그 일을 계속 수행하게 된다 (그 후 워싱턴의 스미스소니언 우주항공박물관 관장으로 잠시 일하다가 최근 퇴직하여 하이테크놀러지 관련 사업에 뛰어들었다). 같은 질문에 대해 암스트롱은 "바로 대답할 수 없으니 생각할 시간을 주십시오"라고 완곡하게 거절했다. 암스트롱은 그 후 1년 남짓 NASA에 근무한 후 퇴직하여 신시내티대학 공학부 교수가 되었다. 그 후는 매스컴 및 그 외 어떤 형태의 공공 행사에도 얼굴을 내밀지 않고 상아탑 속에 틀어박혀 있다.

이제 앨드린의 차례였다. 앨드린은 같은 질문에 대해 자기는 이런

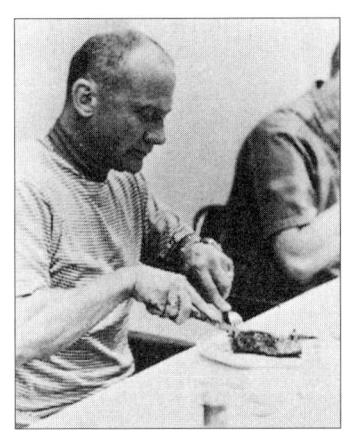

아폴로 11호 출발 전,
아침 식사를 하는 앨드린

일에는 맞지 않고 오히려 우주 비행 기술자로 하루빨리 본래의 임무로 돌아가는 편이 나라를 위한 길이라고 생각하기 때문에 친선대사는 더 이상 하고 싶지 않다고 단호히 거절했다. 그 후 휴스턴으로 돌아갔지만 그가 희망했던 것처럼 다음 우주 비행 계획에 참가할 수가 없었다. 아폴로 계획의 나머지 승무원들은 이미 결정 나 있었고, 달 탐사라는 국가 목표가 실현된 지금에 와서는 NASA의 예산이 삭감되는 형편이었기 때문에 이후의 전망은 불투명했다.

  NASA로서 지금 가장 중요한 일은 예산의 획득과 그것을 위한 선전과 의원 서비스였다. 그리고 그 일에 가장 도움이 될 만한 사람이 국민적 영웅인 아폴로 11호의 우주 비행사들이었기 때문에, 앨드린은 NASA에 돌아가서도 적어도 매주 한 번은 미국 어딘가에서 무슨 집회에든 초청받아 연설을 하고, 파티에 참석하고, 사인하는 일을 계속하지 않을 수 없었다. 스케줄이 고되기 때문에 나머지 시간도 이렇다 할 중요한 임무가 주어지지 않았다. 이대로 가면 인류 최초의 달 탐험가라는 간판을 내건 NASA의 선전원이 되어 버린다. 그래 이제부터 나는 무엇을 하면 좋을까. 인생의 새로운 목표를 발견하지 못한 채 불만이 있더라도 억지로 선전 업무를 계속할 수밖에 없었다.

그 사이 오직 하나 앨드린이 의욕을 불태우며 참가했던 일이 있었다. 그것은 학생과의 대화였다. 시대는 때마침 세계적으로 '학생의 반란'이라 불리는 현상이 번져가고 있을 때였다. 미국에서도 베트남 반전 운동, 공민권 운동 등이 미국 전역의 대학에 번져 갔고 켄트 대학 사건이 일어나기도 했다.

앨드린은 국어에 약했을 뿐만 아니라 사회에도 약했다. 지금까지 사회 현상에 관심을 기울인 일은 거의 없는 사람이었다.

그럼에도 학생 문제에 관심을 기울이기 시작했던 것은 밀워키 대학으로 늘상 있는 NASA 선전을 위해 연설하러 갔을 때 일군의 학생들로부터 토마토 세례를 받았기 때문이었다. 자신들이 한 일이 왜 학생들로부터 이런 반발을 받아야 하는가. 달 탐사의 성공은 전인류의 승리이고 전인류가 기뻐해야 할 일이 아닌가. 그런데 왜 학생들은 우리들을 증오하는가.

지금 전쟁이 일어나서 굶어 죽어가는 사람이 있다는데, 겨우 세 사람을 달에 보내는 데 몇 억 달러나 쓰는 건 당치않다는 생각에는 나름대로 일리가 있다. 그러나 그렇기 때문에 달 탐사는 무의미한 것인가. 거기에 든 비용은 단순한 낭비에 불과한 것인가. 사회 전체, 문명 전체를 생각하면 결코 그렇게는 말할 수 없을 것이다. 학생들도 그 정도는 알 것이다. 다만 그들은 자신들의 목소리가 정치와 사회에 전혀 반영되지 않는 상황에 분노하고 있는 건 아닐까. 그러면 학생의 목소리가 반영되는 장을 만들면 좋지 않을까. 미국 각지에서 학생 대표를 모아 그들이 말하고 싶은 건 무엇이든 말하게 하자. 그리고 어른 쪽에서도 식견이 있는 사람들을 불러 함께 대화를 하고 세대간의 상호 이해를 도모하면 학생들의 좌절감은 해소될 것이 아닌가.

앨드린은 이렇게 생각했다. 단순하고 나이브한 생각이지만 그에게는 어디까지나 선의에서 우러나온 진지한 생각이었다. 그래서 우선 토마토를 함께 맞았던 동료인 암스트롱과 콜린스에게 이 계획에 참가해 달라고 부탁했다. 그러나 두 사람은 따로 할 일이 너무 많다고 정중하게 거절했다. 앨드린은 그 말에 기죽지 않고 차례차례로 다양한 식자층에게 함께 참가해 주기를 요청했다. 그 가운데 다음과 같은 사람들을 참가시키는 데 성공했다. 마가렛 미드Margaret Mead(문화인류학자), 사전트 슈라이버Sargent Shriver(케네디가의 일원. 초대 평화부대 장관. 후에 민주당 부통령 후보), 헐버트 태프트Hulbert Taft(하원의원), 킹맨 브루스터Kingman Brewster(예일대학 학장), 존 가드너John Gardner('커먼코즈Common Cause' 〔의회감시단체로 존 가드너가 창립〕 주재자), 로이 윌킨스Roy Wilkins(공민권 운동 지도자) 등이 그들이다. 한편 학생 측으로부터도 다양한 대학, 학생 단체에 요청해 18명의 대표가 모였다.

학생들은 요청에 응해 모였지만, 왜 우주 비행사가 이런 일을 하는지, 무슨 속셈인지, 자기들을 어떤 목적으로 이용하려는 건 아닌지 의구심으로 가득찼다. 앨드린은 다음과 같이 설명했다. "젊은이들이 무슨 생각을 하고 무엇을 바라고 있는지 정부도 사회도 언론도 무시해 왔다. 그래서 젊은이들은 직접 행동으로 보여줬고, 학생 반란이라는 현상이 일어났다. 직접 행동을 일으키면 언론도 무시할 수 없어서 그것이 뉴스가 되기 때문이다. 그러나 현실적으로 뉴스가 된 건 학생의 반란이라는 현상뿐이고 왜 그들이 반란을 일으켰는지, 현상의 밑바닥에 있는 것은 항상 전달되지 않았다. 도대체 젊은이들은 이 세상의 어떤 부분을 어떻게 바꾸고 싶다는 건지, 그것을 확실하게 듣고 싶다는 게 이 모임의 목적이다. 나는 듣는 역할에 충실할 생각이다."

그렇게 이틀간의 토론 집회가 시작되었지만, 이 집회는 어떤 결실도 없이 끝났다. 첫째로 학생 대표들 사이에 현상 분석, 운동의 목적, 방법론 등 모든 점에서 의견이 근본적으로 대립되자 격론을 거듭할 뿐 어떤 일치된 견해도 발견되지 않았기 때문이다. 둘째로 학생들은 마가렛 미드를 제외한(그녀만은 모두 존경하고 있었다) 모든 성인 대표들을 바보 취급하여 그들의 모든 의견을 비판하거나 조소할 뿐 대화 따위는 전혀 성립되지 않았기 때문이다.

이것을 보면서 앨드린은 망연자실했다. 그에게는 이것이 정치적 세계에 대한 첫 경험이었다. 그는 정치를 전혀 몰랐다. 그가 그때까지 익숙했던 세계에서는 문제에는 해답이 있고, 게다가 그 해답은 원칙적으로 한 가지 뜻으로만 해석할 수 있도록 결정되어야 하는 것이었다. 따라서 어떤 문제의 해답에 관해 이견이 있어도 그것을 대조시켜 보면 자연스럽게 옳은 답을 향해 이견이 수렴되어 가야 했다. 그러나 정치 세계에서는 답이 없는 문제도 있고, 각기 그 나름대로 옳은 많은 답이 병존하는 문제도 있다. 눈앞에 펼쳐지고 있는 격론이 그것이었다.

모두가 나름대로의 논리를 가지고 자신의 주장을 전개하고 있었고, 또 듣고 있으면 나름대로 옳은 것처럼 들렸던 것이다. 그리고 학생 대표들의 토론은 상대방의 논리를 깨뜨리려는 데 목적이 있었지, 대화를 통해 어떤 합의를 이끌어 내려는 게 목적이 아니었다. 항상 그런 건 아니지만 적어도 이 토론의 장을 그렇게 위치지어 가고 있었다. 따라서 서로 자신들의 견해를 고집한 채 한 발도 양보하지 않아 논의는 평행선을 달렸다.

이런 장을 만들어 두면 대화를 통해 문제 해결의 실마리가 발견될 것이라는 자신의 생각이 현실 정치의 세계에서는 얼마나 나이브한 것이었던가를 앨드린은 깨닫게 되었다. 단순한 선의는 아무 쓸모도 없었다. 이틀간 철저하게 토론을 한 후 학생 대표들이 그 성과를 각자 소속된 단체로 가져가, 그곳에서 의견을 더 듣고 다시 한번 회의를 열면 전국적으로 의견이 일치되어 갈 거라는 것이 당초 앨드린의 생각이었다. 그러나 모두가 평행선으로 끝난 토론을 가지고 돌아갔기 때문에 그 무엇도 생겨날 리가 없었다. 첫 회의에 참가했던 성인 대표들은 학생들이 자신들을 상대해 주지 않고 오직 비판의 대상으로 삼은 것이 하나의 요인이 되어 두 번째 회의에는 참석을 거절했다. 그리하여 앨드린의 구상은 아무 성과도 없이 하나의 에피소드로 막을 내렸다. 앨드린은 실망과 깊은 좌절을 맛보았다. 잘 되리라고 생각해서 한 일이 아무런 도움도 되지 않았던 것이다.

아마 달에 가기 전의 앨드린이었다면 학생 문제 해결에 하나의 역할을 담당하는 짓 따위는 꿈에도 생각하지 않았을 것이다. 그것이 자기가 개입한다고 어떻게 될 문제가 아니라는 것쯤은 알고 있었을 것이다. 그러나 달에서 돌아와 국민적 영웅으로 추켜세워지는 와중에, 자신이 이런 일에도 기여할 수 있지 않을까 하는, 소위 선의의 자만심이 생겼던 것이다. 그러나 결과는 비참했다. 앨드린은 영역이 다를 경우 자신이 아주 무력하다는 것을 알게 되었다. 그리고 그 일이 실패로 끝나고 나서도 지리하게 생각을 이어나갔다. 학생 대표 회의가 실패였더라도 무슨 해결책이 있을 것이다. 그것이 무엇일까. 그리고 나는 무엇을 할 수 있을까. 그러나 구체적인 것은 아무것도 생각 나지 않았다.

새로운 인생의 목표가 설정되지 않아 고민하고 있던 차에 당면 목표로 학생 문제의 조정을 내세워 보았지만, 이렇게 실패로 끝난 지금 그는 다시 정신적인 목표 상실 상태에 빠져들어 갔다. 그 무렵 NASA에서는 스페이스 셔틀 계획이 입안되고 있었는데, 앨드린은 그 이론위원회의 스태프에 임명되었다. 그러나 부스터 로켓booster rocket의 기본 설계를 둘러싼 어떤 기술적 문제가 제기되었는데 거기서 앨드린의 주장이 제외되는 일이 발생했다. 이것은 본업에서도 자기 능력을 발휘할 수 없다는 것을 의미하기 때문에 그의 정신적인 침체를 조장했다.

마침 그때 아들 마이크가 사춘기를 맞아, 가정 폭력까지는 아니지만 엄마와의 관계가 극도로 악화되어 있었다. 그래서 심리학자에게 카운셀링을 받게 하였다. 처음에는 아내와 아들 두 사람만 매주 한 번 카운셀링을 받으러 갔지만, 결국 카운셀러가 아버지도 왔으면 좋겠다고 해서 앨드린도 함께 가게 되었다. 반 년도 지나지 않아 아들 마이크는 완전히 좋아졌지만, 앨드린과 아내에 대한 카운셀링은 계속되었다. 카운셀러는 이 가정에서 부부간의 불화가 가장 큰 문제라고 판단했던 것이다. 그러나 곧이어 다음에는 아내도 더 이상 오지 않아도 좋다는 이야기를 듣게 된다. 카운셀러는 앨드린의 정신적 침체 상태가 상당히 비정상적인 수준에 도달해 있다는 것을 알게 되었던 것이다. 사실은 이때 이미 정신과 전문의의 진찰을 받아야 할 단계였던 것이다. 뭔가 계기가 있으면 언제라도 본격적인 우울증이 발병해도 이상하지 않은 상태가 되어 있었다.

그 계기는 1970년 8월의 스웨덴 여행이었다. 앨드린의 할아버지는 스웨덴에서 이민 온 대장장이로서 아직도 대부분의 친척들은 스웨덴에 있었다. 스웨덴을 방문한 직접적인 이유는 훈장을 받기 위해서였다. 또한 친척들과의 만남, 국왕의 알현, 여기저기에서 초대받은 연설도 있었고, 게다가 우주 비행에 지참했던 핫셀브라드Hasselbrad 카메라 사장으로부터 별장에 초대받는 등, 장기간의 여행이 되었다.

이런 여행에는 NASA에서 담당관이 사무원으로 따라간다. 귀국한 후 앨드린은 담당관에게 사례 편지를 보낼 곳을 리스트로 작성해 달라고 부탁했다. 그런데 그 담당관은 시간이 지나도 그 일을 하지 않았다. 재촉해도 해 주지 않았다. 앨드린은 자기가 버림받았다는 느낌을 받았다. 그는 뭐라 말할 수 없는 슬픔에 휩싸였다. 결국 어느 날, 아침에 눈을 떠도 침대에서 일어날 기력이 없어 그대로 하루 종일 침대에 누워 있었다. 그 후 일 주일 동안을 거의 침대에서 떠나지 않았고, 침대에서 나올 때는 텔레비전을 묵묵히 바라보고 있을 뿐, 가족과도 대화를 나누지 않는 상태가 계속되었다.

실은 이와 비슷한 일이 1966년에도 한 번 일어났다. 제미니 12호의 비행을 마치고 무사히 귀환한 지 얼마 되지 않아 말로는 표현할 수 없는 슬픔과 전신의 피로감에 휩싸여 일찌감치 침대로 들어갔다. 그러나 다음날 아침이 되어도 일어날 기력이 없었다. 말로는 표현할 수 없는 슬픔이 가슴 속에서 사라지지 않았다. 결국 5일 동안 가끔 텔레비전을 묵묵히 보는 것 외에는 침대 속에서 종일을 보냈다. 그때는 우주 비행 후의 피로 때문이라고 스스로를 납득시켰다.

그때와 마찬가지 증상이었다. 왜 슬픈지 알 수 없었지만 여하튼 슬펐다. 나는 쓸모없는 인간이다. 나는 아무런 가치도 없는 인간이다.

나는 세상으로부터 버림받았다. 그 누구도 나를 상대해 주지 않는다. 살아 있어도 좋은 일이 아무것도 없다. 모든 것이 절망이다. 그런 생각이 되풀이되어 엄습해 와서 침대 속에 몸을 웅크리고 있었고, 아무도 보지 않을 때는 흐느껴 울기도 했다. 전형적인 우울증 증세였다.

 일 주일 동안 그런 상태가 계속된 후 정신적 침체는 여전히 계속되고 있지만 그럭저럭 침대에서 나올 수 있었다. 그리곤 스웨덴 여행에서 쌓인 피로 때문이라고 다시 스스로에게 얼버무렸다. 어쨌든 자신의 정신 상태를 불안정하게 만들고 있는 건 원만하지 않은 대인 접촉이 늘었기 때문이었다. NASA에 머물러 있는 한 우주 비행의 선전 임무를 피할 수는 없다. 되도록 다른 사람과 접촉하지 않고 살아가기 위해서는 NASA를 그만두고 공군으로 돌아가는 게(NASA에 들어가도 공군 소속이었다) 가장 좋지 않을까. 그런 생각으로 병을 앓은 후 공군 참모장을 만나 공군에 돌아가고 싶으니 자리를 마련해 달라고 의뢰했다. 아직 자신의 병이 그만큼 깊다고는 생각하지 않았던 것이다.

| 제3장 | **마리안느와의 정사**

 그 무렵 NASA의 지시로 뉴욕 상류 계급의 호화로운 파티에 출석하게 된 앨드린은, 그곳에서 이혼 경력이 있는 매력적인 마리안느라는 돈 많은 여자를 만나 하룻밤 사이에 유혹하는 데 성공한다.
 우주 비행사는 여자들에게 인기가 많았다. 어쨌든 미국인 대표로 선발된 남자들이었다. 선발 조건으로 딱히 명시되어 있지는 않지만 다른 사람에게 호감을 주는 용모가 당연히 고려 사항에 들어가 있었다. 그리고 육체적으로도 인간으로서 가질 수 있는 최고의 몸이 조건이었다. 따라서 결국 성적 매력이 넘치는 남자들이 우주 비행사가 되었다. 게다가 그들은 매스컴에서 항상 대대적으로 다뤄지고 있는 유명 인사이다. 우주 비행이라는 위험한 모험에 목숨을 건 남자들이라는 로맨틱한 면도 있다. 우주 비행사가 말이라도 건다면 언제든 잠자리를 같이하겠다는 여자들이 무수히 많았다. 그렇기 때문에 락 가수의 엉덩이를 쫓아다니며 말 한마디 건네주기를 바라는 오빠부대처럼 우주 비행사들에게도 오빠부대가 존재했다.
 우주 비행사들은 모두 집이 휴스턴에 있었다. 휴스턴 이외에 그들이 가장 많이 시간을 보내는 곳은 케이프 케네디였다. 케이프 케네디의 우주 비행사 숙소였던 홀리데이 인에는 이런 오빠부대의 여성들이 삼삼오오 모여, 바나 로비에서 직접 말을 걸거나 방으로 전화를 걸거나 방문 아래로 메모지를 밀어 넣는 등 무슨 짓을 해서라도 우주 비행사와 관계를 가지려고 필사적이었다. 우주 비행사 쪽에서도 한창 때의 남자 몸으로 가정에서 장기간 떨어져 있는 상황에 있었다. 오는 정이 있으면 가는 정도 있다는 식으로 오빠부대 여자들에게 손을 대는 일도 많았다. 그녀들과 함께 열광적인 파티를 여는 일도 드물지 않았다. 그렇기 때문에 개중에는 모든 우주 비행사와 잠자리를 같이 해 보았다고 호언하는 여자도 있었고, 그런 여자를 경멸하며 자신은 진짜 우주를 비행한 우주 비행사하고만 잠자리를 같이 한다고 자만하는 여자도 있었다.

우주 비행사들의 정사 상대는 오빠부대뿐만이 아니었다. 그들은 어디를 가도 인기가 있었기 때문에 마음만 내키면 언제나 기회는 있었다. 그래서 정조 관념이 강한 일부 우주 비행사를 제외하면 그런 기회를 이용하여 많건 적건 정사를 체험했던 것이다. 특히 가정이 화목하지 못한 우주 비행사는 예외가 없었다. 앨드린도 예외는 아니었다. 따라서 여자를 다루는 데 서툴렀던 앨드린에게도 마리안느가 최초의 정사 상대인 것은 아니었다. 그러나 처음부터 마리안느는 하룻밤의 정사 상대 이상이라는 느낌이 들었다. 그래서 그녀와 헤어지고 난 직후, 다시 뉴욕에 올 때는 반드시 그녀와 만나기로 마음먹었다.

곧 그런 기회가 찾아왔다. 그 후 일 주일도 지나지 않아 소련의 코스모넛들이 미국을 방문했고, 그들의 안내를 앨드린이 담당했던 것이다. 뉴욕에 도착한 날 밤, 앨드린은 마리안느와 만나 그녀도 같은 감정이었다는 사실을 알게 된다. 두 사람의 관계는 더욱 깊어갔다. 그렇게 되니 만나고 싶은 마음이 더욱 강렬해졌다. 코스모넛들의 일정을 듣고 마리안느는 일행이 로스앤젤레스에 오는 날 거기서 기다리고 있겠다고 말한 후 바로 호텔을 예약했다. 약속대로 두 사람은 로스앤젤레스에서 만났고, 일행이 뉴욕에 돌아갔을 때 다시 만났다.

이렇게 되면 벌써 불이 붙은 것이었다. 앨드린은 어떤 구실이라도 붙여 뉴욕에 갔고, 거기서 마리안느를 만났다. 그런 가운데 아내 존도 왠지 이상하다고 느껴 다그쳐 보았지만 거짓말로 빠져나갔다. 그러나 죄의식은 있었다. 앞서 말한 것처럼 앨드린은 종교적인 의식이 강한 편이다. 일요일 교회에 나가서 예배에 참석할 때마다 마음 속에서는 더 이상 뉴욕에 가지 않겠다, 더 이상 마리안느와 만나지 않겠다고 신에게 맹세했다. 그러나 일요일이 지나면 바로 뉴욕에 갈 구실을 만들기 시작했던 것이다.

마리안느와의 만남을 즐기는 한편, 이런 만남이 오래 계속될 리 없으며 오래 지속되어서도 안 되지만, 자기 의지로는 어쩔 수 없기 때문에 누군가가 막아 주었으면 좋겠다는 생각이 들어 고백할 사람을 찾았다. 교회의 목사도 생각해 보았지만 교회의 간부인 자기 입장을 생각하고 단념했다. 결국 고백할 사람으로 당시 일 주일에 두 번 다니고 있던 심리학 카운셀러를 선택했다. 모든 것을 고백하고 나면 카운셀러가 정사로부터 바로 발을 빼라고 충고해 줄 거라고 생각했는데, 예상과는 반대로 "당신도 보통 남자라는 거지요"라고 말하며 심각해지지 않도록 하라고 충고만 해 줄 뿐이었다. 그리고 카운셀러는 문제가 되지 않도록 부인에게는 알리지 말라고 충고했다. 브레이크를 걸어 주었으면 했는데 브레이크를 밟아 주지 않았던 것이다.

마리안느와의 정사는 정신적인 고민의 씨앗이기도 했지만, 동시에 연애가 가진 정신 작용의 하나로서 그의 의식을 고양시키기도 했다. 한 달 전에 발병했던 우울증이 거짓말처럼 사라졌고, 그는 즐거운 나날을 보내게 되었다. 그러나 연애 때문에 병의 진행이 완전히 멈춘 것은 아니었다. 연애로 인한 정신적 고양 상태가 그 아래에서 진행되고 있는 병의 악화를 일시적으로 은폐한 것뿐이었다.

서로간의 감정이 깊어짐에 따라 마리안느는 말 한마디 한마디에 결혼하고 싶다는 의지를 넌지시 내보이기 시작했다. 앨드린은 아직 거기까지 갈 생각은 아니었다. 따라서 마리안느가 그것을 암시할 때마다 알면서도 일부러 모르는 척 의식적으로 화제를 돌려 그녀의 기분을 무시했다. 그런 일이 여러 번 계속되자 그녀는 불쾌해 했고, 결국 두 사람 사이에서 말다툼이 일어나게 되었다. 싸움을 하더라도 두 사람은 기본적으로 서로 좋아했기 때문에 곧 화해가 되었다. 그러나 이런 반복되는 속임수만으로 끝날 리 없으므로 조만간 피할 수 없는 선택의 날이 닥쳐올 거라고 예상했다.

가정을 버리고 마리안느를 택하느냐, 아니면 마리안느를 버리고 가정을 택하느냐. 앨드린은 어떤 결단이라도 더 이상 미룰 수 없는 순간까지 미루는 우유부단한 남자였다. 그래서 이번에도 지금 단계에서 마음을 결정하려고는 생각하지 않았다. 그러나 어쨌든 결단의 날이 다가올 것이라는 사실이 마음을 무겁게 짓누르고 있었다.

그 때문인지 이윽고 우울증이 악화되었다. 기분이 침체되는 정도가 아니라 나날이 절망감에 시달리게 되었다. 카운셀러도 마침내 단념을 하고 당신에게는 이제 정신과 의사가 필요하다, 카운셀링만으로는 아무것도 치료가 안 된다고 말을 꺼낸 것이다. 그리고 정신과 의사에게 소개장을 써 주었지만, 여기서 문제는 정신과 치료를 받는 일이 그의 군인 경력에 치명적인 오점을 남길 우려가 있다는 사실이었다. 그때까지는 카운셀러가 청구서에 '가정 문제 상담'이라고 써 주었기 때문에 그 청구서로 건강보험을 청구할 수 있었다. '가정 문제 상담'인 한 그의 경력에도 오점이 되지는 않았다. 그러나 정신과 치료가 되면 이야기는 달라진다. 그것은 우주 비행사로서도, 군인으로서도 끝장난 것과 마찬가지이다. 그러나 그것 때문에 의사에게 치료받지 않고 있을 수 있는 상태는 더 이상 아니었다. 자기 마음 깊은 곳에서 '누군가 도와 줘!'라는 절규가 튀어나오는 것을 자각했다. 정신과 치료를 받는 것을 모두에게 비밀로 하고, 치료비도 자기 주머니에서 현금으로 지불하기로 했다.

　의사는 항우울제를 처방해 주었다. 리탈린Ritalin정 매일 한 알씩. 우울증에는 약물요법이 잘 듣는다. 그래서 일단 낫게 되었다.

　그 무렵 공군 당국으로부터 전부터 부탁해 두었던 자리를 제의받았다. 공군 사관학교 교장, 또는 에드워드 공군 기지 항공우주 파일럿 학교(이전의 시험 비행사 학교가 우주 비행 훈련도 실시하였기 때문에 이름을 바꾸었다) 교장이 어떻겠느냐는 것이었다. 지위로 보면 공군 사관학교 교장 쪽이 높다. 공사 교장이 되면 다음 인사에서 별을 달 것은 확실하다(앨드린은 그때 공군 대령). 공군에 돌아가기로 결정했던 앨드린에게는 진급이 최대 목표 가운데 하나였다. 그 때문에 당연히 공군 사관학교 교장 쪽을 희망했다. 그러나 1971년 1월에 내려온 내시內示는 항공우주 파일럿 학교 교장이었다.

　앨드린은 또다시 상처를 입어 정신적으로 침체되었지만, 늘 한 알씩 먹던 항우울제를 두 알 복용하고서 정식 발표 후의 기자 회견을 무사히 치러냈다. 텔레비전에 비친 앨드린은 우울증 환자가 아니라 건강 그 자체인 한창 때의 남성(이때 40세였다)으로 자신감에 차 있었고, 새로운 출발을 앞에 둔 국민적 영웅이라는 이름에 걸맞는 모습을 갖출 수 있었다. 그러나 그것은 약물의 힘으로 가능한 것이었다.

취임은 학기가 바뀌는 6월로 결정되었다. 그때까지 반 년 간 표면적으로는 병이 잠잠해진 소강 상태였다. 반 년 후 그만두기로 이미 결정되었기 때문에 NASA에서는 그다지 일할 필요가 없었다. 선전을 위한 이곳저곳의 집회, 파티에 얼굴을 내미는 것이 일이라면 일이었다. 그것을 이용해 가능한 한 마리안느와 자주 만났다. 구실을 만들어 마이애미에 가서 주말을 끼고 둘만의 생활을 며칠 동안 계속했던 적도 있다.

결혼을 둘러싼 말다툼은 계속되었지만 마리안느와의 관계도 표면적으로는 소강 상태에 들어갔다. 아내 존이 의심을 품고 있는 것은 명확했지만, 그녀 쪽에서도 모든 것이 명확해져 피할 수 없는 상황에 몰리는 것을 두려워하여 오히려 그런 의혹을 입 밖에 내려고는 하지 않았다. 아내와의 관계도 소강 상태였다. 그러나 어느 것에 있어서도 소강 상태는 일시적인 것에 지나지 않았다. 모든 것이 와해되어야 할 소강 상태였다.

우선 병이 악화되었다. 취임 날짜가 다가온 6월 앨드린을 환영하기 위해 에드워드 공군 기지가 있는 랭커스트 지방의 상공회의소가 큰 파티를 개최해 주었다. 여흥의 하나로 NBC의 유명 뉴스 캐스터가 무대 위에서 직격 인터뷰를 하는 코너가 있었다. 첫 질문은, "달 위를 걸었을 때 진짜 기분이 어땠습니까?" 라는 것이었다. 그 질문을 듣는 순간 앨드린은 현기증이 일었다. 진짜 기분, 진짜 기분……. 머리 속에서 질문이 메아리치고 있었다. 목이 바싹 말라 말하는 것이 불가능했다. 몸에 경련이 일어나서 아무것도 의식 속에 떠오르지 않았다. 인터뷰에 필사적으로 대답을 짜 내고 무언가 대답하고 있었지만, 그것은 마치 다른 사람이 대답하고 있는 듯한 느낌이었다. 자신은 아무것도 기억하지 못했다.

인터뷰를 끝내고 무대를 내려와 아래쪽에 늘어서 있던 사람들에게 사인을 하기 시작했지만, 두세 사람 처리하자 현기증과 경련이 심해져서 뒤도 돌아보지 않고 문 밖으로 뛰쳐나갔다. 그리고 복도 한 구석에서 흐느껴 울기 시작했다. 아내 존이 옆으로 다가와 가만히 서 있었다. 잠시 기분이 진정되자 두 사람은 바로 갔다. "울 만한 일은 아무것도 없었어요, 훌륭한 인터뷰였어요"라고 아내는 말해 주었지만 아무런 위로도 되지 않았다. 가슴 속에 밀려 오는 슬픔을 멈추려고 그저 위스키를 단숨에 들이켜고 몹시 취했다.

이날 이후 한동안 앨드린은 아주 무능한 인간이 되었다. 아무것도 할 수 없었다. 아침에 NASA에 있는 사무실로 간다. 오늘은 꼭 일을 해야지 하면서도 사무실에 도착하면 아무것도 손에 댈 수가 없다. 아침부터 밤까지 오직 책상 앞에 앉아 멍하게 창 밖을 바라볼 뿐이다. 완전히 넋이 나간 상태였다. 사무실은 개인용이기 때문에 이런 비정상적인 상태도 주위에서 눈치채지 못했다. 가끔 차를 달려 가까운 해안에 나갔다. 해안에서도 무엇을 하는 것은 아니었고 단지 가만히 그 주변을 언제까지나 걸을 뿐이었다. 저녁이 되어 집에 돌아와 식사를 마치면 한 손에 위스키를 들고 텔레비전 앞에 앉았다. 늦은 밤까지 조용히 술을 벌컥벌컥 마시면서 텔레비전을 보았다.

이런 상태가 일 주일 이상 지속된 후 또다시 안개가 걷힌 것처럼 보통 상태로 돌아왔다. 우울증의 발작은 주기적인 것이다. 에드워드 공군 기지에 취임할 무렵에는 다행히 병이 호전되었을 때였다. 이 무렵 마리안느와 만나, 에드워드 공군 기지로 옮기게 되어 잠시 동안, 아마 여름 내내 바빠서 만날 수 없을 거라고 말했다. 마리안느는 불만스러운 듯했지만 이해했다. 실제로 취임할 당시는 눈이 돌아가게 바빴다. 새로운 교장으로서 교관과 생도를 장악하고 학교의 운영 방침, 교육 방침을 새로이 제시해서 본인 취향의 학교(기술은 고도의 수준으로, 규율은 보다 자유롭게, 분위기는 가족적으로-그때까지는 그 반대였다)로 바꿔 가려 했다. 이런 목표를 스스로 설정해 두었더니 그간의 우울증 발작이 거짓말이었던 것처럼 정력적으로 일할 수 있었다.

8월에 졸업이 다가온 학생 12명을 데리고 서유럽 여러 나라의 시험 비행사 학교를 견학하는 수학 여행을 떠났다.

여행에서 돌아왔을 때 다시 우울증이 발작했다. 겉보기에는 사무실에 나가 일하는 것처럼 보였지만, 실제로는 아무것도 하고 있지 않는 것과 마찬가지였다. 집에 돌아오면 서둘러 잠자리에 들어가 버리든지, 아니면 조용히 텔레비전을 보았다. 누군가에게 도움을 청하고 싶어 견딜 수 없었지만, 아무에게도 그런 말을 꺼낼 수 없었다. 이런 상황에 처하게 되면 항상 위로의 말을 해 주던 아내 존이 이번에는 제대로 상대조차 해 주지 않았다. 점점 절망으로 기운이 꺾여 침대 속에서 혼자 우는 일이 반복되었다. 아무래도 의사 치료가 필요하다고 생각했지만, 기지 안에는 군의관밖에 없다. 군의관에게 치료를 받으면 경력에 흠집이 생긴다.

어느 날 방문객이 찾아왔다. 존이 알고 지내던 의사 부부였다. 상대가 의사라는 사실을 알게 되자 앨드린은 자신의 병을 비밀로 해 두겠다는 결심을 잊고 증상을 말해 버렸다. 상대는 정신과 의사가 아니었지만, 의사의 도움을 구하지 않으면 안 되었던 것이다. 말을 마치자 의사 부인은 충분히 수긍하며 자신도 몇 년 전까지 지독한 우울증을 앓아 왔다고 했다. 그러나 어느 날 이건 하나님에게 맡기는 길 외에는 없다고 생각하여 오로지 신앙을 독실하게 가지고 하나님께 계속 기도하였더니 우울증이 치료되었다고 했다. "그러니 당신도 하나님께 기도하세요, 하나님은 반드시 그 병을 고쳐 주실 거예요"라고 남편인 의사까지 한마디 보태는 것이었다.

앨드린은 절망하여 마음 속에서 신음 소리를 내었다. 나에게 필요한 것은 의사다. 하나님이 아니다. 나도 하나님을 믿는다. 그러나 정신병은 하나님도 못 고친다.

이번 발작은 오래 갔다. 증상은 악화되었다. 잠 드는 것이 무서워서 밤에 잠을 자지 않았던 것이다. 눈을 감으면 왠지 무서운 일이 일어날 것 같은 느낌이 들어 눈을 감을 수가 없다. 어둠이 무섭다. 전등을 켠 채, 눈을 뜨고 꼼짝도 하지 않은 채 아침까지 한숨도 자지 않은 날도 있었다. 잠이라는, 의식이 깨어 있지 않은 상태에 빠지는 것이 불안했다. 한편으로 의식이 깨어 있는 것도 참을 수 없었다. 잠들지 않으면서 이 의식 상태로부터 떨어지고 싶다고 미친 듯이 소망했다. 우울증 환자의 자살률은 아주 높다. 이때 앨드린은 자살 충동을 일으키기 직전까지 왔다고 해도 좋을 정도였다.

육체적으로도 변화가 시작되고 있었다. 목이 아파 구부릴 수가 없었다. 왼손 손가락 끝이 마비되어 감각이 없어졌다. 더 이상은 안 된다. 이 이상은 참을 수 없다. 나의 경력이 어떻게 되든 상관없다. 여하튼 의사가 필요하다. 다른 사람에게 알려져도 좋다. 어쨌든 지금의 나를 이 상태에서 구해내지 않으면 안 된다. 이렇게 결심하고 곧 기지의 군의관에게 모든 것을 밝혔다. 군의관은 곧바로 전문의의 진찰을 받아야 한다며, 공군 최고의 전문의인 샌 안토니오(텍사스주) 공군 병원에 있는 페리 박사에게 전화를 걸어 그 자리에서 진찰 예약을 받아 주었다.

오랫동안 비밀로 해 왔던 것을 털어 놓아 기분이 가벼워진 것과 좋은 의사를 발견한 안도감으로 증상은 조금 나아졌다. 그 사이를 이용하여 뉴욕에 가서 마리안느와 만났다. 에드워드 공군 기지로 옮겨온 이후 처음이니까 몇 개월 만이었다. 그 동안 앨드린은 전직과 이사, 유럽 여행, 병의 악화 등에 쫓겨 그녀와 거의 연락을 취할 수 없었다. 그 동안 그녀 쪽에서도 시간이 멈춰 있었던 것은 아니었다.

오래간만의 재회를 기뻐하며 사랑을 나눈 후 마리안느는 생각지도 못한 고백을 했다. 나는 전부터 다시 한번 결혼을 하고 싶다고 생각하고 있었다. 상대는 당신밖에 없다고 생각했다. 그 때문에 내 쪽에서는 몇 번이나 그런 기분을 표명했다. 그러나 그때마다 당신은 얼버무렸다. 그리고 몇 개월에 걸친 부재. 그 사이 나를 사랑해 주는 다른 남자가 나타났다. 그는 나에게 프로포즈하고 있다. 그것을 받아들여야 할지 진지하게 생각하고 있다.

앨드린은 당황했다. 기다려 줘. 이혼할게. 나와 결혼해 줘. 이혼할 때까지 기다려 줘. 마리안느는 웃으며 대답했다. 기다리겠어요. 그러나 너무 오래 기다리진 않을 거예요.

그 다음날 앨드린은 아버지와도 역시 오랜만에 만났다. 그리고 그때까지 비밀로 해 왔던 자신의 병에 대해 말했다. 아버지는 아무래도 믿기지 않았다. 그때까지 세상에 자랑할 만한 존재였던 자기 아들이 정신에 이상이 생겼다고는 도저히 믿을 수가 없었다. 어쨌든 샌 안토니오 공군 병원에 가는 것만은 그만두어라. 그것은 파멸이다. 너는 이제 곧 장군이 된다. 자기 장래를 엉망으로 만들어 버릴 셈이냐. 앨드린은 힘없이 고개를 가로저으며 자신에게는 선택의 여지가 없다고 대답했다. 아버지는 그래도 믿기지 않았다. 앨드린은 자신이 빠져 있는 상황을 아버지가 이해해 주지 못하는 것이 슬펐다.

그 다음날 아내와 함께 비행기를 타고 샌 안토니오로 가서 페리 박사의 진찰을 받았다. 마리안느와의 일도, 아버지와의 일도 있어서 기내에서 앨드린의 정신은 한없이 침체되어 아내와는 한마디도 하지 않았다. 앨드린은 박사에게 자기의 모든 증상을 정직하게 고백했다. 그것에 이어 아내인 존이 박사의 질문에 대답하는 형태로 생각지 못했던 고백을 했다. 실은 상당히 오래 전부터 이혼할 결심을 굳히고 있었다. 이 사람이 집에 있는 동안은 집안 사람들이 숨이 막힐 것 같아 참을 수 없는 생활이 되었다. 이 사람이 외출하면 집안은 한숨 돌리게 된다. 이런 생활은 아이들에게도 좋지 않다. 언제 이혼하자는 이야기를 꺼낼까 계속 생각하고 있었다. 그러나 오늘 이곳에 오는 도중 비행기 속에서 이 사람의 불쌍한 모습을 보는 사이에 생각이 바뀌었다. 아무리 사정이 있더라도 지금 이 사람을 버리는 것은 너무 불쌍하다. 적어도 정신 상태가 조금 정상으로 돌아오고 진지한 판단력을 회복할 때까지는 이혼을 제기하지 않으려고 생각한다.

앨드린에게 이 고백은 충격이었다. 아내가 그런 눈으로 볼 정도로 자신의 상태가 심각해졌는지. 이제 모든 것이 와해되려 하고 있었다. 가정도, 마리안느와의 사이도, 군인으로서의 장래도, 그리고 인간으로서 통합된 인격도. 아내의 고백을 듣고 있는 동안 앨드린은 시선을 아래로 떨어뜨린 채 자신의 손을 보고 있었다. 그리고 눈앞에 있는, 꽉 쥔 두 손이 도저히 자기 손이라고는 생각되지 않는 것이 이상하다고 생각했다.

진찰을 마친 페리 박사는 오늘은 돌아가도 좋으며, 가까운 시일 내에 어떤 조치를 취해야 할지 생각해 보고 연락하겠다고 말했다.

다음날 에드워드 공군 기지에 돌아온 앨드린은 군의관에게 샌 안토니오에서 있었던 진찰 결과를 보고했다. 그걸 듣고 있는 동안 군의관은 왠지 이상하다고 느꼈다. 앨드린의 이야기가 차츰 지리멸렬해지더니, 결국 정상적으로 말하지 못하게 되었던 것이다. 눈은 멍하고 몸도 느릿느릿 움직였다. 앨드린은 지금 자기가 어디에 있고 무엇을 하고 있는지 모르는 것 같았다. 앨드린의 정신은 완전히 미쳐 버렸다. 군의관이 바로 샌 안토니오로 전화를 걸어 입원 수속을 한 후 앨드린을 데리고 집으로 가서 슈트케이스에 짐을 쌌다. 앨드린은 무슨 일이 진행되고 있는지 전혀 모른 채 멍하니 그걸 바라보고 있었다.

이렇게 하여 앨드린은 샌 안토니오 월포드 홀Wilford Hall 공군 병원에 약 1개월 동안 입원하게 되었고, 그 동안 약물 요법, 심리 요법, 정신 분석 요법을 병행하여 치료를 받았다.

앨드린은 왜 발광하게 되었을까? 앨드린의 경우뿐만 아니라 대개의 경우, 정신병의 원인은 아무도 모른다고 할 수밖에 없으며, 병인으로 간주되는 건 모두 가설의 영역을 벗어나지 못한다. 따라서 앞으로 서술하는 것도 어디까지나 사실을 전제로 한 이야기이다.

일반적으로 정신병은 유전적 소질에 의한 것이 많다. 앨드린의 경우에도 그런 점이 발견된다. 정신 분석의 결과로 비로소 알게 된 것인데, 앨드린의 외할아버지가 우울증이 원인이 되어서 자살했다. 그리고 앨드린의 어머니 또한 만년에 우울증이 발병하여 수면제를 과다 복용한 결과 병원에 실려간 적이 있다. 그때는 다행히 살아났지만, 그 후에도 똑같은 일이 반복되었는데 이번엔 살아나지 못했다. 자살이었는지, 아니면 잘못해서 과다 복용한 건지 진상은 밝혀지지 않았다. 그러나 가족들은 서로 입 밖에 내진 않았지만, 자살이 아닐까 생각하고 있다. 그렇기 때문에 앨드린의 잠재의식 속에는 언젠가 자신도 우울증에 걸려 자살하지나 않을까 하는 공포가 있었다. 확실히 유전적으로 그런 소질이 있었던 것이다.

또한 어릴 때 읽은 SF 가운데 달 탐험에 나선 우주 비행사가 미쳐서 지구로 돌아온다는 이야기가 있었다. 이 책을 열심히 읽은 나머지 무서운 꿈을 꾸다 가위에 눌린 적이 있었다. 이 체험은 정신 분석을 받기 전까지는 의식 속에서 완전히 잊혀져 있었지만, 잠재의식의 깊은 곳에서 달에 가면 발광한다는 공포가 숨어 있었던 것이다. 그리고 현실 속에서 달에 갔다 돌아왔을 때 목적 상실로 인한 정신적 침체를 체험했다. 그것이 잠재의식 속에 미리 지니고 있던 발광의 공포와 결부되었다는 점도 하나의 원인이다.

그렇지만 목적 실현 후에 목적 상실에 이른 상황은 앨드린에게만 일어난 것이 아니다. 왜 앨드린만이 이처럼 심각한 부적응 현상을 일으켰는가를 생각해 보면, 앨드린과 아버지의 관계에 부딪친다.

앞에서 말한 것처럼 앨드린의 아버지는 미국 주류파establishment의 엘리트이다. 경제인으로서도(스탠더드 오일의 중역), 학자로서도(MIT 교수) 성공을 거둔 데다가 제1차대전 중에는 미첼Billy Mitchell 장군(미국 공군의 아버지라 불리는 사람)의 부관을 지내는 등, 군인으로서도 뛰어난 경력을 가지고 있다. 특히 공군에 관해서는 MIT 시절의 제자(예를 들면 도쿄 대공습을 지휘했던 둘리틀James Doolittle 장군)들이 공군 간부 가운데 여럿 있어 강한 영향력을 가지고 있었다.

이런 아버지의 막내 아들이자 외동 아들로 태어난 앨드린은 아이 때부터 여자만 있는 집안에서 특별 대우를 받았고, 과도한 기대를 받으며 자랐다. 어릴 때부터 앨드린의 아버지는 항상 자식에게 어떤 목표를 주어 그것을 달성하면 칭찬하고, 나아가 더 높은 목표를 주는 방식으로 교육시켰다. 목표는 항상 아버지가 정해 주었고, 앨드린이 해야 할 일은 주어진 목표를 열심히 달성하는 것이었다. 이 과정이 반복되는 가운데 앨드린은 자기 인생의 목표를 스스로 만들어 내는 능력을 상실했다.

앨드린은 마흔 살이 넘을 때까지 항상 인생의 중요한 선택을 해야 할 상황이 되면 아버지에게 의견을 구하였고, 또 그 의견에 따랐다. 아마 아버지의 의견을 거역한 최초의 결단은 정신 병원에 들어가는 것이었으리라.

앨드린에게 아버지는 나이를 먹어도 넘어설 수 없는, 너무 큰 존재였다. 어쨌든 그의 아버지는 역사에 이름을 남긴 영웅적 장군들과 같은 위치에 서 있는 존재였다. 배관공을 아버지로 둔 짐 어윈과는 달랐던 것이다. 그런 아버지에게 칭찬받도록 행동하는 것이 어릴 때부터 앨드린이 해 온 일관된 행동 양식이었다. 그 연장선상에서 우주 비행도 했다. 달에서 돌아와 고향인 몬클레어 마을에서 환영 퍼레이드에 참석했을 때 앨드린은 우선 아버지를 단상으로 불러 "이 분이 나를 달에 보내준 사람입니다"라고 소개했다.

앨드린의 아버지는 단지 목표를 달성하는 것뿐만 아니라 일등이 되기를 요구했다. 어릴 때 간 캠프는 아이들에게 엄청난 경쟁심을 심어 주기로 유명한 그런 캠프였다. 캠프 생활에서는 모든 일이 경쟁으로 이루어져 있었고 "패자에게는 아무것도 주지 말라"는 원칙이 관철되고 있었다. 승자는 항상 칭찬받고 패자는 항상 매도당했다. 식사도 승자에게는 칠면조를 주지만, 패자에게는 콩밖에 주지 않았다. 미국은 경쟁 사회이다. 사회로 나가면 승자와 패자 사이에 이만한 차이가 있다는 것을 확실히 가르쳐 주기 위한 캠프였다. 앨드린은 소년 시절 여름마다 이런 캠프에 보내졌다. 캠프뿐만이 아니라 가정에서도 아버지는 이 원칙을 아이에게 확실히 주입시켰다.

이처럼 어린 시절부터 길러진 경쟁심은 우주 비행사가 되었을 때 무슨 일이 있어도 달에 맨 먼저 가겠다는 목표를 갖는 형태로 나타났다. 그러나 앞에서 말한 것처럼 자기가 인류 최초의 인간으로 결정되었다고 생각하여 기쁨에 취해 있을 때, 실은 첫 번째가 아니라 두 번째 인간이라는 사실을 알게 된 것이다. 그 좌절감은 이상할 정도로 컸다. 인류 가운데 두 번째 인간이 되는 기쁨은 첫 번째 인간이 되지 못한 모멸감에 비하면 아무것도 아니었다. 이처럼 앨드린은 기쁨보다도 실의를 가슴에 품고 달로 향했던 것이다.

앨드린은 정신 분석을 받음으로써 "처음으로 아버지의 그림자 밖으로 나갈 수 있었다"고 말하고 있다. 얼마나 아버지의 존재가 그에게 중압감으로 작용했는지를 잘 알 수 있을 것이다.

달에서 돌아오자 달에 가는 것보다 더 큰 다음 목표를 설정할 수가 없었다. 앨드린도 불가능했고, 아버지도 불가능했다. 그러나 아버지가 군인 시절 대령까지밖에 진급하지 못하고 퇴역해 버렸기 때문에, 아들을 장군으로 만들고 싶다는 소망을 예전부터 가지고 있다는 건 말하지 않아도 알고 있었다. 그것이 NASA를 그만두고 공군으로 돌

달 착륙에 대비하여
지진계를 작동하는 앨드린

야간 이유 가운데 하나이기도 했다. 그러나 그건 달에 가는 것처럼 위대한 목표는 아니다. 앨드린은 목표 없이는 살아갈 수 없는 사람이다. 그래서 우선 작은 목표를 여러 가지 세워 보았지만 지금까지 말한 것처럼 모두 다 자기를 만족시키지 못했다. 그리고 그것이 원인이 되어 깊은 자기 회의에 빠져 자책한 나머지 점점 정신적으로 침체되어 갔던 것이다.

정신 분석 치료를 받으면서 앨드린은 두 가지 결심을 했다. 하나는 아버지의 속박을 끊어 버리는 것이었다. 아버지가 설정한 인생 목표로부터 자신을 잘라 내는 것이었다. 그것을 위해 공군을 퇴역하기로 결심했다. 또 하나는 아내와의 이혼이었다. 자신과 존의 결혼 생활을 잘 생각해 보면, 결혼이란 게 사회 통념 속에서 하나의 목표로 되어 있기 때문에 이루어진 것에 불과했다. 그리고 이 정도로 관계가 악화되었는데도 이혼하지 않는 건 국민적 영웅인 우주 비행사가 가정에서도 좋은 아버지이자 좋은 남편이라는 만들어진 이미지를 부수지 않기 위해서가 아닐까. 바깥으로부터 강요된 목표와 이미지에 자기를 무리하게 맞추려고 해 온 것이 자신의 정신병을 불렀던 것이다. 이제 모든 속박을 벗어나서 자유롭게 살아가자. 마리안느와 완전히 새로운 삶을 걸어가자.

여기까지 결단을 내리고 나서 앨드린은 병원에서 마리안느에게 전화를 걸었다. 결심했어, 결혼해 줘. 마리안느는 주저했다. 무슨 걱정이야, 소원이다, 결혼해 줘. 너도 결혼을 원했잖아. 재촉하는 앨드린에게 마리안느는 이렇게 대답했다. 전에는 확실히 말하지 못했지만 당신이 휴스턴에서 캘리포니아로 이사가서 아무런 연락이 없었을 때 이젠 그걸로 끝이라고 생각했어요. 그전에 뉴욕에서 만났을 때는 기뻤지만 나도 당신도 이전의 우리가 아니었어요. 나, 그때 말했던 남자와 결혼하려고 해요. 앨드린은 방금 전까지 머리 속에 그리고 있던 새로운 인생이 눈앞에서 쿵 하는 소리를 내며 무너져 가는 느낌이 들었다. 기다려 줘, 마지막 결정은 아직 하지 말고 기다려 줘. 그 말만 하고 앨드린은 전화를 끊고 병원으로부터 외출 허가를 받았다.

우선 아버지를 만나 지금까지의 부자 관계에 대해 이틀 동안 서로 이야기를 나누었다. 앨드린은 군에서 나오겠으며, 이혼하겠다는 두 가지 결심을 전했다. 아버지는 전부 반대했고, 결국 싸우고 헤어지는 것으로 끝났다. 그러나 아버지와 싸우고 헤어진 건 그의 속박으로부터 벗어난 증거였다.

그러고 나서 그는 뉴욕에 가서 마리안느와 만나려고 했다. 그러나 마리안느는 만나기를 거부했다. 다른 남자와 두 달 후에 결혼하기로 약속했다고 했다. 약속대로 그 남자와 결혼할 것인가, 아니면 약혼을 깨고 앨드린에게 돌아갈 것인가, 아직 최종적으로 마음을 정하지 못했지만, 어쨌든 자기 혼자 결정하겠다고 말했다.

앨드린은 뉴욕을 돌아다니며 마리안느의 친구, 지인을 통해 마리안느와 직접 만나 이야기할 기회를 만들려고 했다. 그러나 스스로 결정하기까지는 누구와도 만나지 않겠다는 그녀의 결의는 확고했다. 그 동안 외출 허가 날짜가 끝나 앨드린은 병원으로 돌아가야 했다.

객관적 상황은 상당히 비극적이었지만, 앨드린의 마음은 뛰고 있었다. 어쩐지 낙관적이었고 마리안느와의 새로운 생활이 시작될 거라고 믿어 의심치 않았다.

일 주일 후 퇴원 허락이 떨어졌다. 일단은 좋아졌지만 재발할 위험은 항상 있다. 그렇기 때문에 '항우울증제를 계속 복용할 것, 정신적 갈등을 일으킬 만한 상황은 애써 피할 것' 등이 퇴원할 때 의사가 일러 준 주의 사항이었다. 그러나 곧 갈등은 시작되었다.

퇴원 후 얼마 지나지 않아 열일곱 번째 결혼 기념일이 다가왔다. 결혼 기념일은 아내와 단 둘이 아카풀코에서 보낸다는 게 몇 년 전부터 두 사람 사이에 지켜 온 약속이었다. 항상 머무는 호텔에서 두 사람은 축하 만찬석에 앉았다. "벌써 열일곱 번째네. 열여덟 번째도 여기 이렇게 앉아 있을 수 있을까"라고 말하며 존은 건배를 위해 와인 잔을 들었다. 앨드린은 이날 이혼을 담판 짓겠다고 생각하며 그곳에 온 것이다. 존은 그것을 예상하고 있는 듯한 대사였다. 앨드린은 그 말을 듣고 묵묵히 아래를 보았다. 눈물이 솟구쳐 올라왔다. 눈을 들어 보니 존도 울고 있었다. "알고 있었어요, 몇 년 전부터 알고 있었어요. 이런 생활이 지속될 리 없지요"라고 존은 말했다. 두 사람 모두 울면서 결혼 기념일 축하 만찬에서 이혼에 합의했다. 앨드린은 이야기가 무사히 끝났기 때문에 내심 안도의 한숨을 쉬었다.

그 다음날이다. "그런데 당신은 나와 헤어진 후에 어떻게 할 거에요?"라고 존이 물었다. 앨드린은 그때서야 비로소 마리안느와의 일을 고백했다. 그 순간 존의 안색이 변했다. "싫어, 그런 일은 용서하지 않겠어요. 다른 여자와 결혼하다니. 싫어, 나는 절대 이혼 못 해." 그 후 큰 싸움이 이어졌다. 전날 밤의 이혼 합의는 그림자도 없이 사라져 버렸다.

앨드린 쪽에서는 존이 뭐라고 하건 이혼할 작정이었다. 그리고 캘리포니아로 돌아오자 매일 마리안느에게 전화를 걸어 결혼을 설득하는 한편, 존에게 이혼을 인정하라고 말다툼을 반복했다. 마리안느가 다른 남자와 결혼하기로 약속한 날짜까지는 아직 한 달이 남았다. 한 달이면 어느 쪽에서든 해결될 거라고 믿고 있었다. 그러나 우선 마리안느를 설득하는 데 실패했다. 그녀는 앨드린의 전화도 거부하게 되었다. 모든 연줄을 동원해서 연락하려고 했지만 허사였다. 그리하여 결국 약속한 날에 결혼식을 올렸다는 사실을 사람들을 통해 듣게 되었다.

과거를 버리고 새 생활을 시작하려던 앨드린의 계획은 이처럼 쉽게 무너졌다. 다시 정신적으로 침체되었지만 항우울증제의 도움으로 어쨌든 자신을 버틸 수 있었다. 경쟁 상대를 잃어 버린 존은 이혼에 이의를 제기하지 않게 되었지만, 이번에는 앨드린 쪽에서 서둘러 이혼할 이유가 없어졌다. 얼마 동안 결혼 생활이라기보다 동거 생활을 계속하며 상태를 지켜보자는 데 두 사람은 합의했다. 그러나 결국은 잘 되지 않아서 몇 년 후에 두 사람은 이혼했다.

1972년 1월에 공군에서 퇴역한 앨드린은 과학 기술 컨설팅 회사를 경영하며 지금에 이르고 있다. 우울증이 완치되었다고는 하지만 항우울증제와 의사, 알코올의 힘을 빌리며 되도록 불필요한 대인 접촉을 피하고, 애써 우주 비행사 시대를 떠올리지 않으려 하면서 캘리포니아의 뉴 포트 비치에서 조용히 살고 있다.

정치와 비즈니스

"우주에서 보면 국경 따위는 없다.
인간이 정치적 이유로 마음대로 만들어 낸 것일 뿐, 원래는 존재하지 않았다.
그럼에도 불구하고 그것을 사이에 두고 서로 대립하고, 전쟁을 일으키고, 죽인다.
이건 슬프고도 어리석은 짓이다."

―월터 쉬라

| 제1장 | **영웅 글렌과 돈 후안 스와이거트**

앨드린은 지구에 귀환한 후 국민적 영웅이라는 새로운 상황에 잘 적응하지 못했다. 그가 정신병에 걸린 원인 가운데 하나가 상황에 대한 부적응이라는 데 문제가 있었다.

그와 대조적이었던 사람이 존 글렌John Glenn이다. 국민적 영웅이라는 점에서 글렌이 받았던 환호성은 인류 최초의 달 비행을 성공시킨 앨드린 등 세 명의 우주 비행사가 받았던 환호성보다 훨씬 큰 것이었다. 그리고 글렌은 너무 훌륭할 정도로 잘 적응했다.

글렌은 1962년 2월 머큐리 6호를 타고 미국에서는 처음으로 지구 주위를 돌았던 우주 비행사이다.

글렌 이전에도 우주를 비행한 미국인 우주 비행사는 있었다. 1961년 5월에 셰퍼드Alan Shepard가, 7월에 그리섬Virgil Grissom이 각각 머큐리 3호, 4호를 타고 우주 비행을 했다. 그러나 우주를 날았다고는 해도 이 두 사람은 탄도 비행을 했을 뿐이고, 비행 시간도 15분에 지나지 않았다. 대포탄처럼 발사되어 떨어지는 것뿐이었고, 대기권 바깥으로 나가 무중력 상태를 맛본 것은 그 가운데 겨우 5분밖에 되지

머큐리 6호에서 훈련중인 글렌

않았다. 우주 비행이라고 하기보다 그와 비슷한 체험에 지나지 않았다. 기술적으로는 거의 무의미한 비행이었다.

셰퍼드가 비행하기 한 달 전에 소련의 가가린이 지구를 한 바퀴 돌아 인류 최초의 우주 비행이라는 영예를 손에 넣었다. 스푸트니크의 성공 이래 소련은 우주 개발 분야에서 차례로 미국을 제쳤고, 사람을 태운 우주 비행 분야에서도 미국을 크게 앞질렀다. 미국은 실추된 위신을 조금이라도 만회하려고, 그 당시 기술로서 가능한 최대한의 것, 즉 탄도 비행에 의한 실제와 비슷한 의사적 우주 비행을 허둥지둥 해 보였던 것이다. 이리하여 셰퍼드는 인류 가운데 두 번째의 우주 비행사가 되었다. 셰퍼드는 국민적 영웅이 되었고, 케네디 대통령에게서 훈장을 받았으며, 미국 전역을 돌며 시가 퍼레이드를 펼쳤다. 그러나 미국인들은 셰퍼드의 탄도 비행 성공에 큰 환호성을 지르면서도 그것이 가가린의 지구 일주 비행과 비교하면 질적으로 너무나도 열세인 것을 잘 알고 있었다. 셰퍼드에 이어 두 달 후 글렌이 우주 비행을 했지만, 마찬가지로 탄도 비행이었으며 셰퍼드와 비교하면 겨우 고도 3km 더 높이, 비행 시간 1분 더 오래 날았을 뿐이었다.

소련은 그것을 비웃기라도 하듯이 그리섬 비행 다음 달인 8월, 티토프Gherman Titov를 보스토크 2호에 태워 지구를 17바퀴 반이나 돌게 했다. 비행 시간은 25시간 18분으로 하루를 넘었다. 이렇게 되자 탄도 비행 같은 아이들 장난은 하면 할수록 거꾸로 미국의 위신을 떨어뜨릴 뿐이었다. 실제로 그리섬의 탄도 비행 성공에 대해 더 이상 미국인들은 기쁨의 환호성을 올리려 하지 않았고, 퍼레이드도 펼치지 않았다. 미국도 어떻게 해서든 진짜 우주 비행을 실현시키라는 것이 대통령의 명령이었고, 동시에 전국민의 소망이었다.

그로부터 반 년 후 가까스로 글렌이 그 소망을 만족시켰다. 글렌이 지구를 3바퀴 돈 것이다. 4시간 55분에 이르는 명실상부한 진짜 우주 비행을 성공시킨 것이다. 티토프에게는 필적하지 못하지만, 가가린에게는 이겼다. 모든 미국인들은 열광적으로 글렌의 성공을 칭송했다. 앞 장에서 앨드린 등 달 비행을 성공시킨 3명의 우주 비행사들이 미국 전역에서 어떤 대환영을 받았는지 적었는데, 글렌의 경우는 그 이상이었다. 글렌이 가는 곳 어디든 몸을 움직일 수 없을 정도로 많은 군중이 몰려들어 성조기를 흔들었다. 그리고 대부분의 사람들이 감동한 나머지 눈물을 흘렸다. 그때까지 어떤 퍼레이드에서도 이만큼 많은 사람들이 눈물을 흘린 적은 없었다. 그것은 스푸트니크 이래의 길고 긴 굴욕감이 드디어 여기서 치유되었음을 기뻐하는 애국심의 발로였다.

지금도 미국인에게 가장 기억 나는 우주 비행사의 이름을 들라고 하면, 거의 대부분의 사람들이 존 글렌의 이름을 댄다. 달에 도달한 인류 최초의 우주 비행사들 이름보다 소련에 대한 굴욕감을 처음으로 씻어 준 우주 비행사의 이름이 미국인의 기억 속에 보다 깊이 새겨져 있다.

미국인은 세계에서 가장 위대한 나라 미국이라는 이미지를 글렌을 통해 다시 되찾았던 것이다. 글렌은 그 역할에 가장 알맞은 우주 비행사였다. 글렌에 대해 쓰여진 글을 읽으면 반드시 거기에 강조되어 있는 것이 그가 얼마나 전형적인 미국인이며, 얼마나 모범적인 미국인인가 하는 것이다. 좋은 미국인의 이상적인 성격, 생활 태도, 사고 방식 등 모든 것을 글렌이 갖추고 있다고 해도 좋다. '이상적 미국인의 화신'이라는 표현조차 발견된다. 가정에서는 좋은 아버지, 좋은 남편이며, 교회에서는 좋은 교인이고, 교회 활동에 적극적으로 참가한다. 사회인으로서는 애국심으로 충만하고 조국을 위해 헌신하기를 꺼리지 않는다. 생활은 규율이 발라서, 술도 마시지 않고, 담배도 피우지 않으며, 저급한 말을 사용하지 않을 뿐만 아니라, 비뚤어진 일은 하나도 하지 않는, 그림에 그려진 것 같은 모범적인 인물이다. 게다가 그것도 위선적인 게 아니라 태어날 때부터 그렇다고 생각될 수밖에 없는 아주 성실 그 자체인 사람이라고 한다.

실제로 글렌은 아이 때부터 모범생이었다. 철도 차장의 아들로 1921년에 태어나 오하이오 주 뉴 콩코드New Concord라는 인구 2,000명의 작은 마을에서 자랐다(미국에서 전형적인 미국인은 스몰 타운에서 자란 사람이라고 여겨진다). 고교 시절에는 성적이 우수하고 인망도 있어 반장을 맡았다. 풋볼, 농구, 테니스 선수를 했으며, 학생 극단에서 주연 배우로 활약했고, 재즈 밴드에서 트럼펫을 불었으며, 일요일에는 교회 합창단에서 노래를 했다.

고등학교 졸업 후 지방에 있는 대학에 진학했지만 제2차대전이 발발해 해병대에 입대, 전투기 조종사가 되어 마샬 군도 작전에 참가했다. 종전 당시에는 중위. 한국전쟁 때는 90회 출격하여 미그기를 3대 격추시켰다. 그 후 시험 비행사가 되어 F8U-1을 타고 처음으로 초음속 무착륙 미국 대륙 횡단 비행을 수행했다.

우주 비행사 제1기생으로 선발되었을 때는 37세로 일곱 명의 동료 가운데 최연장자였다. 나이가 가장 많고, 더욱이 타고난 성격 탓에 우주 비행사 가운데 지도자적 역할을 하려고 했기 때문에 동료들의 생활 태도를 포함하여 모든 면에서 조금 시끄럽게 말참견을 했다. 앞에서도 말했듯이 우주 비행사들은 일반적으로 미국인의 대표이며, 모범적인 미국인으로 간주되고 있었다. 그러나 현실적으로는 대부분 글렌과 같은 문자 그대로의 모범적인 미국인이 아니라 성깔 있는 사람들이었다. 그렇기 때문에 다른 사람에게 시끄럽게 이래라 저래라 간섭하는 글렌은 동료들 사이에 그다지 평판이 좋지 않았다. 그들은 글렌 몰래 '깔끔 씨'라는 별명을 부르며 따돌리고 있었다.

그러나 이제 글렌은 린드버그Lindbergh 이래 최대의 국민적 영웅이 되었다. 글렌에게는 축하의 편지가 50만 통이나 쇄도했다. 신문, 텔레비전, 잡지는 매일 글렌에 대한 이야기로 가득찼다. 글렌은 앞에 소개한 앨드린 이상으로 연일 여기저기 초대받아 연설을 하거나 파티에 참가해야 했다. 앨드린과 달리 글렌은 이런 역할을 기꺼이 감수했다. 특히 연설은 그가 자신만만해 하는 것이었다. 그가 잘 들먹이는 신, 국가, 사랑, 정의 같은 말은 일상 회화에서는 듣는 사람을 식상하게 만들었지만, 연설 속에서는 청중에게 감명을 주었고 폭풍 같은 박수를 불러일으켰다.

글렌이 가진 높은 인기와 훌륭한 연설, 지도자형의 성격을 정치가가 그냥 지나칠 리가 없었다. 처음으로 그에게 말을 건넨 사람은 케네디 대통령의 동생, 로버트 케네디였다. 상원의원으로 치고 나가는 게 어떠냐는 권고였다. 처음에 글렌은 거절했다. 우주 비행에 성공하여 국민적 영웅이 된 이때 상원의원으로 출마하면, 국가적 프로젝트를 자신의 정치적 야심에 이용한 사람이라는 꼬리표가 붙을지도 모른다.

그러나 글렌에게 정치적 야심이 없었다고 하면 거짓말이 된다. 지도자적 위치가 좋았던 글렌은, 명확한 형태는 아니지만 고교 시절부터 정치적 야심을 가지고 있었다고 나중에 스스로도 말하고 있다. 일개 군인으로는 그 야심이 일생 동안 충족될 수 없었을지도 모른다. 그러나 국민적 영웅이 되어 미국 전역에서 그의 이름을 모르는 사람이 없는 상황(우주 비행 텔레비전 중계를 미국인 2억 가운데 1억 3천 5백만이 보았다)에 놓여진 지금, 상원의원이라는 자리는 손을 뻗으면 언제라도 손이 닿을 거리에 있었다. 그러나 모범적인 미국인으로서 항상 공정하지 않으면 안 된다, 지금 바로 출마하는 건 공정하지 않다, 게다가 야심가라는 꼬리표가 붙으면 정치적으로 좋지 않다는 것이 그의 판단이었다.

그렇지 않아도 그에게 정치적 야심이 있지 않냐는 것이 세간의 평판이었다. 케네디 일가와 너무 깊은 교제가 시작되고 있었기 때문이었다. 처음에는 케네디 측에서 접근했다. 동·서양을 불문하고 모든 정치가는 타인의 인기를 자신의 인기 획득을 위해 이용하려 한다. 앨드린을 다룬 장에서 말했던 것처럼 우주 비행사는 정치가의 인기 몰이에 아주 유용했다. 글렌처럼 미국 역사상 손가락으로 꼽을 정도의 국민적 영웅이라면 그 이용 가치는 절대적이다. 그래서 글렌의 경우 대통령 스스로가 이를 철저히 이용하려고 했다.

글렌이 우주를 비행하고 있을 때, 존슨 부대통령은 그의 집을 방문하여 글렌 부인에게 격려의 말을 전했고, 케네디 대통령은 무선을 통해 글렌에게 직접 이야기를 하는 상황이 연출되었다(이것은 기술적인 이유로 실패했지만, 그 후 중요한 우주 비행에서는 대통령과의 직접 대화가 상례가 되었다). 글렌이 지구로 돌아왔을 때 대통령은 그를 맞으러 갔고, 이어 백악관에 초대하여 직접 훈장을 수여했다. 그리고 주말이 되면 글렌 일가를 별장에 초대하여 케네디 일가와 가족 단위의 교제가 시작되었다. 글렌이 재클린과 수상스키를 즐기고 있는 모습이나, 로버트 케네디와 카누로 급류를 타고 있는 모습이 신문과 텔레비전에 자주 소개되었다.

글렌의 이런 생활은 우주 비행사 동료들의 반발을 샀다. 원래 글렌이 동료들 사이에서 거북한 존재였기 때문에 반발은 더욱더 컸다. 우주 비행사의 명성과 입장을 사적으로 이용하는 일은 추호도 있어서는 안 된다고 했던 글렌 자신이 아닌가. 모든 생활을 우주 비행사로서의 본래 업무를 완수하기 위해 바쳐야 한다고 했던 글렌 자신이 아닌가. 그런데 이게 뭔가. 이제 우주 비행사 훈련에도 잘 참가하지 않고, 대통령 일가와의 교제를 자랑하며 워싱턴 사교계를 전전하고 있을 뿐이지 않은가. 이제 그는 우주 비행사라는 직업보다 자신의 정치적 야심을 중요하게 여긴다는 평가를 주위로부터 받게 되었다.

그리고 곧 모든 우주 비행사를 대표하여 월터 쉬라Walter Schirra가 텔레비전 기자 회견에서 글렌이 훈련을 게을리하기 때문에 다음 우주 비행 계획에서 제외된 것으로 간주할 수밖에 없다고 말했다. 더

존 글렌

이상 글렌을 현역 우주 비행사로 간주하지 않겠다는 우주 비행사 동료들의 통고였다. 그에 호응하듯 NASA 당국도 앞으로는 현역에서 발을 빼고 관리 쪽 일을 하면 어떠냐고 넌지시 물었다. 관리직으로 데스크 일을 해 달라는 것이다.

실제로 글렌은 업무 외의 일로 너무 바빠 훈련에 충분히 참가할 수 없었다. 게다가 나이도 40세를 넘겨 젊은 동료들과 함께하기에는 육체적 능력이 따라가지 못했다. 그렇다고 현역에서 은퇴하여 관리직이 되는 것도 마음에 내키지 않았다. 관리직 우주 비행사란 '다 끝난' 우주 비행사라는 것 아닌가. NASA에 머물러 있어도 자기에게 밝은 미래는 있을 것 같지 않았다. 그러면 역시 정계로 진출하는 것이 자신에게 가장 잘 맞는 것 같았다.

1964년 1월 글렌은 기자 회견을 통해 NASA를 그만두고 상원의원 선거에 출마하겠다고 선언했다. 선거구는 출신지인 오하이오 주였다. 오하이오 주 출신의 현역 상원의원인 영은 이미 74세였지만, 한

번 더 출마할 의지를 표명하고 있었다. 여기에 도전하는 것이었다. 글렌은 휴스턴에서 오하이오 주 콜럼버스로 이사한 후 선거 운동을 시작했다. 그러나 그로부터 5주 후 욕실에서 수염을 깎다가 거울을 바로 세우려고 손을 댄 순간, 미끄러져 넘어지면서 욕조에 머리를 부딪쳤는데, 동시에 손에 들고 있던 거울이 깨지면서 그 파편이 머리로 쏟아졌다. 머리를 부딪친 충격으로 정신을 잃은 사이 다량의 출혈을 한 것과 속귀를 다친 것 등으로 수개월의 입원을 요하는 중상을 입었다. 선거 운동이 불가능했기 때문에 아내인 애니가 대신 운동을 계속했다. 이렇게 되자 경쟁 상대인 영 상원의원은 패배를 각오했다. 미국에서도 이런 경우는 동정표가 왕창 쏟아지기 때문이다. 게다가 상대는 국민적인 영웅이었던 것이다.

그러나 그 후 한 달도 지나지 않아, 병의 회복이 늦어지는 것을 알게 된 글렌은 병원에서 기자 회견을 열어 출마를 사퇴한다고 발표했다. 자신이 직접 선거 운동 하는 것도 불가능한데, 과거의 명성과 이번 사고에 대한 동정에만 기대어 당선된다는 건 정정당당하지 않다는 이유에서였다. 무엇보다 페어 플레이를 중시하는 미국인에게 글렌의 깔끔한 태도가 받아들여졌다. 이번에는 놓쳤지만 다음 번 당선은 맡아 놓은 거나 마찬가지였다.

다음 선거까지 시기를 기다리는 동안, 로얄 크라운 콜라Royal Crown Cola사가 중역 자리를 제안하여 뉴욕으로 이사했다. 낙선 중의 닉슨에게 펩시콜라사가 중역 자리를 제안한 것과 같은 의미였다. 미국 기업과 정치가의 이런 관계는 드문 일이 아니었다. 연봉은 50,000달러였다.

4년 후인 1968년 글렌은 다시 정계로 나왔다. 이번에는 자신을 위해서가 아니라 친구인 로버트 케네디 대통령 후보 예비선거를 응원하기 위해서였다. 글렌은 로버트의 전국 유세에 따라다녔다. 로스앤젤레스에서 그가 암살되었을 때도 글렌은 곁에 있었다. 로버트의 아이들이 충격을 받지 않도록 아버지의 죽음을 전하는 어려운 역할도 글렌이 담당했다. 존과 로버트라는 케네디 형제의 연이은 암살에 그가 분노하여 건 컨트롤Gun Control(총화기 소지 제한) 운동에 잠시 참여했지만, 다음해인 1969년, 다시 오하이오 주 콜럼버스로 거주지를 옮긴 후 다음해의 상원의원 예비 선거에 출마하겠다고 선언했다.

　글렌의 경쟁 상대는 하워드 메첸바움Howard Metzenbaum이라는 그다지 이름도 알려져 있지 않은 클리블랜드 출신의 백만장자였다. 사전 여론 조사에서는 글렌이 압도적인 우세로 70% 이상의 표를 얻어 당선할 거라는 예측이었다. 글렌 자신은 물론 그가 승리하리란 것을 누구 하나 의심하지 않았다. 그러나 막상 뚜껑을 열어 보니 13,000표 차로 글렌이 아쉽게 패했다.

　메첸바움은 가지고 있던 재력을 이용하여 텔레비전, 라디오를 통해 CM을 아침부터 밤까지 계속 내보냈다. 그 비용이 800,000달러라고 한다. 그에 비해 글렌은 CM에 35,000달러밖에 쓰지 않았다. 이런 선전의 힘 차이로 인해 누구도 예상치 못했던 대이변이 발생한 것이다. 글렌에게도 후원자는 있었다. 그러나 아무도 예비 선거에서 질 거라고는 예상하지 못했기 때문에 자금은 가을 본 선거 때까지 모으려고 생각하여, 예비 선거를 위한 선거 자금은 십 수만 달러밖에 모이지 않았다. 예비 선거에서 진 후, 후원자들은 떠나고 글렌에게는 160,000달러의 빚만 남게 되었다.

　글렌은 다시 로얄 크라운 콜라사의 중역으로 들어가는 한편, 모텔

(홀리데이 인) 네 곳을 경영하며 다시 4년 동안 시기를 기다렸다. 1974년의 상원의원 선거에 출마하여 이번에는 압승했다. 1980년에 재선되었고, 지금은 미래의 대통령 감으로 꼽힐 정도의 실세 의원이 되어 가고 있다. 최근 『뉴스위크』지가 전하는 바에 따르면 글렌은 1984년 대통령 선거를 향해 이미 행동을 개시하였고, 예비 선거에서 중요한 뉴 햄프셔 주를 시작으로 전국 유세에 나섰다고 한다.

글렌은 케네디 가문과의 친교를 인연으로 민주당이 되었다. 그러나 우주 비행사 동료들은, "그는 본질적으로 보수적인 사람이다. 전형적인 직업 군인의 사고 방식을 지닌 사람이다. 케네디 꽁무니를 따라다닐 무렵은 공민권이 어떻니 하고 떠들며 리버럴한 것처럼 보였지만, 머리 속은 국가나 기독교 도덕, 재래의 보수적 가치관으로 가득찬 사람이다. 스스로는 나름대로의 정치적 식견을 가지려고 하지만, 실은 내용도 없고 확고한 신념도 없다. 빌붙는 대로 어떻게든 움직일 사람이다. 말하자면 아이젠하워와 비슷한 타입이다. 국민적 영웅이라는 과거의 유산을 가지고 정치적으로 연명해 오고 있는 사람이다"(커닝엄)라고 상당히 신랄하게 표현한다.

정치의 세계로부터 유혹받은 우주 비행사는 글렌뿐만이 아니다. 유명한 우주 비행사 대부분(초기 우주 비행사들과 몇 번 있었던 역사적 비행에 참가한 우주 비행사들)이 민주, 공화 양당에서 상원 선거 출마 유혹을 받았다고 해도 과언은 아니다. 상원은 각 주가 선거구이고, 미국의 주 가운데 큰 것은 일본보다 클 정도이기 때문에 일본의 전국구 선거와 마찬가지로 지명도가 결정적인 요소라고 한다. 그리고 우주 비행사는 출신지가 그다지 편중되지 않도록 각 주에서 선발하여, 각 주민들도 자기 주 출신인 우주 비행사를 주 대표 선수이기라도 한 것처럼 응원하고 있었기 때문에, 출신 주에서의 우주 비행사의 지명도는 아주 높았다.

그러나 정치적 야심을 가진 우주 비행사가 많았던 것은 아니기 때문에 현실적으로 정계로 들어간 사람은 글렌 외에 해리슨 슈미트Harrison Schmitt(아폴로 17호. 뉴 멕시코 주에서 1976년 당선된 상원의원. 공화당)가 있을 뿐이다(1982년 선거에서 낙선). 이 두 사람 외에 아폴로 13호의 존 스와이거트John Swigert가 1978년 콜로라도 주에서 상원의원에 공화당 후보로 출마했다가 낙선했다(1982년 선거에 재출마하여 당선).

콜로라도 주 덴버에서 인터내셔널 골드&미네랄사의 부사장을 하면서 재출마를 준비하고 있는 스와이거트를 방문해 보았다.

존 스와이거트는 1931년생, 콜로라도 주 덴버에서 안과 의사의 아들로 태어나 14세에 비행기 조종을 배웠다. 콜로라도 대학 졸업 후 공군에 들어갔고, 일본에 주둔한 적도 있다. 1963년에 우주 비행사에 응모했지만, 학력이 모자라고 시험 비행사 경력도 없다는 이유로 탈락한다. 스와이거트는 화가 나서 공군을 그만두고 대학원에 진학, 석사 학위를 취득한 후 노스 아메리칸사에 입사하여 시험 비행사가 된다. 이런 노력이 결실을 거둬 1966년 우주 비행사 제5기생에 합격한다. 아폴로 13호의 예비 승무원으로 임명되었을 때 정규 승무원인 토머스 마팅글리Thomas Mattingly가 발사 3일 전에 병이 들었기 때문에 교체되어 승선하였고, 그 후 제1장에서 소개한 대로 우주에서 사고를 당했던 사람이다.

그 후 스와이거트는 아폴로·소유즈 계획의 승무원으로 임명되어 러시아어까지 공부했다. 그때 앞에서 설명한 아폴로 15호의 우표 사건이 일어났다. 우주 비행사들은 한 사람 한 사람 조사를 받았다. 스

존 스와이거트

와이거트는 처음에는 사실을 부정했지만, 그 후 생각을 고쳐 먹고 조사관에게 자진 출두하여 실은 자신도 똑같은 짓을 한 번 한 적이 있다고 사실대로 고백했다. 그러자 NASA 당국은 사인이 들어간 기념우표 매매에 관여한 것 자체는 불문에 부치겠지만(어쨌거나 대부분의 우주 비행사가 관여되어 있었다), 조사받을 때 거짓말한 것을 문제삼아 아폴로·소유즈 계획에서 그를 제외시켜 버렸다. 결국 스와이거트의 우주 체험은 아폴로 13호로 끝나 버렸다.

스와이거트는 우주 비행사들 사이에서 돈 후안Don Juan으로 알려져 있다. 공군 조종사 시절부터 모든 공항(기지)에 걸 프렌드를 두고 있는 사나이로 알려져 있었는데, 우주 비행사가 되어 T38을 자가용기로 사용하게 되면서부터는 더욱 그 길에 정진하여 자유 시간 전부를 걸 헌팅에 써 버리며 미국 전역을 돌아다녔다. 예를 들어 1968년 여름에 4일 동안의 휴가가 있었는데, 우선 마이애미로 날아가 사귄지 얼마 안 된 스튜어디스와 데이트를 했다. 다음에는 코코아 비치로 날아가 예전부터 사귀던 여자와 데이트를 하고, 다음으로 애틀랜타로 날아가 다른 여자와 금요일 밤을 함께 보내며, 다음으로 고향인 덴버로 날아가 옛날부터 친했던 여자와 토요일 밤을 함께 하며, 다음으로 새크라멘토로 날아가 최근 기자 회견에서 눈독을 들인 여기자와 데이트를 한다는 식으로 4일 동안 플로리다 주에서 캘리포니아 주까지 돌아다니며 총 다섯 명의 여자를 자기 것으로 만들었다.

친구의 관찰에 의하면 이 성과도 초인적이지만, 이 정도의 성과를 거두기 위해 들이는 노력이 더욱 초인적이라고 한다. 어쨌든 가는 곳마다 여자에게 눈독을 들여 전화번호를 알아내고, 그런 다음 틈만 나면 하나하나 전화를 건다. 예를 들면 T38로 날고 있는 도중, 급유를 위해 어딘가의 공항에 내리면 스와이거트는 반드시 공중전화로 달려간다. 급유 시간이라고 해봤자 기껏 커피 한 잔 마실 정도의 시간인데, 그 시간도 그냥 보내지 않고 여자에게 전화를 한다.

여하튼 성실한 것이다. 성실한 건 여자에 대해서뿐만이 아니다. 그 정도로 제비 짓을 하기 때문에 독신임에도 불구하고(그는 우주 비행을 한 최초의 독신자이다. 그리고 현재도 독신) 그의 집은 깔끔 떠는 부인이 있는 어떤 집보다도 더 잘 정리되어 있다. 냉장고 속을 들여다보면 깨끗하게 정리되어 있는 것은 물론이고, 예를 들어 레모네이드는 반드시 오렌지 주스 앞에 진열한다는 식으로, 같은 음료수끼리 넣어 둘 때는 반드시 알파벳 순으로 넣어 둘 정도이다.

스와이거트가 현재 일하고 있는 인터내셔널 골드&미네랄사는 금은 등의 귀금속과 코발트, 텅스텐, 지르코늄 등 전략 물자로 쓰는 희소 금속을 세계 각지에서 개발하고 있는 회사이다.

_당신이 정계에 들어간 것은 우주 체험과 관계가 있는가?

"물론 있다. 나는 우주 비행가가 되기 전까지 순수한 기술자로서 정치는 전혀 다른 세계의 일이었다. 선거에서 투표 정도는 했다. 그러나 그 이상의 정치 참여는 아무것도 하지 않았다."

_왜 우주 체험으로 인해 정치에 관심을 갖게 되었나?

"첫째는 사물을 보는 방식, 생각하는 방식이 변했다. 사람이 가진 시각은 모두 경험의 산물이다. 작은 경험밖에 하지 못한 사람은 생각도 좁다. 예를 들어 당신이 어린아이였을 때 당신의 우주는 집뿐이었다. 그러나 마침내 집 밖에 나와 주위를 걸어다니게 되면 그만큼 세계는 넓어지고, 세계관도 넓어진다. 더 크게 이웃 동네까지 나가게 되면 더욱 넓어진다. 이웃 주, 이웃 나라까지 가 보면 더욱더 넓어진다. 경험하는 세계의 확대가 보는 시각을 넓힌다. 우리들 우주 비행사는 지구 바깥에서 지구를 보았던 체험을 가졌다. 이것은 그 체험을 한 사람의 시각을 바꾸지 않을 수 없는 경험이다. 그런데 지구로 돌아와 워싱턴에 가서 정치가들을 보았을 때, 그들의 머리가 어쩔 수 없이 낡았고, 고루하고, 좁다는 것을 알고 이래서는 아무것도 안 된다고 생각했다."

_ '워싱턴에 가서'라는 건 무슨 의미인가?

"나는 1973년에 NASA에서 파견하는 형식으로 하원의 과학기술위원회 스태프부의 이사가 되어 5년 동안 일했다. 그곳에서 일하면서, 이건 내가 의원이 되지 않으면 힘들겠다고 생각했다."

_정치 내지 정치가의 어떤 점에 불만을 가졌나?

"예를 들어 요즘 같은 과학 기술 시대에 과학 기술에 대한 지식이 없으면 세상을 어떻게 하면 좋을지 잘 모를 것이다. 그런데 미국 의회의 535명 상하 양원 가운데, 과학 기술적 배경이 있는 의원은 겨우

5명밖에 없다(5명 가운데 2명은 우주 비행사였던 글렌과 슈미트이다). 이게 믿어지는가? 미국 의회는 전부 변호사로 이루어져 있다. 물론 그들이 머리가 좋은 사람들이란 건 인정한다. 그러나 아무리 머리가 좋아도 현대 기술은 테크니컬한 배경 없이는 이해할 수 없다. 의회에는 더욱 많은 엔지니어가 필요하다. 엔지니어뿐만이 아니다. 의사도 필요하고 농민도 필요하다. 의사를 빼놓고 의료 정책을 논의할 수 없고, 농민을 빼놓고 농업 정책을 논의할 수 없다. 아니, 논의는 할 수 있지만 지금 하고 있는 것은 본질적인 이해가 결여된 논의이다. 미국 의회는 더 직업적으로 다양성이 풍부한, 더 전문적인 지식, 더 기술적인 지식을 가진 사람들의 모임이 되어야 한다."

_하지만 전문적인 기술 지식이 있다고 해서 좋은 정치적 판단이 가능한 것은 아닐 텐데.

"물론 그렇다. 테크놀러지에 대한 이해는 정치가의 충분 조건은 아니다. 그러나 필요 조건은 된다. 문제는 이런 필요 조건을 갖추지 못한 정치가가 너무 많다는 사실이다. 왜 테크놀러지의 이해가 정치가의 필요 조건인가 하면, 현대 사회가 해결을 요구하고 있는 문제들 중 대부분이 테크놀러지적 해결을 필요로 하고 있는 상황이기 때문이다."

_좀더 구체적으로 말하면 어떤 것인가?

"지금부터 21세기에 걸쳐 그 해결이 요구되고 있는 최대의 문제는 에너지 문제, 식량 문제, 남북 문제이다. 모든 것이 테크놀러지 없이는 해결할 수 없고, 테크놀러지의 바른 적용을 통해 해결할 수 있는 문제이다. 그 예로 에너지 문제를 들어 보자. 내 자랑은 아니지만, 나는 오일 쇼크 이전인 1972년부터 에너지 문제를 더욱 진지하게 생각하지 않으면 큰 일이 날 거라고 주장해 왔다. 그러나 그 무렵에는 의회에서도 에너지 문제에 대한 관심이 빈약했다. 대체로 이 나라의 정치가는 문제가 일어나고 있다는 걸 알아도 위기적 상황이 일어나기까지는 움직이려고 하지 않는다. 그렇기 때문에 정치는 항상 뒤처지고 만다.

진짜 정치가라면 어떤 문제라도 초기 단계에서 손을 써서 위험의 발생을 막아야 하는데, 이 나라 정치가에게는 그것이 불가능하다. 정치가의 머리 속에 있는 미래란 다음 선거까지의 시간인 것이다. 그것보다 먼 미래에 일어날 수 있는 일에 대해 지금부터 손을 써두는 일 따위는 생각해 보지도 않는다. 단기적인 발상만 가능한 것이다.

에너지 문제에 대해 말하면, 예를 들어 오일 셰일oil shale(석유혈암)의 개발이 있다. 여기 콜로라도 주에는 미국의 오일 셰일 가운데 80%가 있다. 그게 어느 정도 양인지 상상이 될까? 원유로 환산하면 실제로 6,000억 배럴이다. 중동 모든 유전의 매장량을 전부 합친 것보다 콜로라도 주의 오일 셰일이 많다. 이것을 개발하면 석유 위기 따위는 문제도 아니다. 기술적으로는 충분히 가능하지만, 장애가 두 가지 있다. 하나는 수자원이다. 오일 셰일의 개발에는 대량의 물이 필요하다. 그렇기 때문에 순서상 우선 수자원의 개발에서부터 시작해야 한다. 콜로라도는 산악 지대이기 때문에 잠재적인 수자원은 풍부하다. 필요한 건 프로젝트를 만들어 자본을 투하하는 것이다. 그런데 카터 정권 시절, 이미 있던 수자원 개발 계획조차 대폭적으로 예산을 삭감해 버렸다.

또 하나의 장애는 세금이다. 오일 셰일의 개발이라는 고도로 기술적인 거대 사업에는 엄청난 자본이 든다. 이것은 거대 자본 집약형 기술이기 때문이다. 게다가 위험성이 높다. 자본은 일반적으로 안전성을 추구하기 때문에 조건이 같다면 위험성이 높은 사업에는 모여들지 않는다. 그리고 미국에서는 투자 이익에 대한 과세가 역사적으로 강화되어 왔기 때문에 자본의 위험 회피 성향이 아주 강하다. 그래서 이런 사업에 대해서는 충분한 자본이 모이지 않는다.

오일 셰일뿐만 아니라 에너지 문제를 해결할 수 있는 기술은 석탄 액화, 석탄 가스화, 태양열 이용, 고속 증식로增殖爐 등 모두 같은 조건 아래 있다. 이런 기술에 대한 투자 이익에 대해서는 세금을 매기지 않거나, 아니면 대폭적으로 경감하면 한번에 자본이 모여들어 문제는 해결된다. 지금 에너지 문제를 해결하기 위해 필요한 것은 과감한 정책이다. 그러나 지금의 정치가들에게 맡겨 두면 문제는 시간이 흘러도 해결되지 않는다. 그들은 문제의 장애물이 어디에 있고, 그것을 어떤 순서로 풀어 나가면 해결할 수 있는지를 모른다. 문제 해결의 방법론이 부족한 것이다. 하나하나의 기술이 어떤 가능성을 갖고, 어떤 정책을 취하면 어떤 가능성을 만들어 낼 수 있는지를 모른다. 그들이 기술에 대해 얼마나 무지한가를 나는 5년 동안의 워싱턴 생활에서 지겨울 정도로 잘 알게 되었다."

_우주 개발도 거대 자본 집약형 기술이지만, 민간 자본이 아니라 정부 자본으로 이루어진다. 모든 나라에서 거대 자본 집약형 기술은 정부의 손에 의해 이루어지는 추세 아닌가?

"정부는 민간이 할 수 있는 일에 손을 대서는 안 된다. 정부는 민간이 처리할 수 없는 더욱 큰 일을 해야 한다. 우주 개발은 그런 사업이다. 에너지 문제라도, 예를 들어 핵융합로 개발은 개발에 필요한 시간, 비용의 문제로 인해 민간이 감당하기가 무척 힘들기 때문에 정부가 중심이 되어야 한다. 그러나 정부를 중심으로 한 것이라도 민간의 채산이 맞게 되면 정부는 손을 빼야 한다. 정부와 민간이 모두 가능한 일이라면 민간이 하는 편이 능률 면에서도 좋고, 쓸데없는 것을 하지 않을 수 있다. 좋은 예가 통신위성이다. 통신위성은 처음에는 정부의 프로젝트로 시작되었지만, 도중에 민간으로 위임되어 급속히 발전했다. 아직도 정부가 하고 있다면 도저히 이만큼 발전할 수 없었을 것이다."

_당신의 생각은 전형적인 공화당 지지자에 가깝다고 생각되는데, 당신은 보수주의자인가?

"그렇다. 나는 줄곧 보수주의자였다. 원래 군인이었기 때문이다. 게다가 누구나 그렇지만 해가 갈수록 더 보수적인 사람이 된다. 그러나 나를 가장 보수적이게 만든 건 워싱턴에 체류했던 경험이다. 워싱턴에서 리버럴한 사람들을 보고 이건 아니라고 생각했다."

_리버럴리스트파의 어떤 점이 그렇게 싫었나?

"18세기 영국의 에든버러 대학 교수 가운데 타이틀러라는 사람이 있었다. 그 사람이 민주주의에 대해 이런 말을 했다.

〈민주주의가 건전한 것은 유권자가 자신들의 투표 행위 여하에 따라 정부 자금에서 많은 돈을 빼낼 수 있다는 걸 알기 전까지이다. 이 원리를 발견하게 되면 유권자는 정부 자금 중 더 많은 것을 약속하는 후보자에게 투표하게 되고, 따라서 후보자들은 경쟁적으로 보다 많은 것을 약속하게 된다. 그 결과 민주주의는 필연적으로 방만한 재정에 빠져 재정적으로 파탄에 이른다. 거기까지 가면 더 이상 민주주의로는 아무것도 되지 않기 때문에 독재 정치가 그것을 대체한다.〉

레이건 정권 이전에 리버럴리스트들이 해 왔던 것은 타이틀러가

200년 전에 말한 대로였다. 어떤 문제든 유권자는 정부를 방편으로 삼고, 정부는 돈을 이리저리 뿌렸던 것이다. 그 결과가 요즘 멈출 줄 모르는 인플레이션이다. 이 흐름을 막았던 레이건 대통령의 정책은 타당하다고 생각한다.

대체로 미국이라는 나라는 건국의 유래를 생각해 보면 금방 알 수 있듯이 스스로의 책임으로 행동하고 스스로 위험을 지는 사람들이 만든 나라이다. 청교도들이 유럽에서 출항했을 때 이 배가 무사히 미국에 도착할 거라는 보장이 있는지, 만약 미국에 무사히 도착하지 못하면 누가 책임을 져야 하는지 등에 대해 불평을 하는 사람은 한 사람도 없었다. 그 후 서부 개척 과정에서도 마찬가지다. 인디언에게 살해되었다고 정부 보상을 요구하는 사람은 없었다. 자신의 행위가 가진 위험성은 스스로 책임져야 한다는 정신이 이 나라의 골격이고, 그것이 이 나라에 활력을 주어 왔다. 믿을 것은 자기뿐이라는 것이 프론티어 정신이다. 그런데 리버럴한 정부 시책이 이 정신을 계속 말살시키는 방향으로 작용해 왔다. 리버럴파는 위험성 없는 사회를 만들겠다며 낭비에 낭비를 거듭하여 이 나라의 활력을 빼앗고 재정을 파탄시켜 왔다. 이제 이런 것은 그만두어야 한다."

_당신의 그런 생각은 역시 우주 체험과 관계가 있는가? 특히 당신이 타고 있던 아폴로 13호가 우주에서 조난되어, 생사의 기로에까지 섰던 경험과 관계가 있는가?

"물론이다. 에너지 문제 같은 걸 생각하기 시작한 건 그 체험 이후이다. 그 체험은 싫어도 우주선이 유한한 자원밖에 가지고 있지 않은 존재라는 것을 통감시켰다. 사고가 일어났을 때 이미 지구는 손바닥으로 가려질 만큼 작아져 있었다. 그러나 사고가 일어난 것을 알았을

취재 당시의 존 스와이거트

때 작은 지구가 한층 작고 멀게 보였다. 먼 지구로 돌아가기 위해서는 무수한 문제가 있었다. 우선 에너지 소비를 그때까지의 30%로 억제해야 했다. 공기 오염의 문제, 폐기물 처리의 문제 등 이 지구가 가지고 있는 것과 동일한 모든 문제가 눈앞에서 생사의 문제로 존재했기 때문에 아무래도 그런 것을 깊이 생각하게 되었다. 그러나 우주선 위에서도 지구 위에서도 결국은 기술에 의한 해결밖에 없다.

세계가 산업혁명 이전의 농업 사회로 지금 곧 되돌아간다면 에너지 문제도 사라져 버릴지 모르겠다. 그러나 그런 일은 불가능하다. 지금 농업 사회로 되돌아간다면 수십억의 사람이 죽어야 한다. 지금의 농업 생산력은 다양한 기술로 뒷받침되어 있기 때문에 농업 사회로 되돌아간다면 농업 생산력은 급락하고 굶어 죽는 사람이 속출한다. 기술이 초래한 폐해를 비판한 나머지 기술의 발전에 역행하는 자세를 취하게 된 사람들이 최근에 많아졌지만, 냉정하게 생각하면 결국 적극적으로 기술을 이용해 가는 것 외에는 인류가 살아 남을 방도는 없다. 그리고 우주는 인류에게 남은 최후·최대의 개척지이다. 에너지 자원도 있고, 그 외의 자원도 있다. 지금 문제가 되고 있는 원자력 발전소의 방사성 폐기물에 대해서도 우주에 버리면 아무런 문제도 없다. 우주는 원래 방사선투성이이기 때문이다. 우주선에 방사성 폐기물을 싣고 우주 정거장으로 운반해 둔 후, 모아서 로켓으로 태양을 향해 쏘아도 된다."

_당신이 공화당이라는 점에 관해 묻고 싶은데, 현재의 미소 대립 노선에 대해서는 어떻게 생각하는가? 다른 우주 비행사에게 물어 보니, 대부분이 우주에서 지구를 보고 있으면 국제 정치의 대립 항쟁이 진짜 바보 같은 짓으로 여겨진다고 말하기 때문이다. 어떤 우주 비행사는 미소 양국의 지도자를 빨리 로켓에 태워 우주로 보내 지구를 볼 수 있게 해야 하며, 그러면 세계가 더욱 평화스럽게 될 거라고까지 말하고 있다.

"그것은 아주 옳은 생각이다. 나도 같은 말을 한 적이 있다. 국가간의 대립 항쟁이란 실로 바보 같고 보잘것없는 짓이다. 나라와 나라가 싸우기 전에 서로 협력하여 해결해야 할 문제가 산더미처럼 쌓여 있다. 그것은 옳다. 그러나 지구로 돌아오면 거기에 미소 대립이라는 냉엄한 현실이 있는 것도 움직일 수 없는 사실이다. 문제는 소련 쪽에 있다. 소련이 세계 정복의 야망을 버리지 않는 한, 미소 대립은 끝나지 않는다. 그리고 이 상황 속에서 군사적 힘의 균형을 유지해 가는 것이 절대적으로 필요하다.

쿠바 위기 당시 소련이 개입한 이유는 미국과의 힘의 균형을 유지하기 위해서였다. 그 후 주도권은 역전되어 소련 쪽에 있다. 그렇기 때문에 소련이 아프가니스탄을 버젓이 침략해도 미국은 손을 쓸 수 없는 사태가 발생한다. 앞으로 소련의 석유가 부족해지고, 그에 따라

동구권에 대한 지배력도 흔들리는 상황 속에서 소련이 군사적 모험을 시도하지 않도록 미국도 군사력을 증강할 필요가 있다. 바보 짓 같지만 소련에게 그런 의도가 있는 한, 그것은 어쩔 수 없는 일이다."

| 제 2 장 | **비즈니스계로 진출한 우주 비행사**

 질문 가운데 있듯이, 우주 비행사들이 이구동성으로 한 말은 지구상에서 국가와 국가가 대립하거나 분쟁을 일으키다가 결국에는 전쟁까지 벌어져 서로 죽이는 일이, 우주에서 보면 얼마나 바보 같은 짓인가를 잘 알게 되었다는 것이다. 그래서 우주 비행사들과 만날 때마다 지금의 미소 대립, 군사 대결 노선에 대해 의견을 물어 보았다. 그러면 대체로 대답은 반반으로 나뉜다. 스와이거트의 대답이 그 한쪽의 전형이다. 우주 체험에서 느낀 것은 느낀 것이고 지구의 현실은 현실이기 때문에, 소련과는 역시 군사적으로 대결해 나가야 한다는 생각이다. 다른 한쪽은 지구에 돌아와서도 우주에서 느낀 것을 현실에 충실히 반영하여 데탕트, 평화 공존에 참여하게 된 사람들이다.
 후자 가운데 한 사람으로 월터 쉬라가 있다. 쉬라는 우주 비행사 제1기생 7명 가운데 하나이다. 머큐리 8호로 지구를 6바퀴 돌고, 제미니 6호로 최초의 랑데뷰 비행에 성공했다. 아폴로 7호로 지구를 163바퀴, 11일 동안 도는 장기 여행을 해낸 후 1969년 은퇴하고 비즈니스계로 들어갔다. 현재 스와이거트와 같은 콜로라도 주 덴버에 살

면서 컴퓨터 소프트웨어 판매 회사를 비롯해 4개 회사를 경영하고 있다.

쉬라는 뉴저지 주의 하켄색Hackensack에서 1923년에 태어났다. 부친은 제1차대전 중 영국 공군에 파견되어 드 해빌랜드De Havilland기로 정찰 비행을 했던 노련한 비행사이다. 제1차대전 후에는 소형 복엽비행기를 사서 미국 각지를 돌면서 곡예 비행, 유람 비행으로 생활을 꾸려 나갔다. 유람 비행은 한 번 타는 데 10달러였으므로, 하루에 다섯 손님을 받으면 생활을 꾸려갈 수 있었다. 시골 축제 같은 곳에 고용되어 곡예 에어쇼를 할 때는 하루에 50~100달러를 받았다. 아버지가 조종하는 비행기 날개 위에 어머니가 서서 양손을 펼쳐 날개짓을 하는 곡예였다. 문자 그대로 비행기 가족이었다. 이런 가정에서 자라났기 때문에 쉬라 자신도 어릴 때부터 비행사가 되겠다고 결심했다. 소년 시절에는 마을에서도 유명한 골목대장, 개구쟁이였기 때문에 항상 경찰의 골칫거리였다. 나중에 커서 감옥에 가지만 말아달라는 게 어머니의 유일한 소원이었다. 우등생이었던 글렌과는 대조적이다.

1945년 해군 사관학교를 졸업한 후 순양함을 타고 태평양 전선으로 출발한 다음날 종전을 맞았다. 한국전쟁에서는 F84E를 타고 90회 출격했는데, 네이팜탄으로 폭격하는 임무가 많았다. 한국전쟁 후에는 해군의 시험 비행사가 되었다. 그 동안 사이드와인더sidewinder(공대공 미사일) 개발에 종사했다. 시험 단계의 사이드와인더를 발사했는데 갑자기 휙 돌아서 발사한 쉬라의 비행기를 향해 돌진하여 필사적으로 도망갔던 적도 있다고 한다.

쉬라는 원래가 골목대장 타입인지라, 다른 사람의 명령을 있는 그대로 받아들여 충실히 실행하는 사람은 아니었다. 그런 성격에다 아폴로 7호에 탔을 때는 출발 이틀 뒤 감기에 걸려, 열이 나고 콧물이 줄줄 흘러 선내의 티슈를 한 장도 남기지 않고 다 쓸 정도로 악조건에 처해 있었다. 그 때문에 우주선에서 이루어지기로 했던 과학적 실험을 둘러싸고 휴스턴과 충돌하여 크게 싸운 후 휴스턴의 지령에 따르지 않고 독단적으로 실험 계획을 중지해 버렸다. 이에 NASA 상부는 잔뜩 화가 나 아폴로 7호 승무원은 두 번 다시 비행시키지 않겠다고 호언장담했다(실제로 그들은 두 번 다시 비행하지 못했다).

쉬라는 그때 이미 45세였다. 나이에 한계를 느끼기 시작하고 있었기 때문에 NASA에서의 장래를 단념하고, 아폴로 7호의 임무가 끝나자 우주 비행사에서 비즈니스계로 직업을 바꾸었다.

이 무렵 쉬라는 존 킹이라는 남자와 친했다. 킹은 하워드 휴즈 등과 함께 당시에는 괴짜 경영자로 알려진 남자였다. 콜로라도 코포레이션Colorado Corporation이라는 복합 기업을 경영하며, 그 밑에 무수한 자회사를 거느린 채로 모든 분야의 사업에 손을 뻗치고 있었다. 그러나 어딘가 수상한 부분이 있는 사람으로 나중에 국제주식투자신탁 사기 사건을 일으켜 몰락하게 된다.

1964년에 쉬라가 와이오밍Wyoming에 사냥하러 갔을 때 이 남자와 우연히 동행하게 되었고, 마침내 의기투합하여 친구 관계를 맺게 되었다. 킹은 쉬라를 통해 많은 우주 비행사를 알게 되었고, 마치 스모계의 후원자처럼 우주 비행사들에게 성대한 향응을 제공하거나 돈벌이를 소개해 주거나, 아니면 자신의 자회사 이사 자리를 제안하기도 했다.

이런 실업계의 유혹은 드문 일이 아니라 킹 이전에도 많이 있었다.

왼쪽부터
스튜어트 루사
Stuart Roosa,
앨런 셰퍼드,
에드가 미첼

우선 다양한 상품을 무료로 제공하겠다는 제의가 있었다. 우주 비행사 전원에게 새로운 집을 한 채씩 제공하겠다는 건설업자도 있었고, 다이아몬드, 시계, 카메라, 주식 등 모든 업자들이 PR 효과를 노려 무료로 물건을 대주려고 했다. 그래서 우주 비행사가 새로 채용될 때마다 선배들이 제일 먼저 주의를 주는 것은 앞에서도 말한 여자로부터의 유혹과 지금 여기서 언급한 돈의 유혹으로부터 자신의 몸을 지켜야 한다는 거였다.

많은 우주 비행사들이 여자의 유혹에 넘어갔다는 건 이미 앞에서 말했는데, 그들은 돈의 유혹에도 약했다. 대체로 그들의 월급은 임무에 비해 너무 적었다. 머큐리 계획의 우주 비행사 제1기생의 평균 봉급은 연봉 11,000달러였다. 즉 평범한 군인 내지 국가 공무원의 급여와 같은 수준이었다.

제1기생의 경우는 봉급 이상의 수입이 사진 잡지 『라이프』지에서 들어왔다. 3년 간 우주 비행사와 그 가족들의 개인적인 부분을 독점 취재하는 것을 조건으로 라이프사는 500,000달러를 지불했다. 이것은 우주 비행사 1인당 매년 24,000달러의 수입을 의미했다. 봉급의 2배 이상에 해당하는 금액이다. 머큐리 계획 이후에도 라이프사 혹은 다른 출판사와 같은 종류의 계약이 계속되었지만, 우주 비행사의 숫자가 늘어남에 따라 한 사람에게 돌아가는 몫은 줄어들어 제5기생이 들어왔을 즈음에는 1인당 매년 3,000달러 정도가 되어 버렸다.

제1기생들은 처음에는 이 자금을 공동으로 투자 운용하여 케이프 커내버릴Cape Canaveral에 있는 모텔, 워싱턴의 고급 아파트, 바하마Bahamas 군도의 리조트 호텔 등의 부동산에 투자했다. 그러나 그런 사실이 밝혀지자, 우주 비행사들이 돈벌이에만 열중한다고 신랄한 비판을 받았다. 라이프사와 맺은 거액의 독점 계약 자체가 이미 신랄하게 비판당하고 있던 참에(라이프사 이외의 매스미디어는 이 계약에 분노했다) 이 사건이 일어난 것이다. NASA 당국의 개입도 있고 해서 우주 비행사들은 공동 투자를 파기하고 각자가 자신의 지분을 독자적으로 운용하게 되었다. 이때 대부분의 우주 비행사들은 투자 컨설팅 회사에 맡겨 평범하게 운용했지만, 셰퍼드는 독자적인 투자로 거액의 돈을 벌어 우주 비행사로 있는 동안 이미 백만장자가 되었다.

셰퍼드가 성공한 이유는, 휴스턴 지역의 재계 인사들과 친하게 지냈기 때문이다. 휴스턴의 우주 센터는 휴스턴에 있다고는 하지만, 시내에서 40km나 떨어진 곳에 있다.

우주 비행사들은 거의 모두 우주 센터 가까이에 모여 살면서 그 근처 사람들과 사귀고 있었다. 우주 센터와 가까운 지역이 집 값도 싸고 환경도 좋았으며(클리어 레이크Clear Lake라는 커다란 호수가 있어 경치도 좋았다), 일하는 데도 편리했기 때문이다. 그러나 셰퍼드는 일이 끝나고 나서까지 모두 같이 있는 건 취향에 맞지 않는다고 하며, 혼자만 휴스턴 중심부 주택가에 집을 마련했다. 시내에 사는 유일한 우주 비행사였기 때문에 그는 곧 지역 사교계에서 인기인이 되었고, 지역 재계 인사들과 친밀하게 지냈다. 그런 친교 관계 가운데 셰퍼드는 유리한 투자 기회를 많이 잡게 되었다.

예를 들면 1963년에 두 사람의 지역 실업가와 함께 138만 달러로 매수한 텍사스 주 베이타운Baytown의 작은 은행은 6년 후 3배 가격에 팔렸다. 1965년에 역시 같은 사람들과 휴스턴에 있는 작은 은행의 주식 절반을 200만 달러에 사서 1년 반 후에 300만 달러로 팔았다 (미국 은행은 일본 은행처럼 전국 각지에서 영업할 수 없고, 각 주 내에서만 영업할 수 있으며, 또한 점포 수에도 엄격한 제한이 있기 때문에 작은 은행이 아주 많다. 그리고 그런 은행은 보통의 기업처럼 가끔 통째로 매매되고 있다). 마찬가지로 지역 재계 인사들과 함께 부동산업, 석유업, 자동차 판매업, 건설업, 쇼핑 센터 등으로 투자 대상을 확대하여(수법은 은행과 마찬가지로 회사 전체를 매매하였다) 금방 백만장자가 되었다.

미국 경제의 중심이 북부에서 선벨트Sunbelt 지대로 옮겨간다고들 하는데, 그 중심이 휴스턴이기 때문에 그 당시 눈치가 빠른 사람들에게는 불로소득을 얻을 수 있는 기회가 휴스턴에서 많이 굴러다니고 있었던 것이다. 1960년대가 끝날 무렵 셰퍼드의 투자 대상은 네바다 주, 캔자스 주, 오리건 주, 캘리포니아 주로 넓혀졌으며, 휴스턴의 유명한 고급 주택가인 리버 옥스Liver Oaks에 방이 11개나 있는 광대한 대저택을 갖게 되었다. 우주 비행사 동료들에게는 '은행가'로 불리게 되었다.

셰퍼드가 이렇게 투자 활동에 열중한 것은 머큐리 3호의 역사적 비행을 마치고 나서 얼마 후 메니에르Ménière's병(난청, 이명 현상이 일어나고, 평형 감각이 상실된다)에 걸려, 우주 비행사로서는 물론 일반 비행사로도 하늘을 날 수 없게 되었기 때문이다. 메니에르병에 걸린 후 셰퍼드는 우주 비행사실 실장으로 우주 비행사를 관리하는 업무로 돌려졌지만, 하늘을 나는 것을 삶의 의미로 삼고 있던 사람에게는 우울한 일이었다. 돈벌이는 그런 우울함을 말끔히 가시게 했다. 셰퍼드는 우주 비행사 제1호라는 역사적 명성을 가지고 있지만, 실제 비행은 겨우 15분 동안 탄도 비행을 한 것에 지나지 않았기 때문에 빨리 본격적인 우주 비행을 하고 싶다는 생각을 늘 가지고 있었다. 하지만 제미니 계획으로 드디어 그 소망이 성취될 수 있게 되었을 때 메니에르병이 발병했다. 식탁에 앉자마자 눈앞의 진수성찬이 사라진 것과 같았다. 결국 돈벌이에는 성공했어도 이런 욕구 불만은 사라지지 않았다.

1968년 캘리포니아의 의사가 당시까지만 해도 불치병으로 여겨왔던 메니에르병을 수술로 치료하는 법을 발견했다는 사실을 듣자, 그는 캘리포니아로 날아가 아직 기술적으로 미완성이고 성공 확률도 그다지 높지 않은 수술을 비밀리에 받았다. 수술이 훌륭하게 성공하여 NASA의 의사도 셰퍼드의 현역 복귀를 인정했다. 그러나 아폴로 7호, 8호는 이미 발사되었고, 전반부 아폴로 계획의 승무원은 결정나 있었다. 그래도 1970년대부터 시작될 후반부 아폴로 계획의 승무원이라면 아직 기회가 있었다. 셰퍼드는 오랜 기간 멀리했던 훈련에 참가하여 다른 사람보다 몇 배의 노력을 들이며 맹렬히 정진했다. 동시에 최고참 우주 비행사라는 장점을 살려 상부에 대해 정치적 공작을 펼쳤다. 그 결과 이미 46세라는 연령의 핸디캡을 극복하고 아폴로 14

호의 승무원 자리를 따내는 데 성공했다. 그리하여 다시 우주를 날 수 있다고 생각하고부터는 정신을 흐트러뜨리지 않으려고(그때까지는 NASA 사무실에 있을 때조차 투자 지시를 내려, 주위의 빈축을 사고 있었다), 그때까지 가지고 있던 투자 물건을 모두 팔아 버렸다. 물론 우주 비행 후에는 투자 업무에 복귀했다. 1974년 NASA에서 물러난 후로는 휴스턴에서 빌딩 판매 회사를 경영하면서 거액의 부를 다양하게 투자하여, 이제는 확고한 텍사스 재계 인사가 되어 있다.

투자 활동에서 이만큼 눈부신 성공을 거둔 사람은 셰퍼드 정도이고, 다른 우주 비행사들의 경제 활동은 주식 거래를 조금 하거나 명예직 이사에 취임하여 보수를 받는 정도가 대부분이었다. 후자의 사례는 아주 많다. 이사직에 이름을 올리고 가끔 회사에 나가 잡담이나 하고는, 매달 1,000달러 정도의 보수와 그 회사 주식을 유리한 조건으로 나눠 받는다. 회사로서는 이사직에 우주 비행사가 들어온다는 사실만으로도 사회적 신용을 높이고 PR에 이용할 수 있었다. 또한 경영자들은 우주 비행사와 개인적인 교제를 갖는 것으로 자기 만족감을 느꼈다.

거의 모든 우주 비행사가 많건 적건 주식 투자에는 관여했다(대체로 미국에서는 약간의 목돈이 생기면 바로 주식에 투자한다). 유명한 에피소드가 있는데, 아폴로 7호의 월터 커닝엄Walter Cunningham과 돈 아이즐리Donn Eisele가 그 주인공이다. 이 두 사람은 우연히 같은 회사에 투자하고 있었다. 예측이 들어맞아 주가가 점점 올라가기 시작했을 때 아폴로 7호의 발사 일정이 다가와 버렸다. 휴스턴에서 우주선과의 연락을 맡고 있던 건 스와이거트였다. 그래서 두 사람은 출발 전에 스와이거트에게 부탁하여 암호로 매일 주가를 알려 달라고 했다.

휴스턴과 우주선의 모든 연락 내용은 24시간 내내 자동적으로 기자실에도 들리게 되어 있었기 때문에 노골적으로 주식 이야기를 할 수 없어서 암호가 필요했던 것이다.

아폴로 7호가 지구 궤도에 오른 후에도 주가는 계속 올라갔다. 그것도 두 사람의 예상을 넘어 급속도로 올라갔다. 두 사람 모두, 주가가 벌써 최고치에 도달했으며 지금이 팔 시기라고 판단했다. 그러나 이 정도로 빠르게 상승할 줄은 생각지도 못했기 때문에 스와이거트와 암호를 정할 때 주가의 암호만 결정하였고, 주식 중개인에게 매도 지시를 내려달라는 내용의 암호는 결정하지 않았다. 두 사람은 기자들에게 발각되지 않고 그 지시를 전달할 방법이 없을까 매일 안절부절 애달아하면서 이런 저런 일상적인 이야기 속에 그런 뉘앙스를 담아 보려 했지만 결국 실패하고 만다. 그러는 사이 두 사람의 예상대로 주가는 내려가기 시작하여, 지구에 돌아왔을 때는 이전 주가로 되돌아가 있었다고 한다.

이런 에피소드를 가진 아이즐리는 현재 플로리다 주 마이애미 교외의 포트 로더데일Ft. Lauderdale에서, 뉴욕에 본사를 둔 투자 은행인 오펜하이머Oppenheimer사의 간부 사원으로 일하고 있다. 기관투자가와 부자들을 고객으로 하는 투자 컨설팅이 그의 업무이다.

"비즈니스계에 들어간 우주 비행사는 테크놀러지 관련 업무를 맡는 경우가 많은데, 의외로군요"라고 하자, "나는 우주 비행사가 되기 전, 그러니까 공군 비행사였을 때부터 항상 투자가 취미였어. 취미로 30년 가까이 해왔던 거지. 투자란 정말 재미있어"라고 말한다.

아이즐리는 공군 출신으로 1963년에 채용된 제3기생이다. 그는 우주 비행사 가운데 가장 먼저 이혼한 사람으로 유명하다. 앞에서도

돈 아이즐리

말했듯이 우주 비행사는 모범적 미국 남성이어야 한다는 이미지가 형성되어 있었기 때문에 당연히 가정에서는 좋은 남편, 좋은 아버지가 되어야 했고, 이혼 같은 건 꿈도 꾸어선 안 된다는 거였다. 그런 이미지를 너무 소중하게 여긴 나머지 NASA 당국은 우주 비행사의 가정에 무슨 문제가 발생할 것 같으면 무조건 참견을 하는, 일본에서는 있을지 몰라도 미국 사회에서는 통상적으로 있을 수 없는 간섭까지 했다.

우주 비행사에게 여자의 유혹에 넘어가지 말라는 주의를 주긴 해도, 그 속뜻은 노는 것 자체는 상관없지만 스캔들이 되거나 가정에 금이 가는 식으로는 놀지 말라는 것이었다. 때문에 우주 비행사들이 휴스턴을 떠나 가장 긴 시간을 보내야 하는 케이프 케네디에서는 일반인의 눈에 띄지 않는 형태로 상당히 방탕한 행동이 있었음은 이미 말했다.

아이즐리가 사랑에 빠진 건 케이프 케네디와 가까운 마을인 코코아 비치에 사는 여자였다. 1968년 이미 아폴로 7호의 발사가 결정되어 있을 때 사귀게 되었던 것이다. 그것이 불장난이 아니라 진지한 사랑임을 알게 된 동료들은 그를 걱정했다. 아이즐리의 가정이 화목하지 않다는 건 모두 알고 있었지만, 백혈병에 걸린 아들이 있고 아내와 잘 지내지 못한다는 이유만으로는 가정을 버리지 않을 남자라는 걸 알고 있었기 때문이었다.

보통 우주 비행사들은 케이프 타운에서 일을 할 때도 주말에는 휴스턴으로 돌아간다. 그러나 아이즐리가 무슨 구실이라도 붙여 주말에도 휴스턴에 돌아가지 않자, 사람들의 눈에도 그의 가정의 파탄은 확실해 보였다. 우주 비행사들은 호기심을 가지고 그 결과를 지켜보고 있었다.

아이즐리의 성격으로 볼 때 상황이 이 정도까지 이르면 이혼은 틀림없는 사실이다. 그러나 이혼할 때 무슨 일이 일어날까. 매스컴의 반응은 어떨까. NASA 당국은 어떻게 대응할까. 우주 비행사 가운데는 아이즐리 이외에도 붕괴된 가정을 가지고 있으면서도 이혼하면 우주 비행을 못하는 건 아닐까 하는 두려움 때문에 겉으로만 가정의 형태를 유지하고 있는 사람들이 몇 명 있었기 때문에 남의 일이 아니었던 것이다. 또한 가정이 잘 굴러가고 있던 우주 비행사들이라도 아이즐리의 애인인 수지가 코코아 비치의 사정, 즉 그들의 방탕한 행동을 잘 알고 있기 때문에, 만약 그녀가 아이즐리와 결혼해서 휴스턴으로 와 우주 비행사들의 아내들과 사귀게 된다면 곤란할 거라고 생각했다.

아이즐리는 모든 사람들의 예상대로 아폴로 7호의 비행을 마치자 아내와 이혼하고 수지와 결혼했다. 그런데 수지가 휴스턴에 오니 우주 비행사의 아내들이 모두 그녀에게 거부 반응을 보이는 것이었다. 소위 왕따를 시켰던 것이다. 수지는 지는 걸 싫어했던 여자였기 때문에 거기에 대항하여 "여러분은 누구누구의 부인이라는 얼굴을 하고 있지만, 당신들의 남편이 코코아 비치에서 무엇을 하는지 아십니까?"라고 말하기 시작했다. 공포를 느낀 우주 비행사들은 아이즐리에게 우주 비행사를 그만두도록 압력을 가하기 시작했다. NASA 당국도 또한 이 사건을 좋아하지 않아서 아이즐리에게 현역에서 은퇴하여 버지니아 주 랭글리Langley에 있는 NASA 연구소에서 일하도록 권고했다. 아이즐리는 그것을 받아들여 휴스턴을 떠났지만 결국 그것도 그만두고 평화부대에 들어가 태국의 방콕으로 갔다. 그리고 태국에서 귀국한 후 실업계에 들어갔던 것이다.

아이즐리가 우주에서 받았던 충격 또한 지구상의 국가들이 전개하고 있는 분쟁이 얼마나 바보 같은 짓인가에 관한 것이었다.

"눈 아래로 지구를 보고 있으면 지금 현재 어딘가에서 인간과 인간이 영토와 이데올로기를 위해 피를 흘리고 있다는 사실이 거의 믿기지 않을 정도로 바보 같은 짓처럼 생각된다. 아니, 정말 바보다. 소리를 내서 웃고 싶을 정도로 그것은 바보 짓이다."

_그런 인식은 어디에서 생겼나?

"이건 그때 느낀 게 아니라 나중에 생각한 거지만, 지구에 있는 인간은 결국 지구 표면에 찰싹 달라붙어 있을 뿐이며, 사물을 평면적으로밖에 볼 수 없다. 평면적으로 보는 한 평면적인 차이점만 자꾸 눈에 띈다. 지구상의 이곳 저곳에서 살아 보면 다른 나라는 역시 다르구나라는 인상을 받을 것이다. 풍토가 다르고 살고 있는 사람도 다르다. 인종도 다르다. 민족도 다르다. 문화도 다르다. 어디가 달라도 다르다. 생활 양식부터 음식, 먹는 법까지 모두 다르다. 어디엘 가도 다른 것만 눈에 띈다. 그러나 차이점으로 보이는 모든 것이 우주에서 보면 아예 눈에 들어오지도 않는다. 그것은 중요하지 않은 차이이다.

우주에서는 중요하지 않은 것은 보이지 않고 본질만 보인다. 표면적인 차이는 모두 날아가 버리고, 다 같은 것으로 보인다. 차이는 현상이고 본질은 동일성이다. 지표에서 다른 곳을 보면 역시 다르구나라고 생각되는 것에 비해 우주에서 다른 곳을 보면 역시 다른 곳도 같구나라고 생각된다. 인간도 지구상에 살고 있는 모든 종족, 민족이 다를지 모르지만, 같은 호모 사피엔스라는 종에 속하는 것으로 느껴진다. 대립, 항쟁이란 모두 어떤 차이를 전제로 하므로 동일한 것 사이에서는 싸움이 없을 것이다. 같다는 느낌이 부족하기 때문에 싸움이 일어난다."

_평화부대에 들어가 태국에 간 건 그런 인식 때문인가?

"그 반대일지도 모른다. 본질적으로는 모두 같고 어디에서라도 같다는 인식 위에서, 그럼에도 불구하고 모두 다른 곳에서 다른 생활을 하고 있다는 현상에 대한 인식도 있다. 지구가 이처럼 넓은가라는 생각을 생각했다. 나는 이만큼 넓은 지구의 극히 일부분밖에 알지 못하는 건 아닐까. 내가 알지 못했던 세계를 더 알고 싶다. 다른 인간은 어떤 식으로 살고 있고 어떤 것을 느끼고 있는가. 우주에서 본, 내가 몰랐던 세계를 이제는 클로즈업해서 보고 싶다고 생각했다."

_클로즈업해서 본 결과, 본질적으로는 모두 같고 어디나 마찬가지라는 인식은 변하지 않았는지?

"전혀 변하지 않았다. 더 강해졌다고 해도 좋을 정도다. 어쨌든 우주 비행 이후 이국인, 다른 인종에 대한 감정도 완전히 변했다."

취재 당시의 돈 아이즐리

_현실적으로 지구 위에서는 미소 대립을 비롯해 국가간의 대립이라는 현상이, 우주 시대에 들어와서도 변하지 않고 계속되고 있는데.

"그것도 기껏해야 앞으로 30~40년이라고 생각한다. 그 세월 동안 제3차대전을 일으킨다든지 하는 바보 짓을 하지 않는다면, 확실히 민족국가nation state 시대에서 행성지구planet earth 시대로 돌입할 거라고 생각한다. 지금은 그 과도기이다. 생각해 보면 민족국가 시대는 인류사 가운데 기껏해야 최근 300~400년의 일에 지나지 않는다. 그것은 이제 세계의 현상에 비추어 볼 때 앙시엥 레짐(구 체제)이 되어 있다. 민족국가는 산업혁명이 낳은 체제로서 지금 현재 진행되고 있는, 앨빈 토플러가 말한 '제3의 물결'이 진행된다면 무너지지 않을 수 없는 체제이다.

우리들 다음 세대부터는 민족국가가 옛말이 되고, 행성지구가 상식이 된다. 미·소라는 슈퍼 파워의 지배 구조도 민족국가라는 구체제에 올라탄 구조이기 때문에 민족국가와 운명을 같이한다."

_그러나 그렇게 간단하게 국제 사회의 구조가 바뀌리라고는 생각하지 않는데.

"표면적이고 일상적인 움직임만 보는 한 그럴 것이다. 결국 지금의 세계는 미국에서도 소련에서도 혹은 다른 나라에서도 구 체제의 계층 구조 위에 올라탄 사람들이 지배하고 있다. 이 사람들은 구 체제를 지킨다는 점에서는 이해 관계가 일치하기 때문에, 서로 협력하며 필사적으로 낡은 질서, 즉 민족국가의 질서를 지키려고 한다. 그것을 위해 이용하고 있는 것이, 우리 민족국가 국민은 좋은 사람이고 상대 민족국가 국민은 나쁜 사람이라는 공통된 신화이다. 좋은 사람, 나쁜 사람, 그런 건 없다. 어디에 가더라도 있는 건 같은 사람일 뿐이다. 소련의 위협이란 것도 똑같은 전설이다. 미국인은 소련이 위협적이라지만, 소련인에게는 미국이 위협적이다. 소련은 역사적으로 항상 적에 둘러싸인 상태로 살아왔다. 게다가 경제적·문화적으로 미국을 비롯한 서방 측에 열등감을 가지고 있다. 그들이 위협을 느끼는 것도 당연하다. 소련의 위협을 말한다면 소련에 대한 미국의 위협도 말해야 한다."

_예전부터 그런 생각을 가지고 있었나? 우주 비행사가 되기 전, 공군에 있을 때는 어땠나?

"아니다. 공군에 있을 때는 보통의 보수적 미국인과 마찬가지였다. 애국자였고, 소련은 미국에게 군사적 위협이기 때문에 군사적으로 대결해야 한다고 생각했다."

_그런데 왜 변했나? 우주 체험 때문인가?

"절반은 우주 체험, 절반은 베트남전쟁 때문이다. 양쪽이 서로 섞여 있다. 베트남전쟁이 일어났을 때 우주에 갔기 때문이다."

_그 외에 우주 체험이 준 사고 방식의 변화가 있나?

"무엇보다도 큰 변화는 인생관이랄까, 인생을 사는 태도가 바뀐 것이다. 긴장을 풀고 인생을 살아가게 되었다. 세상에 대해 나 자신의 존재를 증명해 보이겠다는 생각이 없어졌다. 나의 에너지를 밖으로 향하기보다는 안으로 향하여 쏟게 되었다. 가정이나 가족, 나의 내적 정신 상태 같은 것을 가장 먼저 생각하게 되었다. 그 때문에 매일 평화롭고 조용한 생활을 하고 있다. 인생을 즐기고 있다."

_그 변화는 왜 일어났는가?

"음, 잘 모르겠지만 역시 지구를 우주에서 바라본 체험이 그런 변화를 가져왔다고 할 수 있겠다."

이야기를 되돌려 보면, 쉬라는 킹의 권유로 우선 임페리얼 아메리칸 리소시즈 펀드Imperial American Resorces Fund사의 이사가 되었다. NASA의 내규에 따르면, 우주 비행사가 기업의 이사가 되는 것은 그 기업이 NASA와 사실상 관계가 없는 회사이고, NASA의 허락이 있으면 지장이 없다고 되어 있다. 이 회사는 석유 개발 회사였기 때문에 NASA의 허가가 내려졌다. 얼마 후 킹은 또 하나의 자회사, 로얄 리소시즈 익스플로레이션Royal Resorces Exploration사의 이사가 되면 어떻겠느냐고 제안했다. 쉬라는 이것도 받아들였다. 결국 NASA를 그만둘 때 이미 쉬라는 킹의 두 개의 자회사에서 이사로 일하고 있었다. NASA에서 퇴직한 후 쉬라는 점점 깊이 킹의 사업에 관여했다.

킹은 쉬라를 위해 리전시 인베스터즈Regency Investors사라는 회사를 만들어, 그를 사장에 임명했다. 킹은 끊임없이 이런 저런 회사를 만들고 없애는 일을 계속했다. 이 회사는 부동산 사업에서 석유 사업까지 폭 넓은 영역을 가지고 있는 모 회사인 콜로라도 코포레이션과 마찬가지로 성격이 불분명한 회사였다. 그러나 쉬라는 적극적으로

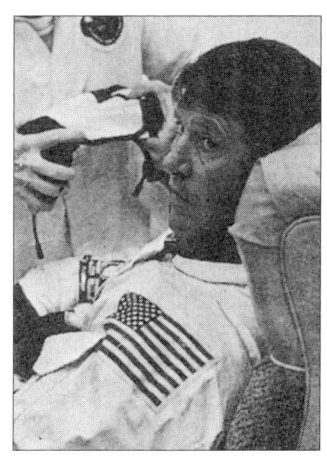
월터 쉬라

 킹이 명령한 대로 미국 각지는 물론 세계 각지를 돌아다녔다. 영업맨으로서 쉬라는 유능했다.

 쉬라가 탔던 아폴로 7호에서 처음으로 우주선에서의 텔레비전 방송이 실시되었다. 매일 정해진 시간에 십여 분 간 우주선 내에서 생중계가 이루어졌던 것이다. 쉬라는 말이 능숙한 데다 일상적인 대화에서도 2분마다 농담이 튀어나오는 사람이었다. 텔레비전 중계에서 전문 사회자 못지않게 시청자를 만족시켜 전국에 얼굴이 알려져 있었다. 그만큼 얼굴이 알려진 전 우주 비행사로서 누구와도 금방 친구가 될 수 있는 성격과 천성적인 결단력 덕분에 대부분의 상담이 손쉽게 맺어졌던 것이다.

 쉬라가 킹의 사업에 이만큼이나 깊이 개입한 이유는, 킹이 약속을 하나 해 주었기 때문이었다. 그 약속은 환경 문제를 위한 비영리적 재단법인을 만들어 쉬라를 이사장으로 앉히고 마음대로 운영하게 해 주겠다는 것이었다. 쉬라가 이 말에 솔깃했던 건, 3회에 걸친 우주 비행을 통해 공해가 전지구적 규모로 진행되었고, 지구 환경이 눈에 띄게 악화되고 있다는 것에 큰 충격을 받았기 때문이었다.

"우주에서 본 지구는 정말 아름답다. 우주 비행사가 이구동성으로 하는 말이지만 정말 아름답다. 그러나 동시에 지구가 더럽혀져 가고 있는 것도 사실이다. 지금은 랜드샛Landsat 위성이 적외선 사진 등 다양한 사진 기술로 공해의 진행 상태를 분석하고 있지만, 그때는 그런 것이 없었다. 그러나 그런 게 없어도 사람의 육안으로 알 수 있는 사실이다. 특히 내 경우는 1962년, 1965년, 1968년, 즉 6년 동안 세 번, 우주에서 지구의 모습을 보았다. 그렇기 때문에 그 변화를 알 수 있다. 특히 대기 오염, 수질 오염 상태는 명확하게 보였다. 로스앤젤레스의 스모그, 덴버의 스모그, 도쿄의 스모그 등, 세계적으로 유명한 대기 오염은 육안으로도 관찰할 수 있었다. 그것은 실로 슬픈 광경이었다. 지구 전체가 너무 아름답기 때문에 그 얼룩 같은 부분의 존재를 보면 정말 슬퍼진다.

특히 슬펐던 건 상하이다. 1962년의 상하이는 교토처럼 아름다운 도시였다. 그러나 1965년, 1968년 점점 공기가 나빠지더니 결국 유명한 오염 지역과 다를 바 없게 되었다. 그런 상황을 보고 나서 지구로 돌아오면 앞으로 지구가 어떻게 될지 정말 걱정되었다. 도대체 우리들은 이 지구에게 무슨 짓을 하고 있는 건가 하는 분노가 솟구쳐 올라왔다. 우주를 비행하기 전에는 환경 문제 따위에 전혀 관심이 없었지만, 지구로 돌아온 후에는 NASA를 그만두면 환경 문제에 관여하겠다고 결심했다. 그게 킹의 유혹에 빠져들었던 이유이다. 설마 킹이 나를 속이고 있다고는 생각지도 못했다."

| 제3장 | ## 신의 존재에 대한 인식

월터 쉬라의 이야기를 조금 더 들어 보자. 쉬라는 직접 눈으로 공해公害를 관찰했다고 한다.

_육안으로 그렇게 지구가 잘 보이나?

"보인다. 놀랄 정도로 잘 보인다. 예를 들어 대양을 항해하고 있는 배의 흔적이 보인다. 중국의 만리장성이 보인다. 어느 쪽도 커다란 폭이 없는데도 잘 보인다. 색채와 명도의 대비가 있으면 아주 작은 것까지 보인다. 베트남 상공에서는 전쟁터에서 서로 쏘고 있는 포의 불빛이 보였다."

_전쟁터의 불빛이…….

"밤이면 소총의 불빛까지 보인다. 베트남 상공에서 깜박깜박 빛나는 걸 보았을 때 번개인가 했다. 번개는 여러 곳에서 관찰된다. 그러나 번개의 경우 반드시 구름 속에서 빛난다. 그런데 베트남 상공은 맑았던 것이다. 그래서 전쟁의 불빛임을 알게 되었다. 밤에는 마치 불꽃놀이를 보는 듯했다. 그게 전쟁의 불빛이 아니었다면 그 아름다움에 넋을 잃을 정도로 아름다웠다."

_당신이 아폴로 7호에서 귀환한 후 『라이프』지에 기고한 수기 가운데, "적어도 우주만은 영원히 평화로운 상태에 머물러야 한다. 다른 나라의 안전에 위협을 줄 수 있는 우주 이용은 엄격하게 자제해야 한다"고 말하고 있는 건, 우주에서 베트남전쟁을 본 경험에서 나온 것인가?

"그렇다. 그러나 그것뿐만은 아니다. 그때 전쟁의 불이 타오르고 있던 곳은 베트남뿐만이 아니었다(육안으로 본 건 베트남뿐이었지만). 우주에서 돌아와 신문을 펼쳐 보니 거의 매일 여기저기에서 전쟁, 전투가 벌어지고 있었다. 중남미, 중동 등에서는 특히 심했다. 게다가 지금은 전쟁이 일어나고 있진 않지만, 한반도처럼 국경을 사이에 두고 일촉즉발의 상태 속에서 서로 대치하고 있는 지역이 많이 있다.

우주에서 보면 국경 따위는 어디에도 없다. 국경이란 인간이 정치적 이유로 마음대로 만들어 낸 것일 뿐이고 원래는 존재하지 않았던 것이다. 우주에서 자연 그대로의 지구를 바라보면 국경이란 게 얼마나 부자연스럽고 인위적인지 잘 알게 된다. 그럼에도 불구하고 그것을 사이에 두고 같은 민족끼리 서로 대립하고, 전쟁을 일으키고, 서로를 죽인다. 이건 슬프고도 어리석은 짓이다. 나는 군인으로 살아왔던 사람이기 때문에(한국전쟁에 현역으로 참가했다), 어떤 전쟁이라도 그 전쟁에는 전쟁에 이르게 된 정치적·역사적 이유가 있기 때문에 그렇게 간단하게 이 지구에 전쟁이 없는 시대가 올 거라고는 생각하지 않는다. 그러나 그런 인식이 있더라도, 우주에서 이 아름다운 지구를 바라보고 있으면 그 위에서 지구인 동료들이 서로 싸우고 서로 전쟁하고 있다는 사실이 정말 슬프게 생각되는 것이다. 아무리 싸워도, 그 가운데 누구도 이 지구 바깥으로 나갈 수는 없다.

나는 세 번 이 지구라는 행성에서 벗어난 적이 있는 인간으로서 말

취재 당시의 월터 쉬라

하는데, 여기 이외에 우리들이 살 수 있는 곳은 아무 데도 없다. 그런데도 지구 위의 사람들은 서로 전쟁을 일으키고 있다. 이건 정말 슬픈 일이다."

_당신은 우주에 가기 전부터 이런 생각을 하고 있었나?

"아니다. 이런 생각을 갖게 된 건 역시 지구 밖에서 베트남전쟁을 본 후이다."

_그러나 현실적으로는 당신의 소망과 반대로 우주도 군사화되고 있다. 군사 위성은 한창 번성하고 있다. 스페이스 셔틀도 절반은 평화적 목적이지만, 절반은 군사적 목적이다.

"지금과 같은 국제 정세하에서는 정찰과 사찰을 위해 우주가 이용되는 건 어쩔 수 없다. 그렇지만 그 한도를 넘어서 전쟁 목적에까지 우주를 이용하려는 건 아주 어리석은 짓이다. 우주를 이용하는 방법만 어리석은 게 아니라 군사 기술적으로도 어리석다. 우주는 전쟁에 적합한 장소가 아니다. 미국 영화건 일본 영화건 우주를 무대로 한 영화는 전부 우주 전쟁 영화이다. 〈스타 워즈〉나 〈우주 전함〉이 그렇다. 끊임없이 꽝꽝(아니 끼긱이나 삐, 뾰뵤봉 같은 전자음을 내고 있는데, 그런 전자음은 현재의 진짜 우주선 기기로부터는 나오지 않는다), 서로를 향해 쏘고 있다. 그런 일은 현실적으로 일어날 수 없다.

헌터 킬러hunter-killer 위성같이 우주에서 위성끼리의 전투를 전제로 한 우주 기술의 개발이 현재 진행되고 있는 건 아니냐고 반론할지 모르지만, 실제로 우주에서는 전투가 아주 곤란하다. 무엇보다 적을 찾는 일이 어렵다. 적을 찾아서 상대방을 우리 쪽 무기의 사정거리 안에 들어오도록 접근하는 게 전투의 전제다. 무기로는 레이저 무기가 가장 유효할 것이다. 탐색·접근이란 기본적으로는 랑데뷰와 같은 기술이다. 그런데 이게 간단하지 않다. 지금의 로켓 추진력 가지고는 지구 궤도상의 어느 한 점에서 다른 한 점으로 이동하는 데 하루 종일 걸린다. 이래서는 실용화될 수 없다.

위성을 파괴할 수 있는 레이저 무기가 있으면 지상의 기지에서 쏘는 편이 유리하다. 위성의 궤도를 항상 파악하고 있으면 지상에서 격추시키는 데 5분도 걸리지 않는다. 우주에서는 연료가 한정되어 있기 때문에, 비행기가 공중을 자유롭게 날아다니듯이 움직이는 게 불가능하다. 그것이 있는 장소는 기본적으로 항상 지상에서 파악되고 있다. 그렇기 때문에 우주 전쟁이란 공상의 산물이다.

궤도 비행 물체는 지상에서의 파괴에 약하다. 이렇게 약하기 때문에 우주 개발은 평화를 전제로 하지 않는 한, 이 이상 진전되지 않는다. 우주 정거장이건 우주 태양 에너지 발전소이건 만드는 데 기술적으로 곤란함은 없지만, 그것을 만들면 전쟁이 일어날 경우 손쉽게 파괴되리라는 것을 각오해야 한다."

_평화의 문제라면 정치 문제인데, 정치 세계에 발을 담그려고 생각한 적은 없는가?

"제안받은 적은 있다. 머큐리 8호의 비행에 성공하고 난 후 케네디 대통령에게 인사를 하러 백악관에 갔을 때 동생인 로버트 케네디가 나를 옆으로 불러 정치에 흥미가 없느냐고 물었다. 글렌을 정계로 끌어들일 때와 마찬가지 방법이었다. 나는 솔직하게 거절했다. 정치가 만은 되고 싶지 않은 게 내 생각이었다. 왜냐고 물었다. 나는 시험 비행사이고, 엔지니어이며, 과학자이다. 그렇기 때문에 무엇이든 사실에 기초를 두고 결정을 내린다. 그러나 정치의 세계에서는 결정이 반드시 사실에 기초를 두고 내려지는 건 아니다. 종종 감정에 기초를 두어 결정되기도 한다. 다음 선거에 유리한가 불리한가가 결정의 기준이 된다. 나는 그것을 참을 수 없었다. 최근 레이건 정권으로부터도 정부에서 함께 일해 보지 않겠느냐는 제안을 받았지만, 역시 거절했다."

_환경 문제도 정치와 관련될 수밖에 없지 않나?

"아니다. 나는 환경 문제에 정치적으로 관여하려는 생각은 하지 않았고, 실제로도 그렇게 하지 않았다. 나는 '뭐든 반대' 하는 생태학 운동에는 대체로 찬성하지 않는다. 환경 오염을 제로로 만드는 건 불가능하고, 그렇게 할 필요도 없다. 우주에서 지구를 바라보면 금방 알 수 있는데, 인위적인 환경 오염보다 자연에 의한 환경 오염 쪽이 양적으로 무시무시하다. 예를 들어 화산 폭발로 인한 대기 오염이나 큰비가 토사를 쓸어 내림으로써 발생하는 수질 오염이 있다.

환경 문제란 이 지구라는 행성의 존재 조건과 인간의 생산·생활 활동 사이의 타협점을 과학적으로 발견해 가는 것이라고 생각한다.

환경 오염을 무서워하지 않는 게 잘못이지만, 환경 오염을 너무 두려워하는 것도 잘못이다. 어떻게 하면 보다 좋은 타협점을 발견할 수 있을까. 이게 바로 내가 환경 문제에 개입하는 기본적인 시각이다. 그렇기 때문에 생태운동가들이 건설을 절대 반대한다는 운동을 전개한 알래스카의 석유 파이프 라인 문제에서도, 나는 어떤 파이프 라인이면 환경에서 허용될까를 조사하는 방향으로 참여했다. 나는 환경 문제를 비즈니스로 하려고 했다. 행정 당국과 기업이 부딪치는 환경 문제에 조사, 기획, 입안으로 대응해 가는 환경 문제 컨설턴트가 되는 것이다."

앞에서 말했듯이 쉬라는 NASA를 그만둔 후 존 킹이라는 복합 기업 경영자에게 주목받아 그의 경영진으로 들어갔다. 환경 문제에 관여할 수 있는 기관을 만들어 쉬라에게 맡긴다는 조건으로 그랬던 것이다. 그러나 쉬라와 킹의 관계는 1년 정도밖에 지속되지 않았다.

"결국 그 사람이 노린 건 우주 비행사의 명성뿐이었다. 투자자로부터 돈을 모으는 데 나를 이용했을 뿐이다. 석유 사업에 투자하고 싶지만 유전을 살 자금이 없는 투자자들을 모아, 공동 출자로 유전을 사서(미국에서는 유전의 매매가 일상적으로 이루어지고 있다) 그 이익을 투자자에게 환원하겠다는 감언이설로 엄청난 자금을 모아 사업을 확대한 사람이다. 그러나 모인 자금은 자기 마음대로 사용하면서 투자자에게는 충분히 환원하지 않았다. 돈에 대해 강렬하고 더러운 욕심이 있었던 사람이다. 입을 열기만 하면 환경 문제가 어떻다는 둥, 세계 식량 문제를 해결하고 지구를 기아로부터 구하기 위한 사업을 일으켜야 한다는 둥, 후진국의 경제 개발에 노력하고 싶다는 둥 언제나 이상주의적인 말을 떠벌렸지만, 그건 정치적 야심(상원의원 아니면 주지사 자리를 노리고 있었다)에서 나온 포즈에 지나지 않았고, 진심은 다른 사람의 돈을 이용해 돈벌이를 할 생각밖에 없었던 사람이다.

나는 그의 말발에 속아서 그의 회사에 들어갔고, 자금을 모으는 데 일조했지만, 얼마 되지 않아 그의 정체를 간파할 수 있었기 때문에 회사를 그만두고 스스로 환경 문제에 개입할 회사를 만든 것이다."

1970년 쉬라는 킹의 콜로라도 코포레이션을 그만두고 ECCO(Environmental Control Company)라는 회사를 차린다. 회사의 설립 자금을 마련하기 위해 텔레비전 광고에 나가기도 했다.

그 후 4년 동안 이 회사를 통해 다양한 환경 문제 프로젝트에 참가했다. 그 예를 몇 가지 들어 보면 인디애나 주 정부로부터 의뢰받은 인디애나 주의 대기 오염에 관한 환경 기준 책정, 맥주 회사로부터 의뢰받은 알루미늄 캔의 재활용책, 델라웨어 주의 생활폐기물 처리 설비 설계, 조지아 주에 있는 닭고기 처리 공장의 폐기물 처리 장치, 동시베리아 천연 가스 파이프 라인 부설로 발생되는 환경 영향에 대한 조사 등 미국 각지는 물론 해외로까지 진출하여 일을 했다.

그러나 결국 이 회사는 경제적인 파탄에 처하고 말았다.

"결국 이런 사업은 장사로서는 성립되지 않는다는 말이다. 환경에 대한 배려는 기업에게 별로 이익을 가져다 주지 않기 때문에 흔쾌히 돈을 내려고 하지 않는다. 우리들은 사기업이기 때문에 돈을 지불받지 못하면 운영해 나갈 수 없다. 한편 대학 연구소 같은 곳에서는 같은 일을 연구하는데 무료로 해 준다. 행정 기관이 환경 문제 연구소 같은 것을 각기 독자적으로 설립하게 되었다. 아무래도 우리 같은 회사에 돈을 지불하고 조사·연구를 의뢰하기보다는 같은 일을 무료로 해 주는 곳에 의뢰가 간다. 결국 나는 다른 사업에서 번 돈을 이 회사에 쏟아붓기만 하는 상황이 계속되어 더 이상 할 수 없게 되었다."

1974년 환경 문제에서 손을 떼고, 그 후 몇몇 기업을 전전하며 지금에 이르고 있다.

"사업에서 손을 뗐다고 해서 환경 문제에 대한 관심을 잃어 버린 건 아니다. 요즘 나는 산에 살고 있다(콜로라도 주는 산악 지대이다). 매일 아침 눈을 뜨면 작은 새의 울음소리가 들린다. 어제는 사슴을 보았다. 오늘 아침에는 코요테를 보았다. 자연 속에서 살고 있으면 마음이 온화해진다. 이 지구에서 인간은 자연 없이 살아갈 수 없다. 그렇다기보다 오히려 인간도 지구 자연의 일부라고 하는 게 낫겠다. 지구를 떠나서 인간은 호흡조차 할 수 없다. 우주인이 지구에 오면 에일리언이지만, 우주에서는 지구인 또한 에일리언이다. 지구 외에는 갈 곳이 없는 존재가 바로 지구인이다."

이런 인식은 우주 체험이 쉬라에게 가져다 준 최대의 것이었다고 한다.

그런데 지금까지 소개한 사람들 이외에도 실업계에 들어간 우주 비행사는 얼마든지 있다. 그렇게 말하기보다 극히 소수의 예외를 제외하면 NASA를 그만둔 우주 비행사 거의 대부분이 실업계에 들어갔다고 하는 편이 나을 것이다. 그 가운데 가장 성공한 사람이 프랑크 보먼Frank Borman(제미니 7호, 아폴로 8호)이다. 보먼도 쉬라와 마찬가지로 NASA를 그만둔 후 존 킹의 복합 기업에 경영 간부로 들어갔지만, 역시 킹의 수상한 행태를 혐오하며 그곳을 그만두고 이스턴 항공에 들어가 지금까지 사장 자리에 앉아 있다. 미국에서도 손꼽히는 거대 기업의 사장이 된 것이다.

왼쪽부터
프랑크 보먼, 윌리엄 앤더스,
제임스 라벨

대기업에 들어간 사람으로는 그 외에 맥도넬 더글러스MacDonnell Douglas사의 부사장이 된 찰스 콘래드Charles Conrad(제미니 5호·11호, 아폴로 12호, 스카이랩 2호)가 있다. 그러먼사에 들어간 프레드 헤이즈 Fred Haise(아폴로 13호)는 우주 부문 담당 부사장이 되었고, GE사에 들어간 윌리엄 앤더스William Anders(아폴로 12호)는 원자력 에너지 담당 부사장을 거쳐 현재는 항공기 장비 담당 부사장이다.

거대 기업에 들어간 사람들은 이 정도지만, 그 뒤를 텍사스 전화회사 사장이 된 제임스 라벨James Lovell(제미니 7호·12호, 아폴로 8호·13호), 마찬가지로 텍사스 석유회사 부사장이 된 유진 서넌Eugene Cernan(제미니 9호, 아폴로 10호·17호) 등이 잇는다.

서넌은 내가 휴스턴을 방문했을 때 얼마 전까지 다니고 있던 석유회사를 그만두고 서넌 에너지 회사라는 자신이 직접 경영하는 석유회사를 설립할 준비를 하고 있는 중이었다.

서넌은 체코슬로바키아 이민자를 부모로 두고 1934년 시카고에서 태어나 해군 시험 비행사를 거쳐 1963년에 우주 비행사 제3기생으로 선발되었다. 제미니 9호에 편성되었을 때는 아직 32세로 우주를 비행한 최연소 우주 비행사가 되었다.

그 당시까지 달에 두 번 간 사람이 세 명 있었는데, 서넌은 그 가운데 한 사람이었다(다른 두 사람은 영과 라벨. 단 라벨은 아폴로 13호가 고장을 일으켰기 때문에 달 착륙 경험은 한 번도 없다). 우주 체재 시간으로 말하면 스카이랩 4호의 승무원이 84일 간 2,000시간의 기록을 가지고 있지만, 지구 궤도를 벗어난 우주 체재 시간을 따지면 서넌이 세운 약 500시간이 아직까지 최고 기록이다.

_우주 비행사라는 경력과 지금의 사업은 그다지 관계가 없어 보이는데.

"나는 과거에 얽매어 사는 걸 좋아하지 않는다. 과거는 과거이고, 중요한 건 내가 지금 어디에 있고 내일은 어디로 가려고 하는가이다. 내 이름이 역사에 남아 있는 건 내 아이들과 손자들에게는 멋진 일이겠지만, 현재의 나에게는 중요한 일이 아니다. 과거는 역사이고 역사란 이미 끝난 일이다."

_그렇다면 현재의 당신에게 우주 체험이 가져다 준 것이 아무것도 없다는 말인가?

"아니다. 그런 건 아니다. 우주 체험으로 내가 얻은 건 크다. 우주 체험은 나를 정신적으로 풍부하게 만들었다. 내면적으로는, 인간은 과거의 경험으로부터 벗어날 수 없다. 따라서 내면적으로 지금의 나를 우주 체험으로부터 벗어나게 할 수 없다. 그러나 외면적으로는, 내 인생은 우주 체험과 완전히 떨어져 있다. 과거는 이미 끝난 것이고, 한때 무언가를 했다는 사실에 얽매인 채 그 후의 인생을 살아가고 싶지는 않은 것이다."

찰스 콘래드

_그 내면에 대해서 듣고 싶은데, 당신이 얻은 것 가운데 무엇이 가장 큰가?

"신의 존재에 대한 인식이다. 신의 이름은 종교에 따라 다르다. 기독교, 이슬람교, 불교, 신도神道, 모두 서로 다른 이름을 신에게 붙이고 있다. 그러나 그 이름이 무엇이건 그것이 가리키고 있는 동일한 더없이 뛰어난 존재가 있다. 그것이 존재한다는 것이다. 종교는 모두 인간이 만들었다. 그렇기 때문에 신에게 서로 다른 이름이 붙여진다. 이름은 다르지만, 대상은 동일하다.

우주에서 지구를 볼 때 너무 아름다워 감동을 받게 된다. 이처럼 아름다운 것이 우연히 탄생되었을 리가 없다. 어느 날 어느 때 우연히 부딪친 소립자와 소립자가 결합하여 우연히 이런 것이 생겨났다는 사실을 절대로 믿을 수 없다. 지구는 그만큼 아름답다. 무슨 목적 없이, 무슨 의지 없이, 우연만으로 이만큼 아름다운 것이 형성될 리 없다. 그런 일은 논리적으로 있을 수 없다는 걸 우주에서 지구를 바라보며 확신했다. 그 아름다움을 다른 사람에게 보여 주지 못하고 나만 보고 있는 것이 정말 이기적인 행위처럼 느껴질 정도였다."

_당신은 종교를 믿고 있나?

"나는 가톨릭이다."

_열렬한 신자인가?

"열렬한 신자라곤 할 수 없지만, 신은 믿고 있다."

_모든 종교의 신은 유일신의 다른 이름에 불과하다는 건 가톨릭의 정통 교의에 벗어나는데, 그 생각은 우주 체험 전부터 가지고 있었나, 아니면 우주 체험을 통해 발견한 것인가?

"어렴풋이 전부터 그렇게 생각하고 있었다. 그러나 우주에서 지구를 봤을 때 흔들림 없는 확신이 되었다. 신은 유일신 이외에 다른 것이 될 수 없다고 생각했다. 그리고 우주 체험을 거듭할 때마다 그런 확신은 강해졌다."

_그 유일신이란 기독교의 신인가?

"어느 종교의 신이 상위라는 이야기는 아니다. 우리가 말하는 'God'도 유일 지고의 존재에 대해 붙여진 하나의 이름이다. 나는 어떤 종교도 기본적으로 좋은 것이라고 생각한다."

_그러면 제임스 어윈이 우주 체험으로 얻은 인식과는 다른 것인가?

"그것과는 다르다."

_우주 체험이라고 해도 당신의 경우는 제미니로 지구 궤도를 돌았고, 아폴로 10호로 달 궤도를 돌았으며, 아폴로 17호로 달 표면 탐사를 한, 세 종류의 질적으로 다른 체험을 했다. 각각의 체험에서 얻은 내적 충격은 다 달랐을 거라고 생각하는데, 그 차이를 설명해 줄 수 있는지?

"세 종류의 체험이라고 했지만, 또 하나 다른 체험이 있는데 바로

유진 서넌

우주 유영 체험이다(서넌은 제미니 9호로 2시간 9분 동안 우주 유영을 했다. 그 전에 미국에서 처음으로 우주 유영을 한 에드워드 화이트의 유영 시간은 겨우 20분이었기 때문에, 본격적인 우주선 밖 활동으로는 서넌의 체험이 처음이었다. 우주선은 약 90분 간 지구를 한 바퀴 도는 데 불과했기 때문에 서넌은 우주선 밖에서 하루 밤낮을 보냈던 것이다). 우주선 안에 갇혀 있는 것과 해치 hatch를 열고 밖으로 나가는 것은 완전히 질적으로 다른 체험이다. 우주선 밖으로 나갔을 때 비로소 자신의 눈앞에 우주 전체가 있다는 것을 실감한다. 우주라는 무한한 공간의 정중앙에 자신이라는 존재가 던져져 있다는 느낌이다. 그때의 충격에 비하면 지구 궤도를 떠나 달로 향하는 것이나 달 위를 걷는다는 건 그리 대단한 것이 아니라고 할 수 있을 정도로 큰 차이가 있다."

_그때, 특히 밤의 부분으로 들어가 암흑 천지가 되었을 때, 허공 속에서 상하의 감각도 없고 자신이 붕 떠 있어서 감각적으로 이상하지 않았나? 불안이라든가, 세계 상실감 같은 게 느껴지지 않았는지?

"내가 우주 유영을 하기 전에 그런 일을 예상한 심리학자가 있었다. 우주 공간에는 상하가 없기 때문에 장시간 우주 유영을 하면 근원이 상실되어 심리적으로 이상해질 거라는 이야기였다. 그러나 실제로 그런 일은 없었다.

인간의 감각이라는 건 놀랄 만한 적응 능력을 가졌다. 방향 감각의 상실은 전혀 없었다. 육체적으로도 심리적으로도 바로 익숙해질 수 있었다. 인간은 자기가 놓여진 상황을 금방 있는 그대로 받아들일 수 있는 능력을 가졌다. 객관적으로 상하가 없는 상황에 처해도 그 상황에 따라 자연스럽게 머리 속에서 상하가 정해진다. 지구 궤도 위에 있으면 지구가 있는 곳이 하, 별이 있는 곳이 상, 달 궤도 위에 있으면 달 표면이 하, 그 반대가 상. 이 상하는 앞의 상하와 일치하지는 않지만, 그건 문제가 안 된다. 상하란 상황 속의 편의적 개념이기 때문에 그런 차이는 문제가 되지 않는다. 우주선 속에서는 지구에 있을 때와 마찬가지로 상하를 생각하거나 자신의 머리가 있는 쪽이 상, 발이 있는 쪽이 하라고 생각한다. 이 상하도 모순되지만, 그렇다고 심리적으로 혼돈되는 일은 전혀 없다."

_지구 궤도를 떠나 달로 향할 때는 어떤가?

"그때의 광경은 각별하다. 인간이 지금까지 본 적이 없는 방식으로 지구를 볼 수가 있다. 지구와 멀어짐에 따라 대륙과 대양이 한눈에 조망되었다가, 마침내 지구의 둥근 윤곽이 보이기 시작한다. 세계가 한눈에 보인다. 전인류가 내 시야 속으로 들어와 버린다. 눈앞의 청색과 백색의 구체 위에서 지금 세계에서 일어나고 있는 모든 일이 현재 눈앞에서 일어나고 있다고 생각하면 왠지 감동적이다. 게다가 지구상에서 시간이 흐르고 있는 모습이 눈으로 보인다. 해 뜨는 지역과

해 지는 지역이 동시에 보이고, 지구가 회전하고 시간이 흘러가는 모습을 관찰할 수 있다. 그건 정말 신의 눈으로 세계를 보는 것이다. 살아 있는 세계가 조금씩 내 눈앞에서 그 생을 전개하고 있다. 나도 그 세계에 속한 일원이지만, 나는 여기에 있고 나머지 모든 세계는 나에게 보여지며 거기에 있다. 나는 사람이면서 눈만은 신의 눈을 가지고 체험을 하고 있다고 생각했다. 그리고 지구로부터 멀어짐에 따라 지구는 점점 아름다워진다. 그 색깔이 말할 수 없을 정도로 아름답다. 그 아름다움은 평생 잊을 수 없다."

_우리들도 사진으로 그 아름다움을 알고 있기는 한데.

"육안으로 보는 지구와 사진으로 보는 지구는 완전히 다르다. 그때 거기에 있는 건 실체이다. 실체와 실체를 찍은 것은 완전히 다르다. 어디가 다르냐고 물어도 잘 설명할 순 없지만, 우선 2차원의 사진과 3차원의 현실이라는 차이가 있다. 손을 뻗치면 지구에 닿을 수 있지 않을까 하는 현실감, 즉물감이 사진에는 빠져 있다. 그리고 이것도 2차원과 3차원의 차이인데, 사진으로 지구를 보아도 지구밖에 보이지 않지만, 실제로는 지구를 볼 때 동시에 지구를 넘어 저쪽이 보인다. 지구 저쪽은 아무것도 없는 암흑 천지이다. 완전한 암흑이다. 그 어두움, 그 어두움이 가진 깊이를 보지 못한 사람은 절대로 상상할 수 없다. 그 암흑의 깊이는 지구의 어떤 것으로도 재현할 수 없다. 그 암흑을 보았을 때 비로소 인간은 공간의 무한한 넓이와 시간의 무한한 이어짐을 함께 실감할 수 있다. 영원이라는 것을 실감할 수 있다. 영원의 어두움 속에서 태양이 빛나고, 그 태양 빛을 받아 청색과 백색으로 된 지구가 빛나고 있는 그 아름다움. 이것은 사진으로는 표현될 수 없다."

_우주의 크기를 사진으로는 알 수 없는 건지.

"그렇다. 그리고 달 위에서 지구를 볼 때 이 우주의 무한한 크기가 한층 실감된다. 우리들은 며칠이나 걸려 초고속 로켓을 타고 겨우 달에 도착했다. 그리고 지구를 하나의 천체로 볼 수 있을 정도로 지구에서 멀어질 수 있었다. 그러나 그만큼의 시간이 걸려 그만큼 지구로부터 멀어져도, 암흑의 우주에서 빛나는 무수한 별 가운데 어느 하나에 한 발자국이라도 가까이 간 건 아니다. 우주의 광경 중에서 변한 것은 지구의 크기뿐이고, 그 나머지 우주는 아무런 변화도 없다.

무한한 우주 속에서는 인류 역사상 가장 긴 여행으로 움직인 거리도 무에 가깝다. 그리고 무한한 우주를 눈앞에 두고 있다고 해도 우리가 보고 있는 우주는 우리가 볼 수 있는 능력을 넘어서 정말 무한하게 펼쳐져 있는 우주의 아주 작은 일부분, 정말 작은 부분에 지나지 않는다. 앞으로 아무리 우주 비행을 계속해도 지금 시야 속에 있는 우주의 일부를 벗어나, 그 너머가 보이는 곳까지 갈 수 없다. 즉 우리들은 무한한 우주 속에 있고 아주 작은 부분에 갇혀 있는 존재이다. 멀리 떨어진 달까지 가서 달에서 우주를 바라볼 때 비로소 그것을 실감할 수 있었다. 그건 겨우 여기까지 왔는데라고 느끼는 자신의 행동에서 얻어진 인식이다."

_그것은 동시에 지적 인식이기도 하다.

"맞다. 우주의 넓이에 관한 인식을 전제로 얻어진 지적 인식이다. 그러나 동시에 그것은 지식만으로는 얻을 수 없는, 실물로서의 우주를 그 공간에서 감각적으로 보는 것과 합해진 지적·감각적 인식이라고 하는 게 옳을 것이다."

_그렇게 무한한 우주를 보고, 무한한 우주 속에 있는 지구를 본 것이 당신

의 우주 체험 가운데 주요 부분인가?

"아니다. 그것보다도, 그러니까 보는 대상보다도 더 중요한 건 보는 주체인 나라는 존재이다. 내가 거기에 있고, 그것을 보고 있다는 사실이다. 영원한 시간의 흐름 가운데 바로 그 시점에, 무한한 공간 가운데 바로 그 장소에 내가 있어서 그것을 보고 있다는 그 사실, 역사적 존재로서 그 사실의 주체가 나라는 것. 그런 인식, 자신의 존재에 대한 인식이 무엇보다 중요했던 건 아닐까 한다."

_이야기를 듣고 있으니까 역시 지구 궤도상에 있었던 체험보다 지구 궤도에서 멀어진 후의 체험 쪽이 더 큰 충격을 준 듯한데.

"그렇다. 앞에서 우주 유영의 충격이 크다는 걸 강조한 건 우주선 안의 체험과 밖의 체험을 비교해서 말한 것이고, 역시 지구에서 멀어지는가 그렇지 않은가는 결정적으로 중요한 의미를 지닌다. 지구 궤도에서 지구를 본다는 것은 정확하게는 지구 자체를 보는 게 아니다. 지표면을 보고 있음에 지나지 않는다. 극단적으로 말하면 지구 궤도 위에서 지표면을 보는 체험은 비행기로 초고공비행을 해서 얻을 수 있는 체험과 본질적으로 다를 바가 없다. 그건 지구 궤도에서 떠나 지구를 보는 체험과는 차원이 다른 체험이다. 그렇기 때문에 같은 우주 비행사라도 지구 궤도밖에 체험하지 못한 사람과 달에 간 적이 있는 사람은 질적으로 다른 체험을 한 것이다. 지구 궤도만을 체험한 사람은 우리들이 우주 체험을 통해 얻은 것을 상상할 순 있어도 실감할 순 없을 거라고 생각한다."

_지구 궤도에서도 머리를 돌리면 지표면뿐만 아니라 우주의 무한한 전개를 볼 수 있을 텐데, 지구 궤도를 벗어난 체험과의 질적인 차이는 어디에 있나?

"그건 무엇보다 지구를 그만큼 벗어났다는 사실 자체에 있다. 관념적 문제가 아니라 감각적 문제, 사실의 문제이다. 자신이 구체적인 현실에서 어떤 상황 속에 있는가에 따라 인식은 달라진다. 감각적으로도 창을 통해 본 지구는 점점 작아진다. 지구 궤도상에서 지구를 보면 시야 가득히 지표면이 펼쳐져 있고, 또한 끝에서 끝까지 한눈에 볼 수 없다. 같은 우주를 보고 있더라도 머리를 돌렸을 때 시야에 가득찬 지구를 보는가, 아니면 암흑 속에 떠 있는 하나의 아름다운 천체를 보는가는 결정적인 차이이다."

_많은 우주 비행사들이 우주에서 지구를 본 후 그 연약함, 덧없음에 강한 인상을 받았다고 하는데.

"아니다. 나에게는 지구가 약한 존재로 보인 적은 한 번도 없었다. 지금이라도 당장 부서질 것 같다는 인상은 하나도 없었다. 오히려 당당하고 강력한 존재로 보였다."

_당신이 말하는 신에 대해 조금 더 묻고 싶은데, 그것이 인격신인가?

"그렇다. 흰 옷을 입고 있는지 안 입고 있는지, 수염을 기르고 있는지 안 기르고 있는지는 모르지만, 그건 인격신이다. 그리고 인간의 기도를 들어 주는 신이라고 생각한다."

_에드가 미첼Edgar D. Mitchell(아폴로 14호)은 당신이 말한 사실과 비슷한 인식을 가지고 있지만(그의 인식에 대해서는 나중에 서술하겠지), 그는 인격신을 부정하고 있다.

"그렇다. 그의 신은 인격신이 아니라 정신이다. 그와는 그런 점에서 결정적으로 다르다. 그러나 결국은 그의 신도, 나의 신도 같다고 생각한다. 실체는 같고, 그와 나의 인식 방법이 다를 뿐이라고 생각한다. 종교에 따라 신에 대한 인식 방법이 다른 것과 마찬가지이다."

_당신의 신은 창조신이기도 한가?

"그렇다. 이 우주도, 지구도, 인간도, 생명도 신이 창조한 거라고 생각한다. 이 존재가 단순히 우연에 의해 생겨났다고는 생각하지 않는다. 이것은 앞에서 말했듯이 우주 체험이 가져다 준 확신이다. 그리고 아마 신은 이 지구뿐만 아니라 우주의 다른 장소에도 생명을 만들어 두었을 거라고 생각한다. 지구 위에만 생명을 만들고 무한한 우주의 아무 곳에도 생명을 만들지 않았다고는 생각되지 않는다."

_창조신을 믿는다면 진화론은 믿지 않는가?

"논리적으로는 창조신과 진화론이 양립하지 않을지도 모르지만, 나는 종의 진화도 믿고 있다. 모든 생물은 시간의 경과에 따라 진화해 왔다고 생각한다. 인간도 지금 계속 진화하고 있다고 생각한다. 그러나 진화는 신이 창조한 후에 일어났다고 생각한다. 진화에도 시작이 있었을 것이다. 그 시작이 바로 신의 창조에 의한 것이라고 생각한다."

_과학이란 걸 그만큼 믿고 있는 건가? 과학이 발전하면 모든 것이 설명될 수 있다고 생각하는가? 과학과 종교 사이에 모순은 없나?

"과학과 종교에 대해서라면 항상 생각 나는 게 있다. 내가 아폴로·소유즈 계획의 준비를 위해 소련에 갔을 때 로마에 들러서 로마 교황과 만났다. 그때 교황은 미소 공동 우주 계획을 기뻐하며 그 일을 축복해 주었다. 그리고 이렇게 말했다. '당신은 현대의 예수 그리스도의 사도입니다. 소련에 가면 내가 준 메시지라고 이렇게 말해 주십시오. 〈나는 항상 우주 계획에 깊은 관심을 기울여 왔다. 나도 또한 a man of science(이것을 과학자로 번역하면 안 된다. 사이언스는 넓은 의미로 사용된다. 넓은 의미로 과학하는 사람, 혹은 학문하는 사람이라는 뜻)이다. 사이언스에도 사이언스의 창조자가 있다는 사실을 기억해 주기 바란다.) 나는 이것이 정말 좋은 말이라고 생각한다. 과학에 의해 우리들의 인식은 나날이 늘어가고 있다. 어제보다 오늘, 작년보다 올해, 보다 많은 것을 발견하고 보다 많은 것이 설명된다. 우주도, 지구도, 생명도, 그리고 우리들 인간의 존재에 대해서도, 보다 많은 지식이 더해진다. 그러나 항상 무한히 많은 미지의 영역이 남아 있고, 과학적 지식의 확대는 무한히 계속되는 과정으로서 끝이 없다. 즉 인간의 지식은 영원히 유한하다."

_우주 진출의 미래는 어떻게 될 거라고 생각하나?

"우주는 지금 인류에게 자신의 환경 가운데 하나가 되었다고 생각한다. 해양이 인류의 환경이라는 사실과 마찬가지 의미로 우주도 인류의 환경이다. 이런 새로운 환경의 이용에 겨우 손대기 시작한 것이 지금의 상태이다. 앞으로 우주에서 인류의 존재를 계속 이어나가지 않으면 안 된다. 그를 위해 우선 해야 할 일은 거대한 우주 정거장을 만드는 일이라고 생각한다."

_인류의 우주 진출이 더 전개되면 지구상의 국가간 대립이 우주까지 확대되지 않을까?

"그렇게는 되지 않을 거라고 생각한다. 첫째, 우주에 나가면 지구상의 국가간 대립 항쟁이 얼마나 어리석은 짓인가 하는 인식이 생긴다. 그리고 둘째, 혹독한 우주 환경이 우주로 진출한 인간끼리 서로 의존하도록 만들고, 우주에서 서로 살육하기보다 서로 도움이 필요하다는 걸 금방 알게 되기 때문이다."

_제임스 어윈은 달에 가서 신의 계시를 받았다고 하며 종교 활동에 몰입해 버렸다. 당신 또한 우주에서 신의 존재를 느꼈다고 하지만, 그 내용은 어

원과 다른 것 같은데.

"에드가 미첼의 경우에도 마찬가지지만, 제임스 어윈의 경우에도 그들이 우주 체험으로 인해 인식이 바뀌었다고는 생각하지 않는다. 두 사람 모두 우주에 가기 전부터 그런 생각을 가지고 있었다. 생각이라고까지는 확실하게 말할 수 없지만, 그런 성향이랄까 느낌을 가지고 있었다. 그게 우주 체험으로 강화되어 명확한 형태를 띠고 외부에 나타났다고 하는 편이 맞다고 생각한다. 내 경우도 마찬가지다. 내가 얻은 인식도 이전부터 어렴풋한 형태이긴 해도 내적으로는 내 안에 이미 있었다. 그게 강화된 것뿐이다. 그렇다고 우주 체험이 가져다 준 내적 충격의 강렬함을 부정하려는 건 아니다. 사람에 따라 그 충격의 표현 방법이 다른 것은, 원래 그 사람이 어떤 사람이었는가에 따라 표현 방법이 결정되기 때문이다."

이처럼 서넌의 예에서 보듯이 실업계에 들어간 우주 비행사들이 모두 속물인 것은 아니다. 서넌만 특별한 것도 아니다. 뒤에 소개하듯이 다른 사례들도 많다.

쉬라는 헤어질 때 이런 말을 했다.

"소련의 우주 비행사는 국가가 모든 돈을 대주기 때문에 노후에 대한 걱정이 전혀 없지만, 미국의 우주 비행사에게 최대의 문제는 그 후의 인생이다."

일본 같은 종신고용제 사회와는 달리 미국에서는 누구나 항상 장래의 인생을 설계하며 살아가야 한다. 아폴로 계획이 끝난 후 30대 후반에서 40대에 걸친 우주 비행사들이 하나 둘씩 NASA를 그만두었던 것은 우주 비행사라는 희귀한 직업으로부터 전직하여 그 후의 인생에서 성공을 거두기 위해서는 40대에 전직하는 편이 유리하다는 판단에 따른 것이다.

　전직한다고 해도 경력상 전직할 곳은 기술계 비즈니스가 거의 대부분이었다. 그들 대부분이 나름대로 성공을 거두고 있다. 그러나 그들의 나머지 인생에서, 우주 비행사의 경험을 살리는 것은 기술적 측면뿐이며, 내적 측면은 개인의 가슴 속에 묻은 채 살아가고 있다. 그리고 NASA에 재직 중일 때 우주 비행사들은 서로 자신의 내면을 말하지 않기 때문에 그 기술적 측면이 모이고 축적되어 가는 것과 대조적으로 내적 인식 체험은 각각 흩어진 형태로 분산되어 존재할 뿐이다. 그러나 이처럼 한 사람 한 사람 만나 가면서 그 가운데 놀랄 만한 공통점이 있다는 사실을 지금까지의 이야기를 통해 깨달았으리라 생각한다. 다음 장에서는 그 점에 대해 한발 더 나아가 분석해 보고자 한다.

우주인으로의 진화

"신이란 우주 영혼, 혹은 우주 정신, 우주 지성이라고 해도 좋다.
그것은 하나의 거대한 사유이다.
그 사유에 따라 진행되고 있는 과정이 이 세계이다."

—에드가 미첼

| 제1장 | **백발의 우주 비행사**

 지금까지 소개한 것처럼 많은 우주 비행사들이 각자의 우주 체험으로부터 강한 정신적 충격을 받았다. 그러나 내가 취재한 우주 비행사 가운데 우주 체험이 심리적으로도 정신적으로도 자신에게 아무런 변화도 일으키지 않았다고 단호히 말한 사람이 두 명 있다.
 한 사람은 아폴로·소유즈에 편성되었던 딕 슬레이턴Deke Slayton, 또 한 사람은 스카이랩 2호의 폴 와이츠Paul Weitz이다.
 슬레이턴은 우주 비행사 가운데 가장 전설적인 존재이다. 그는 우주 비행사 제1기생, 즉 머큐리 세븐 가운데 한 사람으로 1959년에 선발되었다. 그 후 20여 년이 지난 지금, 60세에 가깝지만 아직까지도 휴스턴의 우주 센터에서 우주 비행사 실장으로 활동하고 있다.
 1924년 위스콘신 주 스파르타 출생. 고등학교 졸업 후 육군 항공대에 들어가 제2차대전 동안 B25 폭격기 조종사로 유럽 전선에 56회 출격. 그 후 태평양 전선인 오키나와 기지로 옮겨 일본 본토 공습에 7회 출격했다.
 전쟁 후 미네소타 대학에 진학하여 항공 공학을 배운 후 공군 시험

딕 슬레이턴

비행사가 되었다. 3년 간의 시험 비행사 생활을 거쳐 1959년 우주 비행사 제1기생으로 선발되었다.

 1962년 슬레이턴은 존 글렌에 이어 미국에서 두 번째로 인공 위성을 타고 지구를 도는 우주 비행사가 될 예정이었다. 그런데 비행 예정일을 2개월 앞두었을 때 심장에 결함이 발견되어 임무에서 제외되었다. 병명은 특발성발작성 심장심방진전증이라고 한다. 심방의 근육이 가끔 실룩실룩 떨려서 부정맥이 발생하는 병인데, 그냥 내버려두면 금방 사라지며 별다른 장애는 없다. 그러나 원인이 불분명하고 어떻게 진행될지 모르기 때문에, 비행이라면 우주선으로건 비행기로건 모두 금지되었다. 우주 비행을 목전에 두고 그 기회를 빼앗겼고, 게다가 앞으로도 하늘을 날 수 있는 가능성까지 없어졌기 때문에 당시 슬레이턴의 실의와 낙담은 상상하고도 남을 것이다.

 그 후 슬레이턴은 날지 못하는 우주 비행사로서 오로지 데스크 업무만을 하게 되었다. 처음에는 우주 비행사실 차장으로, 나중에는 실장으로 우주 비행사와 관련된 모든 관리 업무를 손에 쥐게 되었다. 그것은 우주 비행사 가운데 최고의 권력을 가진 것을 의미했다. 우주 비행사의 최대 관심사는 자신이 언제 우주 비행을 할 수 있을까, 즉 언제 우주선의 정식 승무원으로 선발되는가에 있었다. 그것을 결정하는 사람이 바로 슬레이턴이었다. 형식적으로는 좀더 높은 지위에서 결정이 내려지도록 되어 있었지만, 실제로는 우주 비행사 전원의 성격, 능력, 훈련 상황 등을 모두 파악하고 있는 슬레이턴에게 자문을 구하여 슬레이턴이 추천하는 대로 선발했던 것이다. 그리고 선발이 결정되면 발표도 슬레이턴의 입을 통해서 이루어졌다. 공식 발표가 있는 건 아니다. 그저 어느 날 아무렇지도 않은 어조로 슬레이턴이, "아폴로 ○호의 예비 승무원은 당신이 하기로 결정되었다"고 말한다. 그것으로 결정이 난 것이다. 승무원의 결정뿐만 아니라 우주 비행사의 채용 면접 시험에도 슬레이턴이 시험 위원 중 한 사람으로 참가하고 있었고, 채용이 결정되면 슬레이턴이 합격자 한 사람 한 사람에게 전화하여 "축하합니다. 휴스턴에 와 주십시오"라고 말했다.

합격한 신참이 휴스턴에 와서 우주 비행사들과 동료가 되어 보면, 그곳이 군인 사회와 마찬가지로 선임자 순의 엄격한 계급 사회임을 알게 된다. 선임자 순으로 하면 제1기생인 머큐리 세븐이 가장 계급이 높다는 말이 된다. 제1기생이 몇 명 남아 있는 동안에는 그들의 합의에 의한 집단 지도 체제가 취해졌다. 그러나 제1기생은 1960년대에 거의 전원이 사직해 버려, 남은 사람은 셰퍼드와 슬레이턴 두 사람뿐이었다. 셰퍼드는 이미 말한 것처럼 후반에는 오로지 비즈니스에 열중해 있었기 때문에 NASA 내부의 정치는 슬레이턴에게 맡겨져 있었다. 1974년에는 셰퍼드도 사직해 버려, 그 이후 오늘날까지 슬레이턴이 선임자 1순위라는 사실로도 우주 비행사 가운데 절대적인 힘을 가지고 있다.

그러나 슬레이턴이 원했던 건 권력이 아니라 우주 비행이었다. 우주를 날고 싶다는 소망에 몸을 불사르고 있었다. 그리고 심장의 결함을 치료하기 위해 남몰래 모든 노력을 기울이고 있었다. 심장에 나쁘다는 건 모두 끊었다. 담배, 커피, 알코올. 심장에 좋다는 건 무엇이든 시도해 봤다. 생활의 모든 면에서 절제를 하고, 또한 몸을 항상 최고의 컨디션으로 유지하기 위해 운동을 빼먹지 않았다. 효과가 있었던지 부정맥이 일어나는 빈도가 점점 적어지더니 마침내 전혀 일어나지 않게 되었다. 그러나 의사는 언제 또 재발할지 모른다고 하며 비행 허가를 꺼렸다. 슬레이턴은 여기저기 전문의를 찾아다니며 정밀 검사를 받았으며, 그 가운데 호의적인 진단 결과만을 모아 NASA 상부에 진정한 끝에 결국 비행 허가를 받아냈다. 그때가 1972년이었다. 비행 허가를 얻었지만 이미 아폴로 계획은 끝났고(1972년에 종료), 곧 이은 스카이랩 계획의 승무원도 벌써 결정이 나서 훈련을 시작한 지 1년 이상 지난 시점이었다. 그 후의 우주 계획으로 스페이스 셔틀 계획이 있었지만, 언제 실현될지 알 수 없었다. 슬레이턴은 이미 47세였기 때문에, 겨우 비행 허가가 내려졌지만 여전히 날 수 없는 우주 비행사로 끝날 것 같았다. 그러나 아주 운좋게도 그해 닉슨 대통령이 소련을 방문하여 코시긴Kosygin(1904~1980) 수상과 회담한 결과 미소 우주선의 우주 도킹 계획에 합의하는 일이 발생했다. 추가로 세 명의 우주 비행사가 필요하게 된 것이다. 이 기회를 놓치면 슬레이턴이 우주에 갈 기회는 두 번 다시 찾아오지 않을지도 몰랐다. 실제로 그 뒤 1981년의 스페이스 셔틀까지 우주 로켓은 발사되지 않았다.

스페이스 셔틀까지 기다렸다면 슬레이턴의 나이는 57세가 되었을 것이다. 아무래도 나이로 볼 때 더 이상 무리였을 것이다.

슬레이턴은 남아 있는 유일한 기회를 쥐기 위해 바로 우주 비행사실 실장을 사임하고 한 사람의 평범한 우주 비행사로서 비행 훈련에 참가한다. 승무원을 선발하는 입장에서 선발당하는 입장으로 바뀐 것이다. 이번엔 누가 선발권을 행사하게 되더라도 동료, 후배가 한 사람씩 우주로 날아가는 것을 13년 동안 묵묵히 지켜봐 왔고, 마지막으로 붙잡은 유일한 기회를 눈앞에 두고 있는 이 사람을 제외시킬 수는 없었을 것이다.

슬레이턴은 무사히 아폴로·소유즈의 승무원으로 선발된다. 1975년에 실제로 비행했을 때는 우주 비행사가 된 지 16년째 되는 51세의 나이였다. 백발이 눈에 띄는 고령의 우주 비행사였지만, 사정을 아는 미국 국민은 모두 이 비행사를 따뜻한 눈으로 지켜봤다. 1975년 7월 15일 미국이 쏘아 올린 아폴로와 소련이 쏘아 올린 소유즈는 지구 궤도상에서 도킹하여 서로 우주선을 방문, 양국의 수뇌와 대화를 나누거나 텔레비전을 통해 국제 공동 기자 회견을 하고, 공동으로 우주 과학 실험을 실시하는 등 빡빡한 스케줄을 마치고 17일 무사히 귀환 길에 올랐다. 임무를 마친 후 슬레이턴은 다시 우주 비행사실 실장의 임무로 돌아왔고, 그로부터 7년이 지난 지금 58세의 나이로 은퇴를 눈앞에 두고 있다.

만나 보면 슬레이턴은 그 전설에 아주 적합한 인물이다. 역시 이 사람이라면 별다른 직책이 없어도 자연스럽게 주위 사람들의 존경을 받고 리더쉽을 발휘할 거라고 생각되는 몸에 밴 위엄이 있다. 필요한 말 이외에는 말이 없다. 16년 동안 보통 사람 같으면 벌써 체념하고

취재 당시의 딕 슬레이턴

목표를 포기해 버릴 상황에서, 언제까지나 희망을 버리지 않고 소기의 목적을 추구하여 결국 그것을 실현하고 마는 강철의 의지를 지닌 사람답게 표정은 항상 엄숙하고, 때때로 웃기도 하는 등 표정에 변화는 있어도 긴장을 늦추는 일이 없다.

그리고 내 질문에 답할 때, 우주에서 정신적·심리적으로 특별한 일 따윈 아무것도 일어나지 않았다고 쌀쌀맞게 부정한다. 내 질문의 주제가 그것인 이상 아무것도 일어나지 않았다고 하면 더 이상 물을 수가 없다. 시험 비행사 시절에 비행기로 초고공을 난 적이 몇 번 있었지만, 그것과 본질적으로 그다지 다르지 않았다고까지 말한다. 우주 체험의 결과 정신적으로 큰 영향을 받아 종교적이 된 경우를 제임스 어윈 등 몇 가지 알고 있지만, 그 사람들은 딱히 우주에 갔기 때문에 종교적이 된 것이 아니라 이전부터 종교적이었다. 그 외의 경우에도 그 사람에게 얼마간의 정신적 변화는 있었을지도 모르겠다. 그러나 그것과 우주 체험의 인과 관계는 증명되지 않는다. "그 사람은 전

우주인으로의 진화 273

과 다르다. 달에 갔다온 후 변했다. 그렇기 때문에 달에 갔던 게 원인이 되어 변한 것이다"라고 본인도 주위 사람도 시간적 선후 관계와 인과 관계를 혼동하고 있다. 이것이 그의 견해이다.

　인터뷰에 응하는 것이 싫어서 슬레이턴이 이런 쌀쌀맞은 대답을 한 건 아니었다. 화제를 바꾸어 우주 비행에 관한 좀더 즉물적인 측면을 질문하면 얼마든지 대답해 주었다. 그런데 화제가 인간의 내면에 관한 것이면 곤란한 듯한 표정을 지으면서 아무런 대답도 하지 않는다. 우주 비행사들과 만날 때 나는 신, 인간, 우주, 세계, 생물과 진화, 삶과 죽음, 존재, 인식 등에 관한 일련의 철학적 질문을 준비해 가서 그것을 차례차례 퍼부었다. 대부분의 사람들은 그 질문에 대해 나름대로 대답하면서 자신의 세계관을 개진해 나갔지만, 슬레이턴은 그런 종류의 질문에는 당혹스런 표정을 나타내며 "I don't know"라고 같은 대답을 반복할 뿐이었다. "신은 있는가?" "I don't know." "이 세계의 존재에 의미는 있는가?" "I don't know." "인간은 죽으면 어떻게 된다고 생각하는가?" "I don't know." "생명의 탄생에 필연성이 있는가, 아니면 단순히 우연의 산물이라고 생각하는가?" "I don't know." 무슨 질문을 해도 마찬가지다. 제럴드 카Gerald Carr는 우주 체험에서 정신적 충격을 받지 않았다는 건 있을 수 없는 일이라고 하지만, 에드워드 깁슨Edward Gibson은 슬레이턴이 정신적 충격을 전혀 받지 않았다는 것을 이해할 수 있다며 다음과 같이 말한다.

　"딕은 너무 바빴다. 정신적 여유가 조금도 없었다. 첫째로, 현역 우주 비행사로서 16년 동안의 공백을 필사적으로 메워야 했다. 둘째로, 우주에서는 소련인과의 관계에 모든 정력을 쏟아야 했다. 그 계획의 성공 여부는 소련인과 미국인이 얼마나 잘 협동하는가에 있었기 때문에 다른 우주 계획과는 질적으로 달랐다. 그리고 우주에 통역할 사람을 데려갈 수 없었기 때문에 소련인은 영어를, 슬레이턴 등은 소련어를 필사적으로 외워야 했다. 그리고 셋째로, 스케줄이 빡빡히 짜여져 있었기 때문에 그것만으로도 임무 이외의 것은 생각할 여유가 없었을 것이다. 정신적 충격을 받기 위해서는 시간적 여유와 그 속에서 생겨나는 정신적 여유가 필요하다. 우리들도 궤도에 오른 첫 일 주일 동안은 바빠서 지적·정신적 반성의 시간 따위는 전혀 갖지 못했다. 내 경우에도 우주나 인간 존재에 대해 성찰할 수 있었던 건 임무를 수행하고 있는 와중이 아니라 일을 끝내고 짬이 나서 창 밖을 멍하니 바라보고 있을 때였다. 그런 시간이야말로 정신적으로 풍부한 시간이다. 그러나 딕의 경우나 그 외 몇 번의 비행에서는 그런 시간이 제로에 가까웠다. 그런 비행 경험자가 정신적 충격을 조금도 받지 않았다고 해도 이상할 것까진 없다."

깁슨의 이런 관찰 자체는 옳을 것이다. 실제로 지금까지 서술해 왔던 것처럼 그 외의 사람들에게도 정신적 조명 체험이 있었던 건 깁슨이 말하는 조건하에 있었을 때였다. 그러나 슬레이턴의 경우 너무 바빴기 때문이라고 잘라 말할 수 있을까? 오히려 나는 그의 성격 때문이 아닐까 하고 생각한다. 세상에는 정신적 세계에 관심이 전혀 없는 사람, 철학적 명제로 고민했던 경험이 전혀 없는 사람이 있는 것이다. 그런 사람에게는 무슨 일이 일어나도 정신적 충격 같은 건 있을 턱이 없다. 한 시간 동안 만나서 이야기를 나눴던 내 인상으로는 슬레이턴이 왠지 그런 종류의 사람 같았다. 그는 지옥을 보아도 정신적 충격 따위는 결코 받지 않을 거라고 생각되었다.

또 한 사람 정신적 충격 따윈 조금도 없었다고 단언한 폴 와이츠는

폴 와이츠

슬레이턴과는 경우가 조금 다르다.

와이츠는 제임스 어윈 등과 같은 제5기생이며, 해군 조종사로 펜실베이니아 주립대학 항공학과와 해군대학 대학원을 졸업했다.

다른 우주 비행사들은 대체로 스스로 우주 비행사가 되고 싶어 모든 노력을 아끼지 않은 것에 비해 와이츠는 우주 비행사가 되고 싶다고 생각한 적이 한 번도 없었다. 그런데 해군 당국이 해군 가운데 조금이라도 더 많은 우주 비행사를 배출하고 싶어 후보자를 여기저기 물색할 때 그도 대상에 올랐는데, 그때서야 비로소 우주 비행사라는 직업을 의식했다는 별종이었다. 스스로 적극적으로 우주 비행사가 되기를 희망한 사람들이 우주 비행에 대해 많건 적건 낭만적 동경 비슷한 감정을 가지고 있는 것에 비해 와이츠에게는 그런 면이 전혀 없었다.

와이츠와 이야기를 나눈 후 느낀 인상을 한마디로 요약하면, 슬레이턴이 원래 정신 세계의 문제에 관심이 없는 사람이라고 한다면 와이츠는 관심이 있어도 그런 문제에 대해 의식적으로 금욕적인 사람이라고 해도 좋을 것이다.

　와이츠도 보통의 미국인과 마찬가지로 어릴 때는 기독교 신앙 속에서 자라났다. 그러나 청년기에 기독교 교의가 믿기지 않아서 종교도 버리고, 아무것도 믿지 않게 되었다고 한다. 그러나 그가 무신론자인 건 아니다. 이 세계는 물질적인 것만으로 설명하기에는 너무나 훌륭한 조화를 이루고 있다. 너무나 질서정연하다. 그렇기 때문에 물질을 초월한 무언가가 있으리라고 생각되지만, 그 해답을 종교에서 구하려고 생각하지는 않는다. 그는 불가지론자에 머무르고자 한다. 뒤에 나오는 깁슨도 스스로를 불가지론자로 규정하지만, 그의 경우는 유신론의 뉘앙스를 풍기는 불가지론임에 비해 와이츠의 경우는 무신론의 뉘앙스를 풍기는 불가지론이다.

　그런데 와이츠는 이런 것을 지금까지 누구에게도 말한 적이 없다. 종교와 정치에 대해서는 인간 관계를 훼손시키지 않기 위해 화제에 올리지 않으려고 했기 때문이다. 종교도, 정치도 화제로서는 재미있다고 생각한다(그 때문에 이틀간에 걸친 인터뷰에 응해 주었을 것이다). 그러나 종교도, 정치도 본질은 감정적이다. 모두 자기가 가지고 있는 고정 관념을 감정적으로 고집하려 들기 때문에 결국 감정과 감정이 서로 부딪쳐 뒷맛이 개운하지 않게 되므로 화제로 삼지 않고 있다.

　특히 와이츠와 같은 생각을 가지고 있으면 그럴 것이다. 무신론적 불가지론이란 아마 일본에서는 다수파겠지만, 미국에서는 절대적으로 소수파이다. 불가지론자임을 공언하고 종교를 화제로 삼는 것을 꺼리지 않는다면, 항상 사람들과 언쟁을 일삼을 수밖에 없다. 그렇다고 침묵하고 있다고 해서 아무런 일도 일어나지 않는 것은 아닐 것이

취재 당시의 폴 와이츠

다. 종교를 믿는 것이 일반적으로 전제되어 있는 미국 같은 사회에서는 종교 생활이 사교의 일부라는 점도 있고, 비록 자신의 입장을 공언하지 않아도 어쨌든 살기 힘든 면이 있다. 그렇기 때문에 와이츠는 자기 아이들은 교회에 보내서 종교를 믿도록 권하고 있다. 그것이 진리이기 때문은 아니다.

"이 사회에서는 무언가 믿고 있는 것이 아무것도 믿지 않는 것보다 훨씬 살아가기 편하기 때문이다"라는 이유로.

와이츠가 이런 문제에 관해 정신적으로 금욕하고 있는 건, 그 편이 살아가는 데 편하다는 실용주의적 이유 외에 자신은 어디까지나 엔지니어라는 직업 의식적인 자기 규정 때문이다.

"우리들은 프로 비행사이며, 프로 엔지니어다. 엔지니어란 기술적 목적을 부여받아 그 목적을 실현하기 위해 온 힘을 짜내는 프로페셔널이다. 우리가 지향해야 하는 목표는 어디까지나 테크니컬한 목표이다. 그 이외의 것, 즉 정신적인 것이나 심리적·감정적인 것에 마음을 빼앗긴다면 프로라고 말할 수 없다. 우주 비행의 그런 정신적 측면에 대해 알고 싶다면 그 방면의 프로를 비행시켜야 한다. 즉 작가, 시인, 철학자 같은 사람 말이다. 이건 농담이 아니라 오래 전부터 나는 그렇게 해야 한다고 생각해 왔다. 그들에게서 기술적인 것은 기대할 수 없지만, 정신적인 것은 많이 기대할 수 있을 것이다. 거꾸로 우리들에게 기술적인 것은 기대해도 좋지만, 정신적인 것을 기대하면 곤란하다."

그래서 와이츠는 자기 체험의 정신적 측면에 관해서는 많은 이야기를 하지 않으려고 했다. 인터뷰의 상세한 부분을 소개할 여유는 없지만, 그의 이야기를 주목해서 들어 보니 그의 세계관이 뒤에 나오는 깁슨과 아주 비슷하다는 것을 알게 되었다. 그럼에도 불구하고 깁슨이 스스로를 종교적 인간이라고 하고, 와이츠가 스스로를 비종교적 인간이라고 한 이유는, 같은 것도 보는 시각에 따라 다르게 보이기 때문이다.

이번에는 깁슨과의 인터뷰를 소개하겠는데, 그의 세계관 속에서는 기존의 종교 관념이 의미를 잃고 있다.

| 제 2 장 | **우주 체험과 의식의 변화**

　에드워드 깁슨은 1965년에 선발된 우주 비행사 제4기생 6명 가운데 한 사람이다. 제4기생은 미션 스페셜리스트로서 처음으로 과학자가 선발되었다. 조종사 경력은 전혀 필요하지 않았고, 학문상의 업적이 중시되었다. 선발은 미국 과학아카데미와 NASA의 합동 위원회가 주관했다. 약 900명 가운데 선발된 6명은 의사가 2명, 물리학자가 2명, 지질학자가 1명, 전기공학자가 1명이었다. 그 가운데 2명은 비행하기 전에 그만두었지만, 남은 4명은 지질학자인 해리슨 슈미트가 아폴로 17호로 달에 갔고, 의사인 커윈Joseph Kerwin이 스카이랩 2호, 전기공학자인 개리어트Owen Garriott가 스카이랩 3호, 그리고 물리학자인 깁슨이 스카이랩 4호로 전원이 우주 비행을 했다.
　깁슨은 로체스터 대학 공학부를 졸업한 후 캘리포니아 공과대학 대학원에 진학하여 로켓, 제트 추진에 대한 연구로 학위를 취득했다. 뉴 포트 비치의 항공우주연구소에서 로켓, 제트 추진에 대한 연구를 계속하고 있는 동안 플라스마plasma 추진 로켓의 연구에 열중하여, 결국 플라스마 자체에 대한 연구로부터 태양 물리의 연구로 들어갔

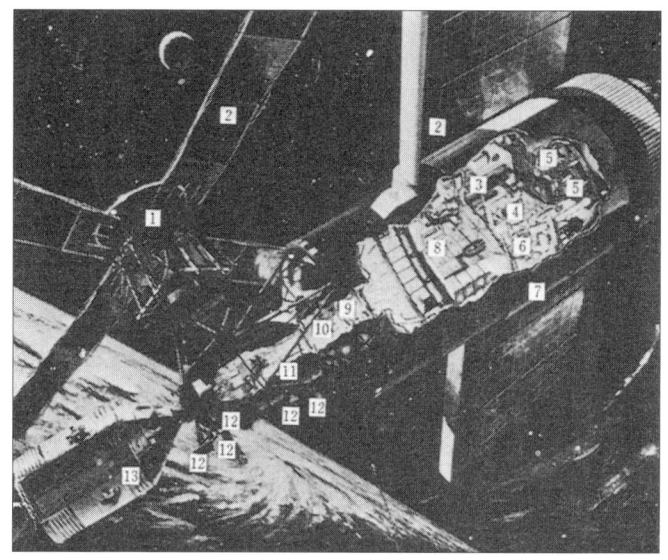

스카이랩

1. ATM(태양 관측 장치)
2. 태양 전지
3. 침실
4. 세면실
5. 생물 의학 실험 장치
6. 거실
7. 실험작업선
8. 과학실험실 compartment
9. 출입용 기밀실
10. 기밀실 해치
11. 도킹 어댑터
12. 지구자원 탐사 장치
13. 사령선과 지원선

다(태양은 그 자체가 하나의 거대한 플라스마의 구이다).

이것은 스카이랩의 승무원으로서는 최적의 경력이었다. 왜냐하면 스카이랩의 주요한 연구 목적 가운데 하나가 태양 관측이었기 때문이다. 스카이랩은 위의 사진과 같은 형상을 하고 있는데, 풍차 날개처럼 튀어나온 것이 동력용 태양 전지(2,000와트의 출력)로 그 중심부에 있는 원통 부분이 ATM(Apollo Telescope Mount)이라 불리는 태양 관측 장치이다. 이것은 길이 3m, 직경 2m의 거대한 원통으로, 그 속에는 8개의 태양 관측 장치가 들어 있고, 이것이 언제든지 태양을 정확히 조준할 수 있도록 자동 추적 장치가 붙어 있다. 8개 가운데 2개가 X선 망원경(커버하는 파장 영역이 각기 다르다)이다. 그 외 X선·극단 자외선 카메라 한 대, 극단 자외선 스펙트로 헬리오그래프heliograph 한 대, 자외선 스펙트로 헬리오미터 한 대, 자외선 스펙트로그래프 spec-trograph 한 대, 코로나그래프coronagraph 한 대, 알파 수소 망원경 두 대로 구성되어 있다. 이것으로 태양 광선(전자파)의 파장을 2옹스트롬angstrom부터 7,000옹스트롬까지 완벽하게 관찰할 수 있다. 이만한 장치는 지상에서도 초일류 태양 관측소에만 있는 것이다. 스카이랩의 ATM은 말하자면 태양 관측소 전체를 쏘아 올린 것과 마찬가지이다. 이런 관측 장치로 얻어진 화상과 데이터는 동시에 휴스턴의 통제실에 송신되어 모니터화되고 기록되었다. 거기에서는 수십 명의 태양 물리학자가 낮과 밤을 교대로 지키면서 데이터를 분석하고 관측 기계를 원격 조종하거나 우주 비행사에게 지시를 내리곤 했다. 동시에 세계 17개국 150명의 태양 물리학자들에게도 데이터를 송신하여 조언을 받거나 주문을 듣는 등 국제적 동시 관측망이 구축되어 있었다. 매일 주임 연구원 회의가 열려 그날의 관측에서 얻어진 성과를 확인하고, 나아가 연구를 심화시키기 위해 다음날 어떤 관찰을 하면 좋을지를 검토하여 분 단위의 관측 계획을 작성, 그것을 스카이랩에 텔렉스로 보내는 작업이 스카이랩이 우주에 떠 있는 9개월 동안 계속 실시되었다.

  우주 공간에서의 관측은, 그 당시까지 대기층의 방해 등으로 불가능했던 파장역波長域에서의 태양 관찰을 가능하게 하는 등 획기적인 성과를 가져왔고, 이로 인해 태양 물리학은 비약적으로 발전했다.

NASA가 이런 연구 성과를 정리한 책에는 "A New Sun"이라는 제목이 붙어 있는데, 실제로 스카이랩 이후 태양의 모습이 완전히 새로워졌다는 사실을 이 책 속의 사진을 보는 것만으로도 알 수 있다(스카이랩은 15만 장의 태양의 모습을 촬영했다). 이 책의 일본어 번역본은 없지만, 그 사진 가운데 몇 장은 과학 잡지 등을 통해 일본에도 소개되었다. 참고로 이 책의 서문을 쓴 깁슨에게는 "The Quiet Sun"이라는 저서가 있는데, 이 책은 『현대의 태양―태양 물리학 서설』(고단샤 간행)이라는 제목으로 일본에서 번역·출간되었다.

 스카이랩 이후 깁슨은 NASA를 그만두고 1975년에 에어로스페이스사의 연구소에 들어가 그곳에서 태양 물리에 대한 연구를 더욱 진전시켰다. 하지만 1년 만에 그만두고, 다음해인 1976년에 서독으로 건너가 스페이스랩(미국의 스페이스 셔틀에 실어 쏘아 올릴 예정인 우주 실험실) 개발 계획의 컨설턴트로 일했다. 그 다음해 다시 NASA로 돌아와 우주 정거장Space Station 개발 계획에 참가했으며, 1980년에 NASA를 그만두고 현재는 로스앤젤레스에 있는 TRW라는 회사에 근무하고 있다. 이 회사는 자동차 부품에서부터 인공 위성까지 만들고 있는 복합 기업으로, 제품 중에는 미사일 등의 무기도 있기 때문에 삼엄한 경비가 펼쳐졌다. 창구에다 누구를 무슨 용건으로 만나러 왔는가를 이야기하니 전화로 당사자에게 확인을 취한다. 여기까지는 어느 회사에서나 흔히 보는 일이지만, 그 후가 다르다. 전화로 선약된 방문객임이 확인되어도 회사 내로 들어갈 수 있는 것은 아니다. 당사자 또는 비서가 와서 안내할 때까지 기다린다. 나갈 때도 마찬가지다. 즉 방문객이 신고한 방문처 이외의 방에는 절대로 발을 들여놓지 못하도록 하기 위해서이다. 따라서 들어갈 때도 나갈 때도 수하물

에드워드 깁슨

의 내용을 엄격히 체크한다. 들어갈 때는 위험물을 반입하지 않도록, 나갈 때는 기밀을 반출하지 않도록 하기 위해서이다.

　_이 회사에서는 무슨 일을 하고 있나?

　"오일 샌드oil sand에서 석유를 채취하는 프로젝트를 하고 있다. TRW에는 에너지 부문도 있다."

　_당신의 전공과는 상당히 먼 일인 것 같은데.

　"그렇다. 그러나 완전히 관계가 없는 건 아니다. 태양 물리를 전공하기 전에 나는 기계공학을 공부했다. 그렇기 때문에 아무것도 모르는 세계로 들어온 건 아니다. TRW에 들어올 때 그때까지의 체험을 살리려고 두 가지 프로젝트를 생각하고 있었다. 하나는 핵 융합로의 연구 개발이었다. 나는 태양 물리 가운데 특히 플라스마 연구를 하고 있었다. 핵 융합로는 플라스마로이기 때문에 내 연구가 도움이 된다. 원래 태양은 자연적으로 존재하는 거대한 핵 융합로이기 때문에 태양 물리학자는 곧 핵 융합로의 연구자이기도 하다. 그 후 TRW는 우주 개발 프로젝트에 손대기 시작했기 때문에 그 쪽에서도 나의 경력을 살릴 수 있었다. 1976년 이후에 내가 해온 건 오로지 우주 정거장에 관한 연구뿐이었기 때문이다.

그러나 나는 그 어느 것도 선택하지 않고 스스로의 의지로 오일 샌드 프로젝트에 참가했다. 이유는 두 가지였다. 하나는, 그 당시까지 나는 순수 과학 연구에 종사해 왔지만, 그때는 과학 기술의 비즈니스적 측면에 관계를 맺고 싶었기 때문이다. 순수 연구자로 일생을 마칠 게 아니라면 이쯤에서 경영에 대한 공부를 해야겠다고 생각했다. 이 연구를 어떤 방향으로 가져가면 보다 많은 진리가 발견될 수 있을까가 아니라, 어떻게 하면 장사가 되고 채산이 맞게 될까를 생각해 간다. 그 점에서 오일 샌드의 연구는 대단히 유망하다. 지구상의 화석 연료 대부분은 석탄도 석유도 아니고, 실은 오일 샌드로 존재한다. 이것을 채산성 있게 만들면 에너지 문제는 해결된다.

과학 기술의 비즈니스화는 우주 개발 분야에서도 할 수 있는 것이지만, NASA를 그만두었을 때부터 우주는 이제 포기하기로 결심했다. 왜냐하면 NASA에서 욕구 불만이 극에 달했기 때문이다. 나중에 NASA에서 내가 한 일은 우주 정거장의 개발이었다. 스페이스랩은 말하자면 기초적인 우주 정거장이다. 이것을 발전시켜 보다 거대하고 보다 항구적인 우주 정거장을 만들고, 나아가 그것을 조합하여 우주 식민지를 만들어 간다. 이것이 우주 개발의 기본적인 개발 방향이다. 그리고 이미 그것을 위해 필요한 기술은 있다. 우주 정거장을 만들려고만 한다면 지금이라도 만들 수 있다. 돈만 있으면 바로 만든다. 부족한 건 돈뿐이다. 기술도 있고 기술자도 있다. 아폴로 계획 정도의 자금을 투입했다면 지금쯤 우리들은 우주 정거장을 다 만들었을 것이다. 돈이 있었다면 1970년대 초부터 계획을 진행시킬 수 있었다. 그런데 1970년대 초부터 우주 계획에 세금을 너무 많이 쏟아붓는다는 목소리가 높아져서 아폴로 계획도 삭감되고 말았다. 우리들 우주 정거장 개발팀은 좋은 계획을 세워 놓았지만, 아무리 열심히 해도 이후 몇 년 동안은 어떤 가능성도 없었기 때문에 결국 해산해 버리고 말았다. 그래서 나는 NASA를 그만둘 결심을 했다. 그리고 더 이상 우주 계획은 사양하기로 했다. 기술자로서 그것이 가치 있고, 게다가 실현 가능한 데도 진행할 수 없다는 사실보다 모멸스러운 것은 없다. 앞으로 우주 계획은 거북이 걸음을 걸을 것이다. 본격적인 우주 정거장 계획이 시작되는 건 적어도 3, 4년 후이며, 실현되기까지는 15년이 걸린다. 우주 식민지가 실현되기까지는 아마 100년이 걸릴 것이다."

_그러나 라이트 형제가 처음으로 비행기를 날렸을 때부터 아폴로가 달에 착륙할 때까지 걸린 기간이 겨우 60년이었다. 그때 60년 후에 인간이 달까지 갈 수 있으리라고 상상했던 사람은 아무도 없었다. 그와 마찬가지로 지금은 우주 식민지까지 100년 걸린다고 생각해도 이후의 전개는 의외로 빨라지지 않을까?

"아니다. 라이트 형제와 우주 계획의 결정적인 차이는 필요한 자금이다. 라이트 형제의 비행기는 자신들이 저축한 돈과 친구·지인의 돈을 끌어모으면 만들 수 있었다. 그러나 우주 계획은 국가적 사업으로 국가 예산에서 거대한 지출을 하지 않고는 불가능하다. 우주 개발로 투하 자본 이상의 큰 이익이 난다든가 군사적 이유로 반드시 필요한 것이 아니라면, 앞으로의 우주 개발은 느린 걸음을 지속할 수밖에 없다."

취재 당시의 에드워드 깁슨

_당신의 우주 체험으로 이야기를 돌려 보자. 가장 인상에 남는 것은 역시 태양 관측인가?

"그렇다. 프로 과학자로서, 프로 태양 물리학자로서 그것은 가장 하고 싶었던 일이었다. 우주 공간의 관측 기지에서 태양의 맨 모습을 차분히 관찰할 수 있다는 건, 그 이전에는 꿈에도 상상할 수 없었던 일이다. 게다가 관측 결과는 충분할 정도로 만족할 만한 것이었다. 예를 들어 태양 플레어flare(태양 표면에서 일어나는 아주 짧은 시간의 소폭발에 의한 화염)의 탄생 순간에서부터 끝날 때까지를 찬찬히 관찰하는 것은 그때까지 불가능했다. 탄생 순간을 포착하기 위해서는 언제 어디에서 그것이 일어날지를 예측하며 기다리고 있어야 한다. 지금까지는 그것이 불가능했다. 그것이 눈에 띈 순간은 항상 이미 그것이 발생한 뒤였다. 내 앞의 2호, 3호 승무원들도 이것을 어떻게든 포착하려고 노력했지만, 아무리 해도 불가능했다. 3호의 개리엇이 나에게 '태양의 극단 자외선'의 모습을 주의 깊게 살펴보면 거기에 작은 불꽃이 생기는데 그것이 플레어의 징조인 듯하다는 실마리를 주었다. 그 사실에 주목하고 있었더니 역시 그 설이 옳았다는 것을 알 수 있었다. 그래서 그 징조가 나타나는 순간 그 지점에 각 관측 장치의 초점을 집중시켰지만, 타이밍이 맞지 않아 실수만 반복했다. 그러나 3주에 걸쳐 지구로 돌아가야 될 시점에서 드디어 완전한 관측에 성공했다. 그때는 정말 환호성을 지를 정도로 기뻤다. 그 외에 우리들이 거둔 관측 성과는 헤아릴 수 없을 정도이다. 태양 코로나corona의 관측과 태양 프로미넌스prominence의 관측에 대해서도 이처럼 두툼한 데이터는 이제껏 없었고, 관측 중에 카후테크kohoutek 혜성이 접근했기 때문에 그것과 태양과의 상호작용을 미세하게 관측할 수 있는 의외의 행운도 얻었다.

그때까지 8년 동안의 내 인생은 전부 이런 관측 준비로 소비되었다. 8년이란 세월은 긴 것 같지만, 우주 공간에 나가기 위해 우주 비행사로서 해야 할 준비와 태양 관측을 위해 관측 장치의 시험 작동·개량에서부터 관측 계획의 수립 등 과학자로서 해야 할 준비 등은 매일매일의 축적을 통해 겨우 달성할 수 있었다. 그만큼 주도 면밀한 준비를 거듭한 끝에 그 결과를 지금 자기 손으로 실현하고 있다는 것은 말할 수 없는 기쁨이었다. 게다가 주도 면밀한 준비 덕분에 관측 계획은 대성공을 거두었다. 80일 간의 체재는 당시까지는 최장 기간이었지만, 너무 기쁜 나머지 금방 지나가 버렸다."

_전문적인 일 이외에 마음에 남는 일은 무엇인가?

"그건 역시 우주의 광경이다. 지구에서 우주를 보는 것과 우주 공간에서 우주 공간을 보는 건 완전히 다른 경험이다. 지구에 있는 인간은 우주에 대해 모두 알고 있다고 생각하지만, 실제로는 관념적으로만 이해하고 있을 뿐이다. 예를 들어 태양계의 구조 같은 건 누구라도 알고 있음에 틀림없다. 그러나 그렇게 말할 때 누구나 머리 속에 떠올리고 있는 건 교과서 등에 나오는, 태양을 중심으로 행성이 동심원의 궤도를 그리고 있는 그림이다. 그림 속에서 지구가 태양계의 일원이라는 사실은 이해할 수 있어도 그 지구의 모습을 볼 수는 없다. 지구 위에 있기 때문에 지구가 보이지 않는다. 그러나 우주에 나가면 지구라는 천체가, 태양이라는 천체가, 눈앞에 있다. 눈앞에 태양계의 그림이 아니라 현실이 있다. 태양계뿐만 아니라 우주 전체가 관념적으로가 아니라 현실적 체험으로 이해된다. 고대로부터 우주상에 관해서는 천동설과 지구평면설 등 다양하고 이상한 이론을 믿던 시대가 있었다. 그런 우주상을 만든 사람들을 모두 데려와서 "어이, 눈 뜨고 잘 봐. 이게 지구의 진짜 모습이고 우주의 진짜 모습이야"라고 말해 주고 싶다는 생각이 들었다. 그 뒤로는 어떤 설명도 필요없다. 누구나 우주 공간에 나가면 실제로 압도당한다. 그 뛰어난 광경은 아무리 맛보아도 질리지 않을 정도이다.

　동시에 우주란 기분 나쁜 곳이기도 하다. 나는 세 번의 EVA(우주선 바깥 활동)를 실시했는데 각각 5시간, 6시간, 7시간으로 아주 장시간에 걸친 것이었다. 스카이랩은 90분 만에 지구를 일주했기 때문에 그 동안 밤을 여러 번 맞았다. EVA는 관측 장치의 필름을 바꿔 끼운다든가, 고장 난 기기의 수리라든가, 제각기 목적이 있어서 분주하게 움직여야 한다. 그러나 가끔 무슨 문제가 생겨 야간에 우주 바깥에 혼자 붕 떠 있어야 할 때가 있다. 우주의 밤 부분은 정말 암흑천지여서 아무것도 보이지 않는다. 깊은 심연 속으로 떨어진 것처럼 아무것도 보이지 않는다. 그리고 오로지 혼자 떠 있다. 그때 뭐라 말할 수 없는 나쁜 기분이 엄습한다. 머리 꼭대기부터 발 끝까지 오싹하게 나쁜 기분이 전신에 침투해 들어온다. 빛도 없고 아무것도 없으며, 나 이외에 아무것도 존재하지 않는 세계가 주는 이상한 기분. 만일 내가 무슨 활동이라도 하고 있으면 덜할 수도 있었겠지만, 아무것도 하지 않고 다만 거기에 떠 있을 때의 기분 나쁨. 그보다 더 나쁜 기분은 평생 느껴 본 적이 없다. 그러나 생각해 보면 이 지구라는 세계를 잃어버리고 우주 공간에 추방되면, 인간에게 있어 이 우주란 그런 기분 나쁨밖에 남지 않을 세계이다. 그렇게 생각하면 이 지구라는 별이 인간에게 얼마나 중요하고 특별한 존재인가를 알 수 있다. 우주 속에서 지구라는 거처를 인간이 가지고 있다는 것이 얼마나 행복한가를 느꼈다."

_그런 체험은 당신의 정신 내면에 어떤 충격을 주었나? 우주 비행사 가운데는 완전히 종교에 빠져 버린 사람도 있는데.

"내 경우도 그것은 종교적으로 다가왔다. 우주는 정말 아름답고 훌륭하게 조화를 이루고 있다. 우연히 이런 것이 생겼을 리 없다고 생각한다. 무언가 우주를 이렇게 만든 존재, 어떤 힘이 있음에 틀림없다고 생각한다. 그러나 그것이 무엇이냐고 물으면 대답할 수 없다. 정의를 내릴 수 없다. 그 존재를 어떻게 정의해도 그 정의는 거짓이 되고, 정의를 내리는 것 자체가 신을 모독하는 것이 되는 그런 존재로밖에 설명할 수가 없다."

_신에 대해 아무리 긍정 명제를 가지고 있어도 정의는 불가능하다는 부정 신학도 있지만, 일반적으로는 '신이란 무엇인가'를 각각의 종교에서 정의 내리고 있다.

"그렇다. 모든 종교는 신이란 어떤 존재이고, 그가 어떻게 이 세상을 만들었는지를 상세히 전하고 있다. 그러나 우주에서 내가 느낀 것은 그런 건 아무래도 좋다라는 것이었다. 종교의 자세한 교의 따윈 아무래도 좋다. 눈앞에 우주가 아름답게 존재한다. 그것만으로 충분하지 않은가. 그 아름다움에 만족하라. 다른 건 필요없다. 대체로 그런 세부적인 교의가 진리인지 거짓인지 따윈 알 수가 없다. 그런 느낌이다."

_그렇다면 구체적으로 특정한 종교를 믿고 있는 건 아닌가 본데.

"교회는 루터파이다. 루터파 가정에서 자랐고 형은 루터파의 목사이다. 그러나 나로서는 각 교파는 물론 각 종교의 차이에 그다지 중요성을 부여하지 않는다. 결국 기존 종교는 똑같은 종교심의 다른 표현이라고 생각한다. 뿌리에 있는 것은 똑같고 표현 형태가 다를 뿐이다."

_거의 비슷한 견해를 당신과 함께 스카이랩 4호를 탔던 제럴드 카에게서도 들었다. 그와 이런 문제에 대해 이야기한 적이 있는가?

"아니다, 그런 말은 처음 들었다. 제리가 그런 식으로 생각하고 있다는 건 몰랐다."

_에드가 미첼도 똑같은 생각을 가지고 있고, 그 외에도 우주 체험의 결과 각 종교는 본질적으로 같고 신의 이름이 다를 뿐이라는 똑같은 견해를 말한 우주 비행사가 몇 명 있다.

"오호, 정말인가? 그것 참 재미있군. 실제로 우리 우주 비행사들은 서로 그런 말을 한 적이 없다. 우주선 내에서는 물론 지상에서도 그렇다. 언제나 직업적인 일이나 세속적인 일 따위를 이야기하기 때문에 서로 마음 속에 어떤 생각을 품고 있는지 모른다."

_우주 비행사들 사이에 그런 생각을 갖게 된 사람들이 이 정도로 많다는

것은 무슨 이유가 있지 않을까? 아니면 단지 우연의 일치일까?

"다른 사람의 경우는 어찌 되었든 내 경우는 이런 것이 영향을 준 게 아닐까 생각한다. 우주선의 창을 통해 내다보고 있으면 대단히 빠른 속도로 지구가 눈앞에서 회전한다. 어쨌든 90분에 한 바퀴를 도는 것이다. 지금 그리스도가 태어난 곳을 통과한다고 생각하고 있으면 바로 부처가 태어난 곳에 도착한다. 나라 수와 비슷할 정도로 많은 종교와 교파가 있다. 어떤 종교도 우주에서 보면 지방 종교이다. 각각의 지역이 이것이야말로 우리들의 정신적 지도자, 지도 원리라는 선전물을 가지고 있지만, 그 지역에서는 그럴듯해 보여도 우주에서 보면 그것이 진정한 보편적·정신적 지도자, 지도 원리라면 지역마다 다를 리 없다는 생각이 든다. 우주에서 지구를 보면 인위적인 국경선이란 걸 볼 수가 없다. 따라서 저 아래에 몇 백 개의 국가가 분단되어 서로 대립·항쟁하고 있다는 사실이 아주 우습게 보이는 것과 마찬가지로, 종교간의 대립이 바보 같은 짓으로 보인다."

_그렇다면 당신의 경우 종교라기보다는 종교심을 가졌다고 하는 편이 진실에 가까운 것 같다.

"맞다, 그렇다. 특정 종교의 교의를 믿고 있는 건 아니다. 자기 바깥에 있는 특정한 가르침보다는 나의 경험와 직관을 믿고 있다."

_당신은 프로 과학자인데 어떻게 당신의 그런 종교 의식과 과학을 양립시키고 있는가?

"과학으로 가능한 것은 다양한 사물과 현상이 어떻게 생겨나는지 설명하는 것뿐이다. 그리고 설명이란 건 실은 어떤 수준의 무지를 다른 수준의 무지로 바꾸는 것에 지나지 않는다. 예를 들어 어떤 현상이 왜 일어나는가를 물질 수준에서 설명한다. 나아가 그것은 어떻게 해서 그렇게 되느냐고 물으면 분자 수준의 설명이 나온다. 계속해서 물음이 거듭되면 이번에는 원자 수준의 설명이 이루어지고, 다음으로는 소립자 수준의 설명이 이루어진다. 그 다음은 아직 누구도 설명할 수 없다. 현대 물리학은 이 수준에 이르면 무지하다. 과학은 항상 '왜'라는 물음을 '어떻게'로 바꾸어 놓으며 설명을 짜내 왔다. 근원적인 '왜', 존재론적인 '왜'에 대해 과학은 대답할 수 없다. 과학은 다양한 법칙을 발견했다고 말한다. 그러나 왜 그 법칙이 성립하는가에 대해서는 설명할 수 없다. 왜 우주는 존재하는가. 과학은 대답할 수 없다. 에너지 보존의 법칙은 왜 성립하는가. 도대체 에너지라는 것이 왜 존재하게 되었는가. 물질이란 도대체 무엇인가. 과학은 이런 물음에 대해 어느 것 하나 해답을 주지 않는다. 과학으로 가능한 건 다만 사물을 보다 잘 정의하는 것뿐이라고 말해도 좋지 않을까. 과학의 근본적인 한계는 여기에 있다. 또 하나의 한계는 지각의 문제이다. 인간은 외부 세계를 어떻게 인지하는가. 직접적으로는 감각 기관이라는 센서를 통해 인지한다. 자신의 오감에 닿지 않은 것이라도 그것을 지각할 수 있는 외부 센서가 있으면, 그 외부 센서를 오감으로 읽음으로써 간접적으로 인지할 수 있다. 그리고 내부 센서에도 외부 센서에도 포착되지 않는 것은 존재하지 않는다고 간주해 버린다. 그러나 존재하고 있지만 적당한 센서가 아직 없다는 이유만으로 인간이 지각하지 못하는 존재는 아직 얼마든지 있을 것이다. 그런 존재는 과학의 대상에서 제외해 버린다. 인간은 작은 집 속에 틀어박힌 채 밖에 놓인 몇 개의 텔레비전 카메라의 눈을 통해 외계를 바라보고 있는 것과 마찬가지이다. 그래서 외부 세계에 대해 모든 것을 다 안다고 하는 건 오만이라 할 수 있다. 과학으로는 대답할 수 없고 알 수 없는 것이 얼마든지 있기 때문에 종교가 존립할 여지가 있는 것이다."

_그러나 과학이 모르는 것을 종교가 알고 있다고 말하는 것도 종교의 오만이 아닐까?

"그렇다. 그렇기 때문에 나는 기존 종교의 교의를 믿지 않는다."

_그렇다면 과학으로는 설명할 수 없는 것 가운데 종교가 설명하고 있는 몇 가지, 예를 들어 세계의 기원 혹은 창조의 문제라든가, 물질과 정신의 문제 등에 대해서는 어떻게 생각하고 있는가?

"모른다. 모른다고 할 수밖에 없다. 인간의 정신 작용이 최종적으로는 신경계의 전자 운동에 의한 생리 작용이라는 사실이 증명되는가 하면 그렇지는 않을 것 같은 느낌이 들지만, 모른다고 할 수밖에 없다. 창조의 문제에 대해서도 이 모든 것이 시작되도록 만든 존재가 있을 것 같은 느낌이 들지만, 역시 모른다고 할 수밖에 없다. 이런 문제에 대해 단정할 수 있을 정도의 지식을 가지고 있는 사람은 아무도 없다. 무엇이든 다 안다고 말하는 사람이 있다면 그 사람은 거짓말쟁이다. 이런 문제는 추측으로밖에 말할 수 없는 성질의 것이다. 개인적으로 몇 가지를 확언하고 있다면 그것은 그것대로 좋다. 그러나 그것을 다른 사람에게 유효하게 전달할 방법은 없다."

_당신의 경우 종교를 믿고 있다기보다는 오히려 불가지론자가 아닌지.

"그렇다. 일종의 불가지론자이다. 그러나 그런 일은 모른다고 하며 던져 버리는 그런 종류의 불가지론자가 아니라, 모른다고 하는 게 옳다고 말하는 적극적 불가지론자이다. 그리고 나는 이런 불가지론 가운데 진정한 종교성이 있다고 생각한다. 왠지는 모르지만 우리들의 우주는 어쩔 수 없이 좋은 것이다. 그런 것으로 우리들 눈앞에 있다. 그걸로 된 것이 아닐까. 거기에서 출발하자는 게 나의 기본적인 입장이다."

 깁슨과의 인터뷰에서도 나온 문제지만, 깁슨과 똑같이 스카이랩 4호를 탔던 제럴드 카도 같은 우주선 안에서 거의 똑같은 생각을 하고 있었던 것이다. 그러나 두 사람 모두 서로 그런 사실을 꿈에도 모른 채 지금까지 지내왔던 것이다.

 제럴드 카는 1954년 남캘리포니아 대학 졸업 후 해병대에 들어가 전투기 조종사가 되었다. 5년 후 해군대학에 재입학, 동 대학 졸업 후 다시 프린스턴 대학에 진학, 항공공학으로 석사 학위를 취득했고, 1966년 우주 비행사 제5기생에 임명되었다.

 카는 아폴로 8호, 12호의 예비 승무원을 거쳐 19호의 정식 승무원에 임명되었지만, 아폴로 계획의 축소(18, 19, 20호는 중단)로 인해 달에 갈 수 있는 기회를 잃었다. 1973년 스카이랩 4호의 선장으로 84일 동안, 2,000시간을 넘는 경이로운 장기 비행을 달성해 우주 체재 시간에서 세계 신기록을 수립했다(그 후 소련의 소유즈 계획으로 이 기록은 깨졌지만, 미국에서는 아직도 최고 기록이다). 스카이랩 4호의 카, 깁슨, 포그 William Pogue, 이 세 명의 승무원은 전원이 신참이어서 신참인 카가 선장이 되었다. 신참이 선장이 되는 건 아주 드문 일이다. 두 사람이 타는 우주선인 제미니에서는 전례가 있지만 세 명이 타게 되면서부터, 즉 아폴로 이후로는 처음이다.

 제럴드 카는 1977년에 NASA를 그만두고 휴스턴에 있는 보베이 엔지니어 Bovay Engineers라는 기술 컨설팅 회사에 부사장으로 입사하여 오늘날에 이르고 있다.

 _결국 우주 비행사로 채용되고 나서 실제로 비행하기까지 7년이란 세월이 걸렸는데, 그때 '역시 7년을 기다린 보람이 있어'라고 말할 수 있었나?

취재 당시의 제럴드 카

 "물론이다. 우리들 승무원은 전원(그 외 깁슨, 포그)이 첫 비행이었고, 모두 7, 8년을 기다렸던 팀이다. 발사대 위에서 초 읽기를 들으면서 서로 얼굴을 마주보고 웃으며 '드디어 정말로 우리들의 순서가 왔구나'라며 서로 기뻐했던 일이 생각난다."
 _하지만 겨우 한 번의 비행만으로 그만두고 말았던데.
 "그렇다. 곧 그 후의 비행 계획이 확정되었다. 그래서 다음 비행을 하기 위해서는 적어도 5년은 기다릴 필요가 있다는 걸 알았다. 그때 나는 46세였다. 다음 비행을 끝낸 후 새로운 경력에 발을 들여놓는다면 빨라도 51세가 된다. 그건 너무 늦다고 생각했다."
 _새로운 경력이란 비즈니스의 세계를 말하는가.
 "그렇다. 어떤 비즈니스에라도 들어가지 않으면 먹고 살 수 없다. 내 경우는 대학에서 주로 공학 관계의 공부를 해 왔기 때문에 그 지식을 살리고 싶다고 생각했다. 이 회사는 토목공학, 기계공학, 전기공학, 구조공학, 환경공학 등 다양한 분야의 전문가를 폭 넓게 포용하고 있고, 거대 프로젝트의 수행을 일로 삼고 있다. 예를 들면 공항, 발전소, 광산, 하수도, 상수도, 고속도로, 다리 등의 거대 구조물, 거대 시스템이 그것이다. 더 쉬운 예를 들면 휴스턴의 국제 공항을 우리 회사가 설계했다. 미국만이 아니라 세계 속에서 일하고 있다. 나는 이 회사의 상급 부사장으로서 네 개 부서의 책임자이다."

_우주 비행사가 은퇴한 후 비즈니스계로 들어가 성공한 경우가 많은데.

"아마 NASA에서 받은 훈련 중 대부분이 비즈니스계에서도 도움이 되었을 것이다. 예를 들면 거대 프로젝트를 어떻게 추진해 갈까. 거대 시스템을 관리하는 데는 무엇이 필요할까. 그 과정에서 어떻게 하면 보다 능률이 오를까. 그것을 잘해 가기 위해서는 어떤 인간 관계를 만들면 좋을까 등, NASA에서 배운 것이 그대로 비즈니스 세계에서도 응용된다."

_우주에서 체험한 것 가운데 지금 하고 있는 일과 관련된 것이 있나?

"지금의 일에 관해서는 역시 환경 문제에 대해 눈이 떠졌다는 점이 크다. 우주에서 지구를 보았을 때 누구라도 대기층의 허약함에 쇼크를 받는다. 환경과 생태에 대한 배려 없이는 인간이 살아갈 수 없다는 것을 잘 알 수 있다. 그러나 그렇다고 해서 내가 환경론자와 생태주의자의 주장을 전면적으로 받아들이는 건 아니다. 환경론자에게는 두 가지 종류가 있다. 과학적 환경론자와 비과학적 환경론자가 그것이다. 전자는 과학적 근거에 기초를 두어 환경을 염려하고 과학적 해결을 구하려고 한다. 그러나 후자는 마치 미신을 믿는 것처럼 환경을 걱정하고, 해결은 모든 문명 활동에 제동을 거는 것 이외에는 없다고 생각한다. 미국 민화에 이런 이야기가 있다. 어느 날 병아리 한 마리가 호두 나무 밑에서 놀고 있었다. 그런데 호두 열매가 하나 떨어져 병아리가 맞았다. 병아리는 깜짝 놀라 외쳤다. '도와줘, 도와줘. 공중에서 하늘이 떨어져!' 이 병아리와 같은 비과학적 환경론자가 많아서는 곤란하다."

_쉬라에 의하면 우주에서 보면 오염이 육안으로 관찰된다고 하던데.

"그렇다. 우리들도 사전에 환경 문제 전문가로부터 어느 지역의 어떤 환경을 관찰해 달라든가, 사진을 찍어 달라는 부탁을 받았다. 지상의 사람들이 상상하는 것 이상으로 궤도상에서 육안으로 지표를 잘 관찰할 수 있었다. 우리들이 찍은 어떤 사진보다도 육안으로 보는 것이 더 잘 보인다. 우주에서 보면 공해라고 일컬어지는 인위적 오염도 문제지만 자연 오염이 심각하다는 걸 알 수 있다. 공해에 관해서는 사전에 강의가 있었는데 자연 오염에 대해서는 이야기를 듣지 못했기 때문에 의외로 놀란 것인지도 모른다. 자연 오염이란 화산 폭발과 모래 폭풍에 의한 대기 오염이나 하천에 의한 해양 오염 같은 것을 말한다. 지금도 기억에 선명히 남아 있는 것으로는 일본의 사쿠라지마櫻島의 분화나 중국의 황하, 아르헨티나의 라 플라타La Plata 강의 오염이 바다 가득 번져가는 모습이라든가, 모리타니아Mauritania의 모래 폭풍이 대서양까지 불어닥치는 장면 등이 있다. 규모 면에서 보면 인간보다 자연 쪽이 비교가 되지 않을 정도로 큰 오염을 유발시킨다는 걸 알 수 있었다. 사물에 대해서도 그렇다. 인간은 거대한 건조물, 구조물을 많이 만들어 놓고 그것을 보며 감탄하고 여기저기로 구경하러 다닌다. 그러나 그것은 자연이 만든 것에 비하면 모두 다 역부족이다. 실제로 우주에서 보면 인간이 만들어 놓은 것은 거의 보이지 않을 정도로 작다. 보이는 건 바다, 산, 강, 숲, 사막 등 오직 대자연뿐이다. 자연 속에서 인간이 얼마나 작은가를 보고 있으면 인간이라는 건 자신이 생각하고 있는 만큼 커다란 존재는 아니라는 것을 알 수 있다. 그뿐만이 아니다. 지구에서 눈을 돌려 우주 전체를 보면, 이번에는 우주 속에서 지구의 존재가 역시 인간이 생각하고 있는 만큼 큰 게 아니라는 걸 알게 된다. 대기권에서 우주를 보면 지상에서 우주를 볼 때보다 대여섯 배 많은 별들이 보인다. 하늘의 한 면이 은하인 것처럼 보이고 은하는 별들로 만들어진 고형체인 것처럼 보인다. 지구는 이 우주에 충만한 무수한 천체 가운데 하나에 지나지 않는다. 인간이 생각하듯 지구가 어떤 특별한 존재라는 건 단순히 인간의 아집에 지나지 않는다. 인간은 지구상에서 대단한 존재가 아니며, 지구는 우주 가운데 대단한 존재가 아니다. 그 때문에 우주를 보고 있는 사이에 인간은 우주 속에서 역부족인 존재라는 사실을 갑자기 깨닫게 되었다."

_생명 존재라는 것도 우주에서는 특별한 것이 아니라는 말인가?

"생명이 지구에만 존재한다는 생각은 전혀 근거가 없다. 우주에 가득 차 있는 무수한 별들은 모두 또 하나의 태양이다. 태양 에너지가 우리들 세계의 생명을 만든 것과 마찬가지로 그 무수한 태양이 각 생명체를 만들었을 가능성이 아주 높다. 그 가능성은 확률적으로밖에 논할 수 없다. 확률론적으로 볼 때 그 가능성을 발견할 확률은 정규분포를 이룰 거라고 생각된다. 즉 우주에서 무수한 별들의 존재와 우주가 처음으로 생겨난 이래의 시간을 생각해 보면, 이 우주에는 무수한 생명이 모든 발전 단계에서 존재한다고 보는 게 가장 타당하리라 생각한다. 지구상의 생명이 최고의 발전 단계에 있다는 건 인간이 제멋대로 상상한 것에 지나지 않는다. 우주에는 지구상의 생명을 기준으로 하면 몇 억 년 전의 형태도 몇 억 년 후의 형태도 함께 공존하고 있다고 생각한다."

_이야기를 듣다 보니 당신은 우주 체험으로 인해 허무적인 세계관을 갖게 된 것 같은데.

"아니다. 그렇지 않다. 나는 장로파 기독교도로 신앙이 독실한 편이었고, 지금도 그렇다. 우주 체험은 신앙을 한층 강하게 만들어 주었다. 정확하게 말하면 강하게 만들었다기보다는 넓혀 주었다고 하는 편이 좋을지 모르겠다. 그 이전에 내 신앙의 내용은 근본주의자의 입장으로 편협했지만, 우주 체험 이후에는 전통적 교의에 그다지 구애받지 않게 되었다. 확실히 말하면 다른 종교의 신도 인정한다는 입장이다. 알라신도 부처도 같은 신을 다른 눈으로 보았을 때 붙여진 이름에 지나지 않는다고 생각한다."

_같은 신이라고 할 때 그것은 어떤 신인가? 인격신인가?

"아니다. 그것은 하늘에서 지상을 바라보고 있는 그런 존재는 아니다. 또한 이 세상에 일어나는 모든 일을 관리하고 있는 존재도 아니다. 대체로 이 세상의 모든 것을 지배하는 전지전능자가 있다면 인간에게 자유는 없다. 인간이 자유 의지를 가진 자유로운 존재라는 사실과 모순되는 신은 존재하지 않는다고 생각한다."

_인격신이 아니라면 그것은 어떤 신인가?

"나는 신이란 패턴이라고 생각한다. 우주에서 인간과 지구가 역부족인 존재라는 걸 발견했다고 앞에서 말했다. 내가 발견한 건 그것만이 아니다. 동시에 우주에서는 만물에게 질서가 부여되어 있고, 모든 사물과 현상이 조화를 이루고 있으며, 균형을 이루고 있다는 것, 즉 거기에 하나의 패턴이 존재한다는 사실을 발견했다. 옛부터 인간은 그런 질서, 조화, 균형, 패턴이 있다는 사실을 깨닫고 그 배후에 인격적 존재를 상정하여 거기에 다양한 신의 이름을 부여했다. 즉 존재하고 있는 건, 모든 것이 어떤 패턴에 따라 조화를 이루고 있다는 하나의 현실이고 모든 신은 이런 현실을 알기 쉽게 설명하기 위해 고안된 명사에 지나지 않는다는 사실이다. 모든 종교의 공통점은 이런 패턴의 존재이다. 인격신의 존재, 혹은 인격신의 메시지를 전달하는 예언자의 존재가 반드시 종교의 필요 조건인 것은 아니다."

_그러나 정말로 세계는 조화를 이루고 있을까? 세계는 영원히 계속되는 카오스라고 정의하는 세계관 또한 존재한다.

"어느 시기, 어느 장소가 카오스로 충만해 있는 듯이 보이는 건 있을 수 있다. 그러나 그건 모두 해소될 카오스이다. 아니면 전체를 둘러보면 카오스로 보였던 것이 실은 카오스가 아니라 전체의 조화 가운데 일부일지도 모른다. 즉 카오스는 시간적으로나 공간적으로나, 어쨌든 부분적으로만 존재한다고 생각한다."

_신은 패턴이라는 발상이 잘 이해되지 않는다.

"요는 세계가 조화를 이루며 존재하고 있다는 사실이다. 조화를 이루며 존재하는 방식이 패턴이다."

_그 패턴과 인간의 관계는 어떤가?

"패턴에 따라 사물과 사건이 진행된다는 건 사건과 사물이 결정되어 있다는 걸 의미하진 않는다. 인간은 자유 의지를 가지고 자유롭게 행동하고 있다. 그것 자체도 패턴의 일부이지만, 패턴이 인간을 속박하고 있는 건 아니다. 인간이 지구를 파괴하는 것도, 나아가 자기 자신을 파멸시키는 것도 자유이고, 인간이 그렇게 하려고 할 때 신이 막는 일은 없을 것이다."

_그런 생각은 우주 체험에서 생긴 것인가? 그렇다면 우주 체험의 어떤 부

분 때문인가?

"그림을 감상할 때도 코가 부딪칠 정도의 거리에서 보면 아무것도 보이지 않는다. 몸을 뒤로 빼서 거리를 두고 볼 때 비로소 그 그림의 패턴이 보인다. 거대한 패턴일수록 더 먼 곳에서 보지 않으면 패턴이 보이지 않는다. 나는 우주에 나가서야 겨우 큰 패턴이 있다는 걸 볼 수 있었다."

_그렇다면 지구 궤도를 떠나 달에 간 우주 비행사들 쪽이 보다 큰 패턴을 볼 수 있고, 보다 깊은 통찰을 얻을 수 있다는 이야기인가?

"나는 한 가지 경험밖에 없기 때문에 두 가지를 비교하는 건 불가능하지만, 아마 그럴 거라고 생각한다. 그러나 그건 정도의 차이지 본질적인 차이는 아닐 것이다."

_우주에 나가서 보다 큰 패턴을 봄으로써 일어났다는 의식의 변화는 우주 체험에서 보편적인 것인가? 그렇다면 인류가 우주로 진출함에 따라 인류 전체에게 의식의 변화가 일어날까?

"의식의 변화는 반드시 일어날 거라고 생각한다."

_하지만 내가 만난 우주 비행사 가운데 딕 슬레이턴과 폴 와이츠처럼 의식의 변화 따윈 아무것도 없었다고 하는 사람도 있다.

"그것은 그들에게 의식의 변화가 일어나지 않았다는 게 아니라 그들이 자신에게 일어난 변화를 인정하고 싶어하지 않는 것뿐이다. 변화를 깨닫고도 인정하지 않는 것인지, 둔감하기 때문에 그것을 깨닫지 못하는지는 알 수 없지만, 어쨌든 체험자에게 반드시 의식의 변화를 초래하지 않을 수 없는 종류의 체험이라는 게 있다. 우주 체험은 바로 그런 종류의 체험이다. 그들이 아무리 자신에게는 의식의 변화가 일어나지 않았다고 해도 나는 그 말을 믿지 않는다."

_그렇다면 우주 시대에는 인류 전체의 의식이 크게 변하지 않을 수 없다고 생각하는가?

"인류 전체의 의식이 어떻게 변한다기보다는 우주에 진출한 인류와 지구에 남은 인류 사이에 발생할 의식의 괴리가 문제될 거라고 생각한다. 미래에는 우주로의 인류의 진출이 진행되어 마침내 우주에 항상 인간이 거주하게 되고, 우주에서 인간의 재생산도 일어나게 될 것이다."

_섹스와 출산을 말하는 것 같은데, 우주에서의 섹스가 가능한가?

"물론 가능하다. 섹스에 중력이 필요한 건 아니다. 식사나 배설과 마찬가지로 근육의 힘으로 이루어지는 운동이기 때문에 무중력 상태에서도 차질이 생기지 않는다. 그렇지만 두 사람 모두 공중에 떠 있고 조그만 힘으로도 움직여 버리므로, 어딘가에 몸을 끈으로 묶어 두지 않으면 이리저리로 날아가 힘들어질 것이다. 그러나 공중 섹스를 해 보면 실제로 재미있을 거라고 생각된다. 인류 가운데 누가 최초로 이런 일을 할지는 알 수 없지만. 섹스의 결과로 아이가 태어난다. 우주 출산도 물론 가능하다.

그러나 우주에서 키운 아이는 지구상의 아이와 생리적으로 다른 근육을 가진 아이가 된다. 무중력 상태에서는 중력에 저항하여 인간이 직립하거나 운동할 필요가 없기 때문에 뼈도 근육도 약해진다. 혈액에 의한 에너지 보급이 적어도 괜찮기 때문에 심장 혈관 계통이 약화된다. 우리들 정도의 짧은 체재 기간으로도 그런 생리적 변화가 현저히 인식되었기 때문에 태어날 때부터 무중력 상태에서 자라면 지구인과는 다른 육체를 갖게 될 거라는 것은 필연적인 일이다. 몇 세대 후에는 인류와는 다른 생물이라고 생각될 정도로 형질상의 변화가 나타날지도 모른다.

그리고 그들이 지구에 돌아오기 위해서는 우리가 우주로 진출하기 위해 엄격한 육체적 훈련을 몇 년 간이나 받았던 것과 똑같이 상당히 엄격한 훈련이 필요하게 되지 않을까. 육체가 그만큼 변화될 정도이기 때문에 의식도 크게 변화된다. 우주인이 지구인과는 다른 가치 체계와 다른 문화를 갖게 되는 건 거의 피할 수 없는 일이라고 생각한다. 지구상의 생활 습관, 전통, 법 체계, 윤리 등 문화의 바탕을 이루고 있는 요소 가운데 몇 가지가 환경 변화와 더불어 필요가 없어지면서 사라질 것이기 때문이다. 문화라는 건 많은 부분에서 환경의 지배를 받고 있기 때문이다."

_인간이란 결국 무엇인가? 물질 이외에 인간의 실체가 있는가? 영원 불멸의 혼 같은 거 말이다.

"인간은 죽으면 어떻게 되는가. 자주 생각해 보지만 잘 모르겠다. 하지만 죽음과 함께 모든 것이 끝나 버린다고는 생각하지 않는다. 인간에게는 무언가 죽음을 초월한 것이 있는 듯한 느낌이 든다. 그리스도교에서는 그것을 혼soul이라 부르고, 다른 종교에서는 다른 이름으로 부르고 있는, 어쩐지 그런 게 있을 것 같은 느낌이 든다. 개인의 의식이 사후에도 그대로 남는 일은 없다고 생각하지만, 인간이 아직 잘 모르고 있는 뭔가가 있다고 생각한다. 에너지 보존의 법칙이란 게 있다. 에너지는 형태가 바뀌어도 결코 소멸되는 일은 없다. 인간의 생生 에너지도 형태를 바꾸어 존속한다. 살아 있는 인간은 개개인이 저마다 가지고 있는 생 에너지의 장이 사후에는 우주 전체의 에너지의 장으로 흡수되어 일체화될 수도 있는 게 아닐까."

제럴드 카와 에드워드 깁슨의 세계관을 비교해 보면, 대부분이 서로 겹치면서도 미묘하게 어긋나는 부분이 있다는 사실을 깨닫게 될 것이다. 혹은 앞에 소개했던 유진 서넌의 세계관과 비교해도 같다고 할 수 있을 것이다. 조금 크게 어긋나 있지만 역시 겹치는 부분, 비슷한 부분에 착안해 늘어놓아 가면, 그들의 세계관에 의해 일종의 스펙트럼이 만들어지는 듯한 느낌이 든다. 그리고 그 가운데 지구인이라는 자기 인식, 조화(하모니)가 내재되어 있는 우주, 지구상에서의 정치, 종교, 사상상의 대립·항쟁의 어리석음 등 몇 가지 공통적인 인식을 추출할 수 있을 것 같다. 정신적 충격이 전혀 없었다는 와이츠도 실상 이런 말을 고백하고 있다.

"틈만 나면 지구를 보고 있었다. 지구는 아무리 보아도 지루하지 않았다. 너무나 아름다웠다. 그것을 보고 있으면 내가 지구의 일원이라는, 지구에의 귀속 의식이 아주 강렬하게 살아났다. 나는 미국 국민이라든가, 텍사스 사람이라든가, 휴스턴 시민이라든가 하는 따위의 의식은 전혀 없었다. 오로지 지구에의 귀속 의식뿐이었다.

최근 읽은 SF 가운데 지구를 떠나 멀리 이주한 사람들이 삼 대, 사 대에 이르러 지구를 완전히 잊어 버리고 지구를 본 적도 없는 세대가 되었는데, 그 사람들이 가지고 있는 강렬한 지구에의 귀속 의식을 테마로 다룬 소설이 있었다. 그것을 읽으면서 아, 이거다라고 생각했다. 그런 의식을 아주 잘 이해할 수 있었다. 우리들은 어디를 가도 결국은 지구인이다."

공통 항의 추출이라는 점에서는 깁슨의 이런 표현도 있다.

"이것은 대서특필해야 할 거라고 생각하는데, 우주 체험의 결과 무신론자가 된 사람은 한 사람도 없다."

우주 체험은 인간의 의식에 어떤 변화를 초래했을까. 우주 비행사

개개인의 변화를 통해 우리들은 인류 전체의 의식 변화의 방향을 내다볼 수 있을까. 사실대로 말하면 우주 비행사들 가운데 그런 문제 의식을 가지고 자신들의 경험을 총괄하려 했던 우주 비행사가 있다. 그들의 사색은 마침내 일종의 새로운 진화론으로 향하려 하고 있다.

| 제3장 | 우주에서의 초능력 실험

  아폴로 14호의 앨런 셰퍼드Alan Shepard가 우주 비행사 가운데 경제적으로 가장 큰 성공을 거두어 백만장자가 된 이야기는 앞에서 소개했다. 셰퍼드와 함께 아폴로 14호의 달 착륙선에 편성되어 달에 족적을 남긴 여섯 번째 사람이 된 에드가 미첼은 셰퍼드와는 대조적인 사람이다.

  미첼은 1930년, 텍사스 출생. 어릴 때부터 비행기 타는 것을 동경하여 가까운 비행장에서 아르바이트를 하면서 13세 무렵부터 비행기 조종을 배웠다. 카네기 공과대학을 졸업한 후 해군에 들어가 시험 비행사가 된다. 소련이 인공 위성 발사에 성공한 것을 알고 우주 비행사가 되기로 결심했다. 그러기 위해서는 공부가 더 필요하다고 생각해 해군대학에서 항공공학을 배운다. 그 후 MIT에 진학하여 항공우주공학 박사 학위를 취득, 1966년 제5기생의 일원으로 우주 비행사로 채용된다. 그로부터 5년 후인 1971년 1월(아폴로 11호의 성공으로부터 약 1년 반 후), 아폴로 14호에 앨런 셰퍼드, 스튜어트 루사와 함께 승무원으로 편성되어, 프라 마우로Fra Mauro 지대에 착륙. 33시간 31분

체재. 이 비행 때 셰퍼드는 47세, 미첼은 40세였다. 루사가 37세였으니까 나이를 모두 합하면 그때까지의 승무원 중 평균 연령이 가장 높아 '중년의 우주선'이라고 불렸다.

아폴로 14호는 출발 후 여러 번 고장에 시달려서 몇 번이나 계획이 중단될 위기에 처했다. 우선 발사가 40분 3초나 늦었다. 이것은 비행 계획에 커다란 지장을 가져왔다. 지구도 달도, 함께 움직이고 있는 천체이다. 40분이나 지나면 그 위치 관계는 당연히 달라진다. 모든 비행 계획은 40분 전의 위치 관계를 전제로 프로그램화되어 있었다. 그렇기 때문에 그대로 비행한다면 목적지에 착륙할 수 없게 된다. 프로그램을 다시 입력하든지, 속도를 내서 지연을 만회하든지 무슨 수단을 취해야 한다.

기술적으로 보다 간단한 후자의 방법이 선택되어 로켓은 지연을 만회했다. 그러나 그것으로 끝나는 건 아니다. 앞에서 말했듯이 우주선 안에서 사용하는(컴퓨터 프로그램을 포함해) 시간은 모두 '발사 후 시간'인 것이다. 속도를 증가시킴으로써 절대적 시간의 지연을 만회하여 40분 전에 발사된 것과 같은 위치에 도달했지만, 이대로는 발사 후 시간에 맞춰 프로그램된 스케줄과 맞출 수 없게 된다. 그래서 우주선 안의 시계를 40분 3초 빠르게 조정했다. 즉 발사가 스케줄대로 실시되었고 비행도 스케줄대로였다고 가정하여, 그 가정에 현실을 맞춘 것이었다. 우주 비행이 아니고는 할 수 없는 조정 방법이다.

아폴로 우주선은 발사 3시간 후 달 궤도에 올랐기 때문에 사용이 끝난 3단째의 로켓을 떼내고, 그 속에 들어 있는 달 착륙선을 꺼내 사령선과 접속시켜야 했다. 구체적으로는 떼낸 후에 사령선이 거꾸로 돌아서 원추형의 머리 부분을 달 착륙선의 머리 두정부頭頂部의 오목

한 곳에 끼운다. 그러면 자동적으로 12개의 래치latch가 걸려 도킹이 완료된다. 그 후 다시 한번 반전하여 사령선과 달 착륙선은 머리와 머리를 마주한 채 그대로 달로의 비행을 계속하게 된다.

그런데 아폴로 14호의 경우, 사령선이 달 착륙선에 머리를 끼워 도킹하려고 해도 자동적으로 내려와야 하는 래치가 어쩐 일인지 내려오지 않았다. 몇 번이나 해도 실패였다. 수동식이면 달리 궁리해 볼 여지가 있겠지만 자동식 장치가 잘 움직여 주지 않으면 어쩔 도리가 없다. 어쨌든 계속 시도하는 수밖에 없다. 네 번, 다섯 번이나 머리 부분을 다시 끼워 보았지만 역시 실패였다. 달 착륙선과 도킹할 수 없으면 물론 계획은 중지된다. 어쨌든 한 번 더 해 보자는 심정으로 다시 시도해 보았더니, 여섯 번째 시도에서 겨우 래치가 내려왔다. 왜 그때까지는 안 되다가 그제서야 잘 되었는지는 원인 불명인 채로 끝났다.

도킹 완료 후 다시 원인 불명의 고장이 생겼다. 달 착륙선의 동력 스위치를 작동시켜 점검해 보니, 두 개의 연료 전지 가운데 하나가 아무리 해도 정격定格 전압에 도달하지 않았다. 이것 또한 계획이 중지될 수 있는 고장이었다. 그러나 이것 또한 원인 불명인 채 어느 새인가 정상으로 돌아왔다(이런 고장이 원인 불명으로 끝난 건, 사령선 이외의 우주선은 지구로 돌아오지 않도록 되어 있어 사후 점검에 의한 원인 규명이 불가능하기 때문이다).

달 궤도에 도착한 후 셰퍼드와 미첼이 달 착륙선에 올라타 사령선으로부터 분리되어 2시간 후에 강하를 시작하려 할 때 더욱 위태로운 고장이 일어났다. 달 착륙선의 컴퓨터 화면에 갑자기 '계획 중지' 시그널이 뜬 것이다. 무슨 일이 일어난 걸까. 우주 비행사들도 휴스

취재 당시의 에드가 미첼

턴도 당황하여 모든 계기류를 점검해 보았지만, 계획을 중지해야 할 아무런 상황도 발생하지 않았다. 대체로 '계획 중지' 시그널은 모든 경고 시그널의 최종 단계이다. 이 시그널이 뜨면 강하는 자동적으로 불가능하게 되고, 컴퓨터는 그 위치에서 사령선으로 달 착륙선을 되돌리기 위한 항법 계산을 바로 개시한다. '계획 중지'에 선행하는 어떤 시그널도 없이 이 시그널이 나타나는 건 대단한 긴급 사태라고 생각할 수밖에 없다. 그리고 객관적으로 볼 때 그런 사태는 발생하지 않았다고 볼 수 있다.

컴퓨터가 오판을 내리고 있는 것이 확실했다. 그런데 컴퓨터의 어느 부분이 어떻게 잘못된 거지? 달 착륙을 눈앞에 두고 컴퓨터의 고장 때문에 단념해야 한다니. 미첼은 문득 어린 시절 오래된 라디오가 고장났을 때 그랬던 것처럼 컴퓨터의 옆 부분을 손으로 통통 두드려 보았다.

그랬더니 갑자기 '계획 중지'라는 시그널이 사라지는 게 아닌가.

휴스턴과 상황을 분석한 결과 다음과 같은 결론에 이르렀다. 이 고장은 달 착륙선의 제조 단계에서 작업자가 금속 파편 같은 전도성 물질을 기계 내부에 남긴 채 조립했는데, 그것이 무중력 상태에 떠올라 어딘가에 걸려 컴퓨터의 경고 지시 회로를 차단해 버린 것이 원인이라는 것이었다.

 달 착륙선의 다른 기능은 전부 정상적으로 작동되고 있었기 때문에 잘못된 경고를 무시하고 그대로 계획은 추진되었다. 그러나 이대로 그냥 두면 언제 또 그 물질이 움직여 '계획 중지' 시그널이 뜰지 모른다. 그래서 컴퓨터 프로그램을 바꾸어 '계획 중지' 시그널이 나와도 그것을 무시하고 착륙 프로그램을 가동시키도록 해야 했다. 그러나 프로그램을 그렇게 변경하면 진짜 계획을 중지하고 사령선으로 복귀해야 하는 긴급 사태가 발생할 경우, 컴퓨터의 도움 없이 조작을 모두 수동으로 해야 한다. 그 일은 가능할 뿐더러 조작은 이미 지상에서 충분히 훈련한 것이어서 크게 걱정할 필요가 없었다. 그래서 그렇게 하기로 했다. 휴스턴과 보스턴 MIT의 컴퓨터 기술자들이 바로 모여 급히 서둘러 새로운 프로그램이 개발되었다. 거기에 걸린 시간이 한 시간 반 남짓. 그 프로그램을 바로 달 착륙선에 송신하였고 미첼이 그것을 입력했다. 입력이 끝난 것은 강하 개시 예정 시각이 되기 겨우 30초 전이었다.

 예정대로 강하가 개시되었다. 머리카락 한 올 차이로 위기를 벗어난 것이다. 그러나 다시 치명적인 고장이 발생했다. 고도 30,000피트까지 강하했을 때 갑자기 레이더가 작동되지 않는 것이었다. 달 착륙은 레이더 관측으로 이루어진다. 레이더 없이는 착륙이 불가능하다. 만약 10,000피트까지 강하하는 동안 레이더가 작동을 개시하지 않으면 계획을 중단할 수밖에 없다. 레이더 스크린이 꺼진 채 달 착륙선이 점점 내려갔다. 미첼은 레이더를 때리고 두드리고 관련된 모든 스위치를 켰다 껐다 하면서 필사적으로 노력했다. 그래서 22,000피트까지 강하했을 때 다시 이유도 모른 채 레이더가 작동하기 시작했다.

이렇게 겨우 겨우 아폴로 14호는 달 착륙에 성공했던 것이다.

아폴로 계획은 99.999%의 확실성으로 시스템이 작동하도록 설계되었다고 한다. 그런데 이처럼 원인 불명의 사고가 빈번한 건 미국의 자동차 산업의 쇠퇴와 같은 요인이 있었던 게 아닐까. 즉 설계 등에 해당되는 상급 기술자의 기술은 완벽해도 현장의 제조 단계에서 기술이 형편 없이 품질 관리가 따라 주지 못했던 건 아닐까.

하지만 아폴로 14호는 이런 여러 가지 위기를 극복하고 주어진 모든 임무를 완수한 후 성공리에 귀환했다. 그러나 셰퍼드와 미첼은 각자 주어진 임무 이외의 일을 수행했고, 그 때문에 더욱 유명해졌다. 셰퍼드는 달 표면 탐험을 모두 끝내고 드디어 귀환할 시간이 되자 우주복 주머니에서 골프공과 6번 아이언의 헤드 부분을 꺼내, 그것을 가까운 곳에 있는 봉에 묶어 힘껏 공을 쳤다. 그리하여 그는 인류 가운데 유일하게 달에서 골프를 친 사람이 되었다. 달 표면에서는 중력이 지구의 6분의 1밖에 되지 않기 때문에 공은 저 멀리 날아가 버려 어디에 떨어졌는지 알 수 없었다.

미첼은 우주선과 지구 사이에서 텔레파시 실험을 수행했다. 시카고에 사는 설계사로서 초능력자로 유명한 올로프 존슨과 미리 협의하여 25장의 ESP 카드(별 모양, 파도 모양, 원·사각·십자 모양 등 5종류가 각 5장씩)를 준비했다. 이것을 가지고 예정된 시간에 매일 매일 6분 동안 미첼이 한 장씩 넘기면서 정신을 집중시켜 송신하면, 존슨이 수신하는 실험을 6일 동안에 걸쳐 실시했던 것이다. 출발 전 케이프 케네디와 시카고 사이에서 실시한 실험에서는 50% 확률로 맞아들어 갔다(맞을 확률은 20%이기 때문에 통계적으로 큰 의미가 있는 확률이라고 할 수 있다).

우주와의 교신에서는 성공 확률의 편차가 컸지만, 그래도 텔레파시의 존재를 증명하는 데 충분한 성과를 거두었다고 한다. 또한 그것과는 별개로 제임스 어윈 부분에서도 말했듯이 어윈과 마찬가지로 달 표면에서 자신이 지금 ESP 능력을 사용하고 있다는 사실을 발견했다. 어윈이 스콧과의 사이에서 그랬던 것처럼 미첼도 세퍼드와의 사이에서 아무것도 말하지 않는데도 그가 생각하고 있는 것을 직접 알 수 있었다고 한다.

어윈의 경우는 그 체험이 아무런 마음의 준비도 되어 있지 않은 상태에서 나타난 것에 비해 미첼은 출발 전부터 텔레파시 실험을 준비하고 있었던 것으로도 알 수 있듯이, 일찍부터 인간의 ESP 능력에 큰 관심을 가지고 있었다. 그렇기 때문에 이 체험의 충격은 대단히 컸고, 다음해 그는 NASA를 사직하자 샌프란시스코로 이사 가서 ESP 연구소를 설립했다. 그곳은 인간이 가진 ESP 능력을 과학적으로 연구하는 것을 목적으로 하는 연구소이다.

일본에서는 ESP 연구가 이상한 사이비 과학의 대명사처럼 인식되고 있지만, 세계 각국 특히 미국과 소련에서는 과학적 연구가 진지하게 이루어지고 있다. 이 두 나라가 특히 열심인 것은 ESP 능력에서 군사적 이용의 가능성을 보고 있기 때문인데, 두 나라 모두 그 연구에 군사 예산의 일부를 지출하고 있다. 가장 유명한 예로는 1958년에 국방성의 위탁 연구로 웨스팅하우스Westinghouse 사가 실시한, 대서양을 항해 중인 원자력 잠수함 노틸러스Nautilus호와 2,000km 떨어진 미국 본토 사이의 텔레파시 실험을 들 수 있다. 이 실험에서는 앞에서 말한 ESP 카드가 사용되었고, 75%의 확률로 통신에 성공했다고 한다.

일본에서는 일류 연구기관이 ESP 능력을 과학적으로 연구했다는 이야기는 들어본 적이 없지만, 미국에서는 랜드 연구소, 스탠포드 연구소, 벨 연구소 등 초일류의 연구 기관까지 ESP 연구에 손대고 있다. 그 가운데 가장 유명한 예는 스탠포드 연구소가 유리 겔라를 실험 대상으로 1972년에 5주 동안 했던 실험이다. 이 실험에서는 두 사람의 물리학 박사가 주임 연구원이 되어 약효 실험으로 잘 사용되는 이중 맹검법(실험 대상자는 물론 실험자도 무엇이 해답인지 알지 못한 채 실험을 한다)을 사용하는 등, 속임수가 개입할 여지가 없는 과학적 기법을 사용하여 겔라가 가진 능력을 여러 각도에서 연구했다. 그 실험 결과는 국제적으로 유명한 영국 과학잡지 『네이처 Nature』에 게재되었는데, 과학적으로 설명 가능한 현상이 확실히 일어나고 있고, 겔라 효과는 과학적 연구의 훌륭한 대상이라고 결론짓고 있다.

사실 스탠포드 연구소가 행한 이 실험에 미첼도 연구원의 일원으로 참가했다.

ESP에 흥미를 가진 우주 비행 관계자는 미첼이 처음은 아니다. 로켓에 의한 우주 비행이 가능함을 이론적으로 입증하여 우주 로켓의 아버지로 불리는 소련의 치올코프스키 Constantin Eduardovich Tsiolkovsky도 실은 텔레파시 연구자였다. 그는 텔레파시의 사례를 스스로 수집·검토하고, 이것은 의심할 수 없는 자연에 존재하는 현상이기 때문에 이것을 비과학적이고 초자연적인 현상이라고 하며, 과학 영역에서 제외해 버리는 태도야말로 비과학적이라고 비판하면서,

"결국 우주 비행의 시대가 올 때쯤 인간의 텔레파시 능력도 없어서는 안 될 것이며, 인류의 전반적인 진보에 유익할 것이다"라는 예언을 남기고 있다. 우주 비행사 가운데 ESP 연구자가 탄생한 것도 인연이 있다면 있다고 할 수 있다.

미첼과 만나 이야기를 들어 보면, 일본의 ESP 연구자가 종종 그렇듯이 모든 비과학적인 것을 한없이 믿고 여우에게 홀린 듯한 타입의 인간과는 완전히 정반대 되는 인물이다. 우주 비행사 시절을 통틀어 그는 가장 사색적이고 가장 지성적인 우주 비행사로 알려진 듯한데, 쾌활한 양키 타입이 많은 우주 비행사 가운데서 역시 두드러져 보일 거라고 생각될 정도로 중후한 학자 타입의 인물이다.

현재 플로리다 주의 부자들의 휴양지로 널리 알려진 팜 비치Palm Beach에 살고 있다. 직원이 15명밖에 안 되는 작은 광고 선전회사(연매상이 백만 달러를 넘는다)를 경영하고 있으며, 경영 컨설턴트도 겸하고 있다.

"비즈니스 쪽 일은 그냥 먹고 살기 위해서 하는 것이고, 내가 정말 힘을 기울이고 있는 건 NASA를 그만둔 이후 내내 인간의 의식에 대한 연구이다. 경험도 쌓였기 때문에 지금부터는 보다 더 그 쪽에 에너지를 투여하고 싶다. 지금 새 책(이미 몇 권의 저서가 있다)을 준비하고 있는 중이다. 지금까지의 연구 성과를 2년 동안 한 권의 책으로 정리해 볼까 생각중이다."

_ESP연구소 쪽은 요즘 무슨 일을 하고 있나?

"ESP연구소라는 표현은 정확하지 않다. 정확하게는 Institute for noetic sciences라고 한다."

노에틱 사이언스란 번역하기 힘든 말이다. 노에틱이란 그리스어의 노에시스noesis에서 왔고 순수 사유, 순수 지성의 활동을 말한다. 억지로 번역하면 순수사유학연구소라고나 할까. 그러나 이런 번역으로는 그가 이 연구소 이름에 부여한 의미를 이해할 수 없을 것이다.

이 인터뷰로 점차 명확해지듯이 그의 세계관은 아리스토텔레스와 아주 가깝다. 아리스토텔레스는 세계를, 가능태dynamis인 질료materia가 형상forma을 구하고 획득하여(혹은 형상이 질료를 얻는다고 해도 좋다) 현실태energeia로 전화해 가는 다이나믹한 과정으로 파악했다. 이 과정의 정점에는 완전한 현실태로서의 형상의 형상인 순수 형상이 있다. 이 순수 형상이 궁극의 원리(아르케)이고, 진정한 영원의 실체이며, 만물의 목적인因이며 운동인因이기도 하다. 즉 이것이 신이다. 만물은 신을 향해 나아간다. 그러나 신은 이런 만물의 운동이 도달하는 궁극점이기 때문에 그 자신은 부동不動이다. 자신은 부동인 채 만물을 움직이기 때문에 '부동의 움직이는 자'로 불린다. 만물은 자기가 지향해야 할 목적으로 신을 사유한다. 그러나 신은 궁극의 목적이기 때문에 자기 이외의 목적을 갖지 않는다. 따라서 신은 자기 자신을 사유하는 '사유의 사유'이다.

만물은 신에게 도달하지 않는 한, 즉 가능태를 남기고 있는 한 신 이외의 것이고, 가능태가 모두 현실태가 되면 거기에 존재하는 것은 신뿐이다. 즉 달리 말하면 존재하는 모든 것은 신과 신의 가능태이다. 그런 의미에서 신은 일자一者인 동시에 일체자一體者이다. 하나이면서 전부이다. 질료 쪽에서 보면 다이나믹한 세계도, 순수 형상인 신 쪽에서 보면 신의 자기 인식 과정, 신의 자기 사유에 지나지 않는다고도 할 수 있다.

이런 아리스토텔레스적 세계관은 다양한 변형태variation를 수반하며 인류 사상사에서 반복되어 왔다. 미첼과의 인터뷰도 그런 사정을 염두에 두면 보다 이해가 빠를 것이다.

"이 연구소는 인간이 가지고 있는 정신 능력을 총체적으로 연구하기 위한 기관으로 ESP도 그 연구의 일환인데, ESP만을 연구하고 있는 건 아니다. 내가 이 연구소를 만든 이유는 과학과 기술은 이만큼이나 진보했는데 그것을 활용하는 인간의 예지는 조금도 진보하지 않아, 과학 기술이 인류의 행복을 위해서라기보다 인류의 재앙을 초래하는 방향으로 이용되고 있는 현실을 우려하기 때문이다. 이것은 인류의 예지를 발달시키기 위해 소모되는 에너지가 과학 기술의 발전을 위해 소모되는 에너지에 비해 너무 적다는 것에 원인이 있다고 생각하여, NASA를 그만둘 때 앞으로 한동안은 인간의 정신 능력의 연구에 몸을 바치겠다고 생각했다."

_ESP도 인간의 예지와 관련된 중요한 정신 능력이라고 생각하는데······.

"그렇다. ESP는 잠재적으로는 모든 사람이 가지고 있는 능력이다. ESP만이 아니라 사이코키네시스psychokinesis(염력念力), 심령 치료, 예언 등 모든 초능력도 인간의 정신 능력 가운데 하나이다. 초능력의 기초적 형태는 누구라도 일상 생활에서 체험하고 있을 것이다. 무엇이 빛난다고 느낄 때라든가, 계속 생각하고 있는 것이 보통 확률 이상으로 실현된다든가, 기를 집중시킴으로써 병이 치료된다든가, 예감이나 영감 같은 건 누구라도 경험하는 일이다.

초능력은 이런 일상적인 인간의 정신 능력이 특별히 발달된 것이라고 해도 좋다. 대부분의 사람은 더하기, 빼기 정도의 산수밖에 못하지만 고등 수학을 술술 풀어 내는 대수학자도 몇 명 있다. 바이올린에 활을 대기만 하면 누구나 음을 낼 수는 있지만, 명연주가 가능한 거장은 아주 적다. 이와 마찬가지로 그런 능력을 통상적인 사람의 몇 십 배, 몇 백 배로 발달시킨 초능력자가 몇 명은 있을 것이다.

  소위 초능력이란 결국 인간이 자신의 환경과 커뮤니케이션할 때 물질적 커뮤니케이션만이 아니라 정신적 커뮤니케이션도 한다는 것, 환경에 힘을 가할 때 물질적으로만 힘을 가하는 것이 아니라 정신적으로도 힘을 가할 수 있다는 것을 의미한다."

  _당신도 그런 능력을 가지고 있나?

  "대단하지는 않지만, 어느 정도는 가지고 있다."

  _ESP, 초능력에 대한 연구라면 일본에서는 사이비 과학으로 취급하여 진지한 사람은 상대조차 하지 않는데……

  "대략 15년 전까지만 해도 미국도 일반적으로 비슷한 상황이었다. 그러나 최근에 사정이 크게 변해, 특히 젊고 우수한 과학자가 속속 이 영역의 연구로 진입하고 있다."

  _누구나 잠재적으로는 초능력을 가지고 있다고 해도, 그것을 모두 다 개발할 수 있는 건 아니지 않는가?

  "기본적으로는 가능하다. 그러나 모든 능력의 개발과 마찬가지로 노력과 수련이 필요하다. 게다가 타고난 재능의 문제도 있을 것이다. 그러나 무엇보다 중요한 건 회의하지 말고 믿어야 한다는 사실이다. 가능하다고 확신해야 한다. 유리 겔라의 숟가락 구부리기 실험이 텔레비전을 통해 보여졌을 때, 텔레비전을 보고 있던 아이들이 똑같이 해낸 사례가 속출하여 세상이 소란스러웠던 적이 있다. 아이들은 자기 스스로도 가능하다고 그대로 믿었기 때문에 가능했던 것이다."

  _그러나 초능력자를 자칭하는 사람 중에는 협잡꾼도 많다.

  "그렇다. 진지한 연구의 최대 장애물이 그것이다. 특히 심령 치료

같은 분야에는 협잡꾼이 많다. 초능력 현상의 보고는 수천 년 이전부터 있어 왔지만, 수천 년 전부터 진짜와 가짜가 섞여 있다. 그것이 문제를 복잡하게 만들고 있다. 다만 초능력 현상을 부정하려는 사람들은 협잡꾼에게만 주목하지만, 모든 과학적 검사를 거쳐 초능력 현상으로 인정되어야 하는 현상이 존재하는 것 또한 사실이다."

_지금도 초능력 현상에 대한 연구에 힘을 기울이고 있는가?

"아니다. 나는 최근 몇 년 동안 그 일에서 떠나 있다. 초능력을 테크니컬하게 추구하는 건 잘못이라고 깨달았기 때문이다. 초능력은 아주 파워풀한 능력이기 때문에 재미로 그것을 다루는 건 위험하다. 그것을 너무 열심히 추구한 나머지, 정신 이상이 생긴 사람이 예전부터 적지 않다.

초능력을 취급할 때는 우선 거기에 적합한 정신의 안정과 감성의 안정을 얻어야 한다. 마음 속에서 모든 일상적·세속적 잡념을 떨쳐버리고 잔물결 하나 없는 숲속의 고요한 연못의 수면처럼 마음을 정적 그 자체로 유지하면서, 투명한 평안을 얻어야 한다. 정신을 완전히 정화하는 것이다. 정신을 완전히 정화하면 잘 연마된 예민한 감수성을 갖게 되어, 외부 세계의 자극에 조금도 흔들리지 않는 상태에 들어갈 수 있다. 그것이 불교에서 말하는 니르바나(해탈)다. 그 상태까지 가면 인간이 물질적 존재가 아닌 정신적 존재임을 자연스럽게 알게 된다.

인간은 물질적 층위에서는 개별적 존재지만, 정신적 층위에서는 서로 결합되어 있다. ESP의 성립 근거가 거기에 있다. 더 나아가 인간만이 아니라 세계의 모든 것이 정신적 일체성spiritual oneness이라는 사실을 알 수 있을 것이다. 초능력 현상은 이런 정신적 일체의 증명인 것이다. 정신적 일체성이 있기 때문에 완전히 정신적인 상태에 들어간 사람은 물리적 수단에 의존하지 않고도 외부 세계와 커뮤니케이션할 수 있다. 고대 인도의 우파니샤드에 "신은 광물 속에서는 잠들고, 식물 속에서는 깨고, 동물 속에서는 걷고, 인간 속에서는 사유한다"라는 구절이 있다. 만물 속에 신이 존재한다. 따라서 만물은 정신적으로는 일체이다. 그러나 신을 깨닫는 정도는 사물마다 다르다. 그렇기 때문에 만물의 일체성은 상당히 파악하기 힘들다. 잠든 신조차 볼 수 있을 만큼 정신적으로 될 수 있는 사람이어야 이런 일체성을 파악할 수 있다. 그리고 충분히 정신적인 상태에 들어갈 수 있는 사람에게는 초능력이 저절로 생긴다.

예수의 말에 '먼저 신의 나라를 구하라. 그리하면 모든 것이 그에 따라 주어질 것이다(너희는 먼저 그의 나라와 그의 의를 구하라. 그리하면 이 모든 것을 너희에게 더하시리라. 마태복음 6:33)'라는 구절이 있다. 먼저 초능력을 구해서는 안 된다. 먼저 신의 나라를 구해야 한다. 초능력이란 보다 큰 정신세계의 일부임을 알아야 한다."

_당신이 신이라고 말할 때, 어떤 신을 가리키는가? 당신이 믿고 있는 건 기독교의 신인가?

"아니다. 나는 기독교의 신을 믿지 않는다. 기독교가 말하고 있는 인격신은 존재하지 않는다고 생각한다. 신이란 이 세상에서, 그리고 이 우주에서 현재 진행되고 있는 신적인divine 과정을 표현하기 위해 사용되는 것에 지나지 않는다."

_그렇다면 당신은 처음부터 기독교 신자가 아니었단 말인가?

"아니다. 나는 열렬한 기독교 신자였다. 나는 남부 침례교의 원리주의자였다. 원리주의의 교리는, 아는 바와 같이 과학이 말하는 것보다 성서에 적혀 있는 것이 모두 옳다고 여기는 입장이다. 그러나 나는 과학자이고 기술자였다. 그렇기 때문에 내 인생은 40년 동안 과학적 진리와 종교적 진리의 대립을 어떻게 해소할 수 없을까 고민한 인생이었다. 그 때문에 철학과 신학을 열심히 공부했지만 소용 없었다. 결국 어느 날 그 어느 쪽 진리도 보다 고차원적인 수준의 진리를 보다 저차원적인 진리로 부분적으로만 파악하고 있기 때문에 대립이 생긴다고 이해하면 모든 문제가 해결되는 게 아닌가 생각하고 고민에서 벗어날 수 있었다."

_그러나 원리주의의 교의와 과학 사이에는 그런 것으로 해결할 수 없을 정도로 심각한 대립이 있는 게 아닌가?

"종교 측에는 부분적 진리, 그 이상의 문제가 있다. 그것은 교단으로 조직화되었기 때문에 발생하는, 진리의 길에서 벗어난 행위이다. 모든 종교는 위대한 정신적 진리를 깨닫게 된 지도자의 가르침으로 시작한다. 그러나 신자는 그런 가르침의 본질을 충분히 이해하지 못한다.

각 종교의 교조가 된 사람들, 즉 예수건 부처건 모세건 마호메트건, 혹은 조로아스터건 노자건 간에 모두는 인간 자의식의 속박으로부터 벗어나 이 세계의 정신적 일체성에 도달한 사람들이다. 그렇기 때문에 그들은 모두 초능력자이기도 하다. 그들은 모두 기적을 일으켰다. 기적이란 초능력 현상의 다른 표현이다. 그러나 그 가르침을 받고 따르는 사람들은 자의식의 속박에서 벗어나지 못하기 때문에 가르침을 받은 진리를 그만큼 깊이 파악하지 못한다. 그렇기 때문에 지도자가 세상을 떠나면 신자 집단은 정신적 진리로부터 인간적 자의식의 측면으로 되돌아가고 만다. 그리고 교단이 조직되고 교단 전체가 점점 태초의 진리로부터 멀어지게 된다. 교단화된 기성 종교는 모든 면에서 지금은 진정한 리얼리티, 정신적 리얼리티로부터 멀어져 있다. 내가 말하는 종교적 진리란 교단의 교의가 아니다."

_당신은 과학적 진리와 종교적 진리의 대립을 어떻게 극복했는지? 그것은 우주 체험과 관계가 있나?

"정말 그렇다. 나는 두 가지 진리의 상극을 끌어안은 채 우주에 가서, 그곳에서 정말 한순간에, 오랫동안 고민했던 그 문제의 해결점을 얻었다."

_그건 우주 체험의 과정 중 어느 때였나?

"우주에서 지구를 보았을 때다. 정확하게 말하면 달 탐사를 마치고 달 궤도를 벗어나 지구를 향해 돌아오기 시작한 지 얼마 지나지 않아서였다. 그때까지는 휴식도 없이 계속 일을 했기 때문에 침착하게 무엇을 생각할 여유가 없었다. 그러나 지구로 향한 궤도에 우주선을 올려 놓고 나니 이렇다 할 작업이 없어서 시간적 여유가 생겼다.

달 탐사의 임무를 무사히 완료하고 예정대로 우주선은 지구로 향하고 있었기 때문에 정신적 여유도 생겼다. 침착한 마음으로 창을 통해 저 멀리 있는 지구를 바라보았다. 무수한 별들이 암흑 속에서 빛나고 있고, 그 가운데 우리들의 지구가 떠 있었다. 지구는 무한한 우주 속에서 하나의 반점斑點 정도로밖에 보이지 않았다. 그러나 그것은 너무 놀라울 정도로 아름다운 반점이었다. 그것을 보면서 항상 내 머리 속에 있었던 몇 가지 의문이 떠올랐다. 나라는 인간이 여기에 왜 존재하는가? 나의 존재에 의미가 있는가? 목적이 있는가? 인간은 지적 동물에 지나지 않는가? 그 이상의 무엇인가? 우주는 물질의 우연한 집합에 지나지 않는가? 우주와 인간은 창조되었는가? 아니면 우연히 생성되었는가? 우리들은 앞으로 어디로 가려는 것인가? 모든 건 다시 우연에 맡겨지는가? 아니면 어떤 마스터 플랜에 따라 모든 것이 움직이는가?

항상 이런 의문이 머리 속에 떠오를 때면 이런 저런 생각을 해 나갔지만, 그때는 달랐다. 의문과 동시에 해답이 순간적으로 떠올랐다. 질문과 해답이 2단계의 과정으로 떠올랐다기보다 모든 것이 한순간이었다고 하는 편이 좋겠다. 그것은 이상한 체험이었다. 종교학에서 말하는 신비 체험이 이런 건가 하고 생각했다. 심리학에서 말하는 피크 체험peak experience이었다. 시적으로 표현하면 신의 얼굴을 손으로 만졌다는 느낌이었다. 어쨌든 순간적으로 진리를 파악했다는 생각이 들었다.

세계는 의미가 있다. 나도 우주도 우연의 산물일 수는 없다. 모든 존재가 각각 그 역할을 담당하고 있는 어떤 신적인 플랜이 있다. 그 플랜은 생명의 진화이다. 생명은 목적을 가지고 진화하고 있다. 개별적 생명은 전체의 일부분이다. 개별적 생명이 부분을 이루고 있는 전체가 있다. 모든 것은 일체이다. 일체인 전체는 완벽하고, 질서 정연하며, 조화롭고, 사랑으로 충만되어 있다. 이 전체 가운데 인간은 신과 일체다. 각자는 신과 일체다. 각자는 신의 계획에 참여하고 있다. 우주는 창조적 진화의 과정에 있다. 이 한순간 한순간이 우주의 새로운 창조이다. 진화는 창조의 연속이다. 신의 사유가 그 과정을 움직여 간다. 인간의 의식은 그런 신의 사유의 일부분을 이루고 있다. 그런 의미에서 인간의 한순간 한순간의 의식의 움직임이 우주를 창조하고 있다고 할 수 있다.

이런 사실을 한순간에 깨닫게 되어 나는 무엇과도 비교할 수 없는 행복감에 빠졌다. 그것은 지복의 순간이었다. 신과의 일체감을 맛볼 수 있었다."

_그 신이라는 존재는 결국 무엇인가? 신적 과정을 표현하는 개념인가? 조금 자세히 설명하면 어떤 것인가?

"신이란 우주 영혼, 혹은 우주 정신cosmic spirit이라고 해도 좋다. 우주 지성cosmic intelligency이라고 해도 좋다. 그것은 하나의 거대한 사유이다. 그 사유에 따라 진행되고 있는 과정이 이 세계이다. 인간의 의식은 그 사유 가운데 일개 스펙트럼에 지나지 않는다. 우주의 본질은 물질이 아니라 영적 지성이다. 이것의 본질이 신이다."

_그렇다면 육체를 가진 개별적 인간 존재란 무엇인가? 인간은 죽으면 어떻게 되나?

"인간이란 자의식을 가진 에고와 보편적 영적 존재의 결합체이다. 의식이 전자에 사로잡혀 버리면 인간은 조금 나은 동물에 지나지 않게 되고, 본질적으로는 살과 뼈로 구성된 물질이 된다. 그리고 인간은 어떤 의미에서든 유한하며, 우주와 비교하면 무의미한 존재가 될 것이다. 그러나 에고에 갇혀 있던 자의식이 열려지고, 후자의 존재를 인식하면 인간에게는 무한한 힘이 있다는 것을 깨닫게 된다. 인간은 한계가 있다고 생각하기 때문에 한계가 있고, 주어진 환경에 종속되어야 한다고 생각하기 때문에 종속되어 있는 것이다. 정신적인 본질을 의식하면 무한한 힘을 현실화하고, 모든 환경 여건을 초월해 갈 수 있다.

사람이 죽을 때, 에고는 틀림없이 죽는다. 소멸한다. 인간적 에고는 죽는다. 그러나 후자는 남아서 본래 그것이 나온 보편적 정신과 합체한다. 신과 일체가 되는 것이다. 후자에게 육체는 일시적인 거주지에 지나지 않는다. 그렇기 때문에 죽음은 어떤 방에서 나와 다른 방으로 들어가는 것 정도의 의미밖에 없다. 인간의 본질은 후자이기 때문에 인간은 불멸한다. 기독교에서 사람이 죽어서 영생을 얻는다고 말하는 것도, 불교에서 죽어서 열반에 들어간다는 것도 이런 의미일 것이다. 그렇기 때문에 나는 죽음을 전혀 두려워하지 않는다."

_그런 인식이 한순간에 생겼나?

"그렇다. 순간적이었다. 진리를 순간적으로 획득함과 동시에 환희가 몰려왔다. 그 감동으로 존재의 밑바닥이 흔들리는 듯한 느낌이었다. 보다 정확하게 말하면, 지금 말로 이런 저런 설명을 하는 것처럼 논리적으로 진리를 파악했던 건 아니다. 말로는 표현할 수 없지만, 어쨌든 깨달았다. 진리를 깨달았다는 기쁨에 휩싸여 있었다. 지금 나는 신과 한 몸이라는 일체감이 절실히 느껴졌다. 그 후 얼마 지나지 않아 이번에는 비교할 수 없을 정도로 깊고 어두운 절망감이 엄습했다. 감동이 사라지고 현실적 인간의 모습에 생각이 미쳤을 때, 신과 정신적으로 일체여야 할 인간이 현실적으로는 너무나 한심스런 모습을 하고 있다는 걸 상기하지 않을 수 없었기 때문이다.

현실의 인간은 에고 덩어리이고, 다양하고 한심한 욕망, 증오, 공포 등에 사로잡혀 살아가고 있다. 자신의 정신적 본질 따위는 완전히 잊어 버린 채 살아가고 있다. 그리고 총체로서의 인류는 마치 미친 돼지 떼가 난폭하게 달려 절벽에서 바다로 떨어져 내리는 것처럼 행동하고 있다. 자신들이 집단 자살을 하고 있다는 사실조차 깨닫지 못할 정도로 어리석다. 인간이란 것에 절망하지 않을 수 없다. 나의 기분은 점점 침체되어 갔다. 그런데 다시 조금 지나자 좀전과 같은 신과의 일체감이 다시 살아나 감동적인 기쁨에 사로잡혔다. 그런 다음 다시 조금 지나자 절망감에 사로잡혔다. 이처럼 더없는 기쁨과 밑바닥을 알 수 없는 절망감으로 극단에서 극단으로 마음이 요동쳤다. 그것이 30시간이나 계속되었다. 그 후로는 지구로의 귀환을 준비하느라 바빠서, 그 분주함에 휩싸여 그런 일은 생각하지 않게 되었다.

그러나 지구로 되돌아온 후 이 체험을 반추하며 철학서, 사상서, 종교서 등을 탐독하기 시작했다. 원래 철학, 신학에 흥미를 가지고 있긴 했지만, 역시 그때까지는 주로 기독교의 입장에서 그런 책들을 보았던 것이다. 그러나 이번에는 마음을 더욱 넓게 열어 모든 종교, 모든 사상에 대한 편견을 버리고 접하게 되었다. 내가 가졌던 신과의 일체감이 특정 종교의 신과의 일체감이거나, 그 신만이 진리의 신이라거나, 혹은 다른 종교의 신은 거짓이라고 생각할 수 없었기 때문이었다."

_제임스 어윈의 경우는 당신과 유사한 신비 체험을 갖고 있으면서도 기독교 신만이 유일한 진리의 신이라는 결론을 내려 전도사가 되었는데.

"어윈과 그렇게 깊이 사귄 건 아니지만, 확실히 그의 체험은 나의 체험과 질적으로 대단히 비슷하다고 생각한다. 그는 그 체험을 전통적 기독교의 틀 속에서 표현하고 있다. 그것이 그에게는 최상의 표현 방법이었기 때문이다. 그러나 기독교의 틀은 좁다. 너무나 좁다. 모든 기성 종교의 틀은 좁다. 굳어져 있다. 기성 종교의 틀 속에서 말하려고 하면, 그 종교가 가진 전통의 무게에 눌려 버린다. 전통에 의한 인간 인식의 속박은 너무 거대하다."

_그렇다면 모든 종교의 신은 본질적으로 같다는 이야기인가?

"그렇다고 할 수 있다. 즉 모든 종교는 이 우주의 정신적 본질과의 일체감을 경험하는 신비 체험을 한 사람이 각기 그것을 다르게 표현

함으로써 태어난 것이다. 그 원초적 체험은 본질적으로 같다고 생각한다. 그러나 그것을 표현하는 단계가 되면 그 시대, 지역, 문화의 규정을 받는다. 하지만 모든 진정한 종교 체험이 본질적으로 같다는 건 그 체험의 기술 자체를 잘 읽어 보면 알 수 있다. 종교에만 한정할 필요는 없다. 철학에서도 동일하다. 진정한 정신적 체험 위에 세워진 철학은 역시 질적으로 동일하다."

_그 질적 동일성의 본질은 어디에 있나?

"인간적 에고로부터 이탈하면 이 세계가 완전히 다르게 보인다. 에고의 눈으로는 보이지 않는, 지각 너머에 존재하는 정신적 세계가 보인다. 자신이 지금까지 진리라고 생각한 것이 보다 큰 진리의 일부에 지나지 않는다는 사실을 알게 된다. 이런 의식의 변혁, 시점의 전환이 중요하다는 것을 모든 종교가 말하고 있다. 예수가 "회개하고 신의 나라로 들어가라", "다시 태어나라"고 할 때 의미하는 것이 그것이다. 그리스어로 '회개'는 '메타노이아'이다. 그런데 이것은 어떤 나쁜 짓을 하고 나서 반성을 하면 천국에 갈 수 있다는 의미가 아니라, 세계를 완전히 다른 시점으로 보면 신적 세계가 이미 지금 이곳에 존재한다는 사실을 의미한다. 힌두의 전통인 소마티라는 것도, 불교의 열반도, 혹은 신비 사상에서 말하는 조명照明 체험도 모두 같은 것이다."

_그렇다면 당신이 우주 체험에서 얻은 것도, 우주 체험이었기 때문에 발생한 것이 아니란 말인가?

"그렇다. 어떤 신비 체험에도 계기가 있다. 내 경우는 우연히 그것이 우주에서 지구를 바라보는 체험이었다는 것이다. 다른 사람은 높은 산에 올라가 지상을 바라볼 때 그런 체험을 얻을 수도 있다. 내가 높은 산이 아니라 몇 만 마일이나 되는 높은 곳에 올라가지 않았다면 그 체험을 얻지 못했을 거란 사실은 아마 나의 정신이 덮어쓰고 있는 껍질이 너무 단단했기 때문일 것이다."

_우주 체험이기 때문에 특별한 건 없었나?

"이런 건 말할 수 있다. 신비적 종교 체험의 특징은 거기에 항상 우주 감각cosmic sense이 있다는 사실이다. 그렇기 때문에 그런 체험을 얻기 위해서는 우주가 최고의 장소이다. 역사상 위대한 정신적 선각자들은 지상에서 우주 감각을 얻을 수 있었다. 이건 평범한 사람에게는 거의 불가능한 일이다. 그러나 우주에서는 범속한 사람이라도 우주 감각을 지닐 수 있다. 어찌 되었든 그게 우주이기 때문이다. 우주 공간으로 나가면 허무는 완전한 암흑으로서, 존재는 빛으로서, 즉물적으로 인식할 수 있다. 존재와 무, 생명과 죽음, 무한과 유한, 우주의 질서와 조화라는 추상 개념이 추상적으로가 아니라 즉물적으로, 감각적으로 이해된다. 역사상의 현자들이 정신적·지적 수련을 거쳐 겨우 획득할 수 있었던 감각을 우리들은 우주 공간으로 나가는 행위를 통해 쉽게 획득할 수 있었던 것이다. 그렇기 때문에 나는 내 체험이 개인적 체험에 머무르지 않고 인류에게도 큰 의미가 있다고 생각한다. 나의 체험은 인류 진화사의 전환점이라고 해도 좋을 정도이다."

_그건 무슨 의미인가?

"인간은 우주에 진출함으로써 지구 생물로부터 우주 생물로 진화했다. 인간의 지구 생물 시대는 우주 생물로서의 인간의 지난 역사前史에 지나지 않는다. 앞에서도 말한 바와 같이 우주는 창조적 진화 과정에 있다. 원숭이로부터 진화한 인류가 탄생한 지점에서 진화는 정점에 달하여 정지해 버린 건 아니다. 인류 시대가 된 후 진화는 인간의 의식 확대라는 면으로 급속히 진행되어 왔다. 그리고 지금 우주 생물이 되어 우주 감각을 획득하게 되었다. 지금부터 인류의 새로운 시대가 시작된다."

_장대한 진화론인데, 그런 진화는 어떤 방향으로 나아가고 있나?

"진화의 방향은 명확하다. 인간의 의식이 정신적으로 보다 확대되는 방향이다. 즉 예수나 부처나 마호메트는 일찍부터 이 진화의 방향을 인류에게 제시했던 선도자이다. 여느 진화에서도 종 전체가 크게 변화하기 전부터 진화의 방향을 먼저 터득한 후 제시하는 개체가 있는 것과 마찬가지이다."

_즉 미래의 인류는 누구나 예수처럼 고도로 정신적인 인간이 될 거란 말인가?

"그렇다. 그리고 이 우주를 보다 바르게, 즉 보다 정신적으로 이해하게 될 것이다."

_당신의 진화론은 떼야르 드 샤르댕Teilhard de Chardin과 아주 비슷한 것 같다.

"그렇다. 나는 떼야르에게 많은 영향을 받았다."

_그러나 떼야르는 진화가 도달할 궁극점인 오메가점에 그리스도를 놓았다. 그 점이 당신과 다르다.

"그렇다. 떼야르는 기독교의 틀 속에 있다. 그도 진화의 방향은 신과의 동일성에 무한히 접근하는 방향에 있다고 생각하지만, 내가 생각하는 신은 기독교의 신이 아니다. 나는 구스타프 융에게서도 많은 영향을 받았다. 인간이 집단적 무의식을 공유하고 있다는 그의 생각은 옳다. 그러나 그런 집단적 무의식의 근거는 인간이 원시 시대부터 축적해 온 경험의 집적에서 찾는 것이 아니라 에고로부터 벗어난 의식을 가진 인간은 각기 신과 연결되어 있다는 점에서 찾아야 한다고 생각한다."

_그런 신이 정신이고, 지성이고, 사유라고 할 때 그 이미지를 파악하기가 더욱 힘들다.

"그건 그럴 것이다. 우리들의 의식이 전통적인 시각에 묶여 있기 때문이다. 천동설을 믿고 있는 사람들은 코페르니쿠스가 지동설을 주장했을 때, 그것을 이미지로 파악할 수가 없었다. 조금도 움직이고 있지 않은 대지가 움직이고 있다니 바보 같은 소리를 한다고 분노했던 것이다. 지구가 평면임을 굳게 믿고 있던 사람들은 지구가 둥글다는 학설을 들었을 때 지구가 둥글다면 왜 지구 아래 쪽에 있는 사람들은 떨어지지 않는지 이해할 수 없었다.

내가 잘 사용하는 예화 가운데 이런 게 있다. 지구가 평면이고 그 위에 살고 있는 사람도 이차원의 생물이었다고 하자. 그들은 삼차원의 물체를 볼 수도, 생각할 수도 없다. 그런 것이 존재하는지도 모른다. 그런데 우주에서 창이 날아와 지구를 관통했다고 하자. 지구인은 그때 창을 삼차원의 물체로 인지할 수 있을까. 지구인은 이차원의 생물이기 때문에 지구 평면상에는 없는 창의 삼차원적 부분이 보이지 않는다. 따라서 창을 원주형의 길고 가는 물체로 생각하지 않고, 평면상의 작은 원으로만 인지한다. 우주의 정신적 구조를 모르고 그것을 물질적 측면으로만 보는 사람들은 이차원의 세계에서 살아가고 있기 때문에 삼차원의 세계를 볼 수 없으며, 볼 수 없기 때문에 그것이 존재하지 않는다고 생각하는 이차원적 지구인과 같은 존재이다.

혹은 이렇게도 말할 수 있다. 우리들 현대인은 모두 아인슈타인의 이론을 조금씩 알고 있다. 시간과 공간은 절대적인 것이 아니라 상대적이라는 상대성 이론을 상식적으로는 알고 있다. 그러나 그것을 이미지로 떠올릴 수 있는 사람이 있을까? 인간이 이미지로 떠올릴 수 있는 세계는 아직도 뉴턴적 세계에 머물러 있다. 현실의 지각 대상에 포함되지 않으면 인간에게는 이미지로 떠오르지 않는다.

우주 시대에 들어와 비로소 인간은 아인슈타인적 세계를 아주 잠깐 현실적으로 볼 수 있게 되었다. 그러나 그것이 일반적으로 이미지화되는 건 아직 먼 훗날의 일이다. 이미지로 떠올릴 수 없어도 이해하면 된다. 아인슈타인도 자신이 설명한 세계상을 어느 정도 구체적으로 이미지화할 수 있었는지는 의문이다. 그러나 그는 이미지로 떠올릴 수 없었어도 이론을 만들 수 있었고, 그 이론을 통해 인간 의식의 지평을 한꺼번에 크게 넓혔다. 그리하여 그때까지 뉴턴적 세계를 구성하고 있던 개념과 그 이미지의 관계를 철저히 파괴했다. 물질, 질료, 시간, 공간, 에너지 등에 관해 우리들이 품을 수 있는 이미지는 그 개념이 진정으로 의미하는 것 중 극히 일부분에 지나지 않는 이미지뿐임을 폭로했던 것이다. 그렇다고 그것을 대체할 진정한 이미지가 있는 것도 사실 아니다.

보다 깊은 인식으로 나아가면 원초적인 인식에서는 유효했던 이미지가 효력을 상실한다. 신에 대해서도 마찬가지이다. 원초적인 인식에는 그것의 이미지가 존재하겠지만, 보다 고차원적인 인식에서는 이미지가 성립하지 않는다. 재미있는 건 물질적 세계의 이론을 끝까지 추구했던 아인슈타인이 만년이 되자 우주는 기계 장치 같은 물질이라기보다 오히려 일종의 사유 같은 게 아닐까 생각하게 되었다는 사실이다. 물질에 대한 보다 깊은 인식을 추구해 가는 사이에 물질관이 점점 변모하여 결국 거기에 이른 것이다."

_당신의 신이 그렇다면 우주의 태초는 어떠했는가? 인격신이 아니라면 창조신도 아닐 것이다. 인격신의 존재를 지지하는 사람들의 근거는 '태초'의 문제에 있다. 그들은 태초에 누군가가 이 우주를 창조했음에 틀림없다고 생각한다.

"'태초'는 알 수 없다고 하는 수밖에 없다. 그 누구도 모를 것이다. 신비 체험을 통해 신과 합일되는 체험을 한 사람이라도 '태초'를 알 수는 없을 것이다. 혹은 '태초'란 원래 없었을지도 모른다. '태초'가 있었다고 말하는 건 잘못된 전제일지도 모른다. 이 문제는 시간의 개념과 관계가 있다. 시간이 고전적인 뉴턴적 세계상에서처럼 절대적인 것이라면 '태초'를 생각해야 할지도 모르겠지만, 지금은 시간이란 것이 일찍이 생각했던 것 이상으로 상대적이고 유연한 것임을 알게 되었다. 나는 아직 그 해답을 얻지 못했지만, 시간의 해석을 통해 '태초'의 문제가 해결될 수 있다고 생각한다."

| 제4장 | **적극적인 무종교자 슈와이카트**

앞에서 말했던 것처럼 미첼이 도달한 세계관은 아리스토텔레스, 특히 신비주의적으로 해석된 아리스토텔레스의 세계관에 가깝다. 그러나 그뿐만 아니라 그의 세계관에서는 진화의 개념이 큰 의미를 갖고 있다. 우주 공간으로의 진출을 진화론적으로 파악한 또 한 사람은 앞에서도 등장했던 러셀 슈와이카트Russell Schweickart이다.

슈와이카트는 1935년 뉴저지 주의 베이레이즈 코너라는 작은 마을(그는 주민 10명, 소 50마리, 닭 수백 마리가 고작인 마을이라고 표현한다)에서 태어났다. MIT를 졸업한 후 공군 전투기 조종사가 되었고, 그 후 우주 비행사를 목표로 다시 MIT에 돌아가 항공 우주공학 석사 학위를 취득했다. 박사 과정에 진학하여 초고층 물리학을 공부하고 있는 동안 우주 비행사 제3기생 모집에 응모하여 합격. 1969년 3월 아폴로 9호를 타고 지구를 151바퀴 돌았다.

최초의 아폴로 우주선인 아폴로 7호는 발사 로켓과 우주선에 대한 테스트를 목적으로 지구 궤도를 돌았을 뿐이다. 그 다음 아폴로 8호는 달까지 날아가 달의 궤도를 10회 돌고 귀환했다. 달 왕복 비행에

취재 당시의 러셀 슈와이카트

대한 테스트였다. 그 다음 아폴로 9호가 목적으로 삼은 건 달 착륙선에 대한 테스트였다(아폴로 7호와 8호는 달 착륙선을 싣지 않았다). 이것은 지구 궤도 위에서 이루어졌다. 그렇기 때문에 아폴로 9호는 7호와 마찬가지로 달에 가지 못했던 아폴로이다.

슈와이카트는 아폴로 9호의 비행 후에 곧 워싱턴의 NASA 본부에서 근무하다가 캘리포니아 주 브라운 주지사의 눈에 띄어 1979년에 NASA를 사직하고 캘리포니아 주 에너지 위원회 위원장이 되어 오늘에 이르고 있다.

슈와이카트는 앞에서 말한 바와 같이 우주 비행사 가운데 흔하지 않은 무종교자였다. 그것도 적극적인 무종교자였다.

"가족들이 루터파였기 때문에 나도 루터파로 자라났다. 그래서 고등학교를 졸업하고 대학에 들어갈 때까지는 장래에 루터파 목사가 될 생각이었다. 그럴 생각으로 대학에서도 열심히 공부했다. 그러나 공부를 하면 할수록 점점 리버럴해졌다."

영어로 리버럴이라고 할 때 정치적 자유주의와 함께 무종교적 자유주의, 즉 전통적 기독교의 가르침으로부터 이탈하는 것을 의미하는 경우가 많다. 여기서 그는 후자를 의미하고 있는데, 이후에 브라운 주지사(민주당 리버럴파)의 브레인이 된 것으로도 알 수 있듯이 그의 경우는 동시에 정치적으로도 리버럴해져 갔다. 군인이 대부분이었던 우주 비행사 사회에서는 정치적으로도 보수주의적 기운이 강했기 때문에 이 점에서도 그는 독특한 사람이었다. 더군다나 그의 부인도 여성 해방 운동women's lib에 동참하는 정치적 리버럴리스트였다.

"철학과 신학 책들을 읽어 나감에 따라 기독교의 전통적 가르침에 의문을 품기 시작했다. 그래서 내 기억으론 22, 23세 무렵쯤, 목사가 될 생각을 접겠다고 결심했다. 그리고 스스로 크리스천을 자칭하지 않기로 했다. 종교가 싫어진 건 아니었다. 나는 여전히 나름대로 종교적이다. 그러나 나의 신조는 전통적 입장에서 보면 이단으로 간주될 수밖에 없다. 즉 나는 예수가 신의 아들이며, 그리스도라는 것을 믿지 않게 되었다. 예수도 인간이라고 생각했다. 이 점에서 가장 기본적인 기독교의 가르침에서 벗어났기 때문에 크리스천이라고 불릴 이유가 없어졌던 것이다. 나에게 있어 종교가 중요한 건 종교가 주는 책임 윤리성 때문이었다. 그러나 철학을 공부하고 보니 무신론의 입장에서도, 비기독교적 종교의 입장에서도, 책임 윤리의 근거를 부여할 수 있음을 알고 미련 없이 기독교를 버렸다."

_그렇다면 지금은 신의 존재를 믿지 않는다는 말인가?

"신이란 하늘 위에 있는, 수염을 기른 아저씨를 말하는 건가? 그렇다면 'No'다. 믿지 않는다. 1950년대 후반에 나는 기독교를 버렸다. 그 시점까지는 그래도 상당히 종교적이었다고 생각되지만, 그 후 그것을 버렸다. 오히려 철학적이 되었다. 즉 어쨌든 신적인 것을 가정할 필요를 느끼지 못하게 되었다. 그래서 결국 이렇게 생각하게 되었다. 종교란 하나의 언어 체계의 문제라고 할 수 있다. 즉 종교를 포함하여 이 세계를 보는 체계적인 시각이 여러 가지 있다. 자연과학도 그 중 하나이다. 인간 중심주의도 있고, 이성 중심주의도 있다. 이즘(주의)은 많이 있다. 그리고 각기 독특한 언어 체계를 가지고 있다.

 시야가 좁은 사람은 하나의 입장을 취하고 다른 입장의 시각으로는 눈조차 돌리려 하지 않는다. 즉 하나의 언어 체계를 취하고 다른 언어 체계를 이해하려 들지 않는다. 그 언어 체계를 통해서만 세계를 인식하고 고찰한다. 그리하여 그것만이 진리이고 다른 것은 진리가 아니라고 생각한다. 그러나 시야가 넓은 사람은 여러 가지 언어 체계를 배워 본다. 그래서 결국 어떤 언어 체계도 대상으로 존재하는 리얼리티는 같다는 사실을 깨닫게 된다. 맹인이 코끼리를 만지는 이야기와 마찬가지이다. 각각의 언어 체계를 통해 모두 같은 코끼리를 만지면서도 다르게 인식하고 다른 것을 생각한다. 그러나 이 우화의 포인트는 모두 서로 다른 인식을 가진다는 점에 있는 게 아니다. 그럼에도 불구하고 모두 같은 것을 만지고 있고, 같은 것을 대상으로 삼고 있다는 점에 있다. 그렇게 생각하면 다른 시각에 대해 관용적일 수 있다.

 나도 기독교를 떠난 직후에는 전통적 신학의 입장에 선 견해에 반발심을 품고 있었지만, 이렇게 생각하기 시작한 후부터는 반발하지 않고 서로 대화를 나눌 수 있게 되었다. 그것도 코끼리를 만지는 하나의 방법임에는 틀림없기 때문이다. 그것과 동시에 동양의 종교 사상에 더욱더 관심을 갖게 되었다. 그때까지는 아무래도 공부가 서양 사상에 편중되어 있었다. 그러나 서양의 종교는 분파는 다양하지만, 기본적 언어 체계는 동일하다. 그에 비해 동양의 종교는 차원이 완전히 다른 언어 체계를 가지고 있기 때문에 새로운 정신의 지평이 열린다는 생각이 들었다."

_지금의 비유 가운데 코끼리에 해당하는 것은 무엇인가?

"한마디로 말하면 인간의 생명 생활 체험이라고 할 수 있다. 그래서 나는 신이 존재한다고는 생각하지 않지만, 생명이 진화하고 있다는 것, 진화에는 한 가지 방향이 있다는 것, 그리고 생명에는 어떤 패턴이 존재한다는 것은 믿고 있다."

_신이 존재하지 않는다면 창조의 문제에 대해서는 어떻게 생각하는가?

"창조라는 건 원래 없었다고 생각할 수도 있다. 그러나 그렇게 말하면 창조신을 요구하는 사람들은 '존재는 존재하기 이전에 무이고, 존재가 어딘가에서 시작되어야 하기 때문에 시작으로서의 창조가 있을 것'이라고 반박한다. 그러나 정말 존재 이전이라는 것이 존재할지 의문이다. 이런 생각은 시간이 과거로도 미래로도 직선적이고 균질적으로 무한히 연장되어 있다는 것을 전제하고 있다. '그 이전은, 그 이전은'이라는 식으로 시간을 무한히 거슬러 올라가면 어딘가에 존재의 시작이 있어야 한다고 말한다. 그러나 시간이 과거로 무한히 거슬러 올라간다면 창조 이전에도 무한한 시간이 있었을 것이고, 그러면 그때는 어떠했을까, 창조신이 창조도 하지 않고 무얼 하고 있었나 하는 의문이 생긴다. 즉 이 전제로는 역설에 빠질 뿐이다.

전제를 바꿔, 시간은 과거와 미래로 무한히 뻗어 있는 직선이 아닌 둥근 고리 모양을 이루고 있다고 생각하면 시작 문제는 사라진다. 원에는 어디에도 시작도 끝도 없다. 그것은 그냥 거기에 있을 뿐이다. 시간은 그런 것인지 모른다. 과학적 언어 체계의 세계 창조 이론 가운데 빅뱅 가설이 있다. 그러나 이것에 대해서도, 그렇다면 빅뱅 이전은 어떠했을까라고 질문할 수 있다. 그전에는 팽창한 우주가 있었고, 그것이 수축되어 빅뱅이 발생했다고 한다. 그렇다면 그 이전은 어떤가. 역시 그것의 반복이다. 그래서 지금 팽창을 계속하고 있는 우주도 결국은 다시 수축을 시작해 다음 빅뱅이 일어난다. 그 이후도 그것의 반복이 된다. 결국 무한한 반복이고 세계의 시작과 끝에 대해서는 아무것도 설명하고 있지 않다.

세계 창조의 문제는 존재 이전, 무한한 시간이라는 것을 생각하는 데서 생겨난다. 그러나 이것은 존재나 시간이라는 개념의 부당한 확장의 결과로 발생되는 문제가 아닐까. 생각하지 않아도 좋은 문제, 생각하려고 해도 생각할 수단이 없는 문제가 아닐까. 나는 이 문제에 해답이 없어도 아무런 문제가 없다고 생각한다."

_당신의 이런 생각은 우주 체험과 어떤 관련성이 있는가? 우주 체험이 당신의 시각을 바꾸었다고 할 수 있나?

"기본적으로는 우주 체험과 관계가 없다. 공부하고 사색하는 것에서 얻어졌다. 나의 우주 체험은 제임스 어윈처럼 정신적으로 극적인 체험, 일종의 계시 체험 같은 건 아니었다. 우주에 나가서 우주에서 지구의 모습을 보는 그 순간에 바로 '어, 이상하다. 당신은 지금까지의 당신과는 완전히 다른 사람이 되어 버렸군' 이라고 할 정도의 변화가 항상 일어난다면 재미있겠지만, 그런 건 아니다. 그럼에도 불구하고 나에게 있어 우주 체험은 내 생애 가운데 가장 심오한 체험이고, 그 영향이 남은 인생을 결정지었다고 할 수 있다."

_어떤 의미로 그것이 심오한 체험이었다고 할 수 있나?

"그것은 말로 설명하기가 무척 어렵다. 그건 본질적으로 말해 사람들에게 전달할 수 없는 체험이다. 말하는 것 자체가 그것을 엉망으로 만들어 버릴 위험이 강한 체험인 것이다. 위대한 작가가 아닌 한, 진정한 의미를 전달할 수 없는 체험이다. 그러나 한편으로 이 체험은 모든 인류가 반드시 깨닫기를 바라는 체험이기도 하다. 바란다기보다 그것이 나의 의무라고 생각한다. 이처럼 강한 의무감이 우주 체험이 준 중요한 정신적 충격 가운데 하나이다. 즉 그 체험을 하면서 나는 그것이 개인적인 체험이라고는 생각하지 않았다. 주제넘는 얘길지는 모르겠지만 인류를 대표하여, 혹은 인간이라는 종을 대표하여 내가 거기에 있다고 생각했다. 자신을 자신이라는 한 개인으로 볼 수 없었다. 체험을 하고 있는 도중에 체험하고 있는 자기를 의식이 객관적으로 바라보는 일이 있을 수 있다. 마치 의식만이 조금 떨어진 곳에서, 다른 사람을 보듯 자기를 보고 있다는 느낌이 든다. 누구에게나 자주 있는 일이라고 생각한다.

우주 체험에서 그런 일이 발생했다. 그때 보통은 '러셀 슈와이카트가 거기서 이런 일을 하고 있다'는 식으로 자기를 타인처럼 객관시한다. 그런데 우주에서는 '그때 러셀 슈와이카트가 거기에 있다'는 식으로 개인적인 자기가 보이는 게 아니라 '인간이 거기에 있고, 거기서 인간이 이런 일을 하고 있다'라는 식으로, 개인이 아닌 인간이라는 종이 보였던 것이다. 그리고 그때 인간이라는 종에게 나 자신의 체험을 전달해야 한다는 의무감이 생겼다.

그건 이런 거다. 예를 들어 내가 지금 손가락으로 무언가를 건드린다고 하자. 그러면 내 손가락 끝은 육체의 일부이므로 자신이 받아들인 정보를 육체 전체로 전달해야 할 의무감을 가지고 있기 때문에 그대로 시행한다. 손가락 끝이 의무를 수행한 결과, 내 육체는 올바른 행동을 선택할 수 있다. 육체 전체를 인간이라는 종으로 바꾸면, 나는 내가 손가락 끝인 것 같은 의무감을 느꼈다. 그렇기 때문에 그 후 주어진 모든 기회를 놓치지 않고 나의 체험을 누구에게라도 말하려 했지만, 반드시 잘 전달되었다고 생각할 수 없다."

_우선 구체적인 체험에 근거하여 말해 주겠는지?

"우주 체험이라도 그 정도로 놀랄 만한 게 여럿 있는 건 아니다. 우주선 안에 있는 한, 그건 초고공을 나는 비행기 안과 별반 많이 다르지 않다. 그리고 우주선 안에서 일어나는 일은 거의 시뮬레이터로 충분히 체험한 일이다. 확실히 지구의 광경은 빼어나다. 아주 환상적이다. 그러나 그것은 그뿐이다. 게다가 우주선 안에서는 주어진 임무를 하나하나 수행하기에 바빠서 생각할 여유가 없었다.

충격적인 체험은 우주선 바깥으로 나갔을 때 일어났다. 아폴로 9호는 달 착륙선의 기능을 다양한 각도에서 체크할 임무를 띠고 있었다. 임무 가운데 이런 것이 있었다. 사령선과 달 착륙선이 도킹한 후에 어떤 원인으로 양자를 연결하는 통로가 사용 불가능하게 된 경우, 달 착륙선 바깥으로 나와 우주선 중간에 있는 핸드레일을 따라 사령선으로 이동하는(혹은 그 반대 방향의 이동) 게 가능한지 실험해 보는 일이었다. 그 실험은 내가 하게 되었다. 그것을 위해 출발 전에 질리도록 악력 강화 훈련을 실시했다.

우주로 나온 지 4일째 되는 날, 그 실험이 실시되었다. 내가 우주선 바깥으로 나가 핸드레일을 따라 걷고 있는 사이, 선장인 데이비드 스콧David Scott이 사령선에서 상반신을 내밀고 영화를 촬영하여 그것을 연구 자료로 삼는다는 계획이었다. 그런데 드디어 시작할 때가 되었는데 갑자기 카메라가 고장을 일으켰다. 스콧은 사령선 안으로 들어가 카메라를 손보기 시작했다. 나는 그것이 고쳐질 때까지 오로지 혼자서 아무 하는 일 없이 우주 공간에 남겨졌다. 시간적으로는 겨우 5분 정도에 지나지 않았다. 그러나 그 5분이 나에게는 인생에서 가장 충실한 5분이 되었다.

 우주선 안에 있는 것과 우주복을 입고 우주 공간에 떠 있는 것은 같은 우주 체험이긴 하지만, 완전히 질이 다른 체험이다. 우주선 안은 모터 소리, 사람 목소리 등 다양한 잡음이 있다. 그러나 우주 공간에 떠 있는 동안 우주복 속은 완벽한 정적이었다. 그때 외에는 경험한 적이 없는 무음의 세계였다. 무선 연락이 오면 모르지만 그것이 끊어졌을 때는 완전히 무음이었다. 그리고 우주선 안에서는 작은 창문으로만 밖을 바라볼 수 있지만, 우주복 헬멧은 투명한 구체이기 때문에 시야를 가리는 것은 아무것도 없다. 나 자신이 우주 공간 속에 붕 떠 있음을 깨달았다. 아래를 보니 지구가 그곳에 있었다. 뭐라 말할 수 없을 정도로 아름다웠다. 자신이 지금 시속 17,000마일로 날고 있는데도 그 속도를 실감할 수 없었다. 완전한 정적이 우주를 지배하고 있고 우주가 그대로 보였다. 자신은 그곳에 혼자 떠 있다. 그 느낌, 그것을 아무리 잘 전달하려 해도 잘할 수 없다. 말해 버리면 별것 아니지만 이것은 실로 깊이가 있는 체험이었다."

 _그때 당신은 무엇을 생각하고 있었나?

 "나는 그 5분이 좀처럼 얻을 수 없는 기회라는 걸 알고 있었다. 스케줄이 빡빡히 짜여져 있는 우주 비행에서는 헛되게 보낼 시간이 거의 없기 때문이었다. 그래서 우주선 밖에 나가 진정한 우주 공간을 체험할 수 있는 시간은 그 실험 밖에는 없었다. 나는 나에게 주어진 그 자유로운 5분을 최대한 활용하려고 했다. 우주를 여기저기 둘러보면서 의식적으로 여러 가지를 생각했다. 너는 왜 여기에 있는가.

무엇을 위해 여기에 있는가. 네가 보고 있는 건 무엇인가. 너와 세계는 어떤 관계가 있는가. 이 체험이 의미하는 바는 무엇인가. 인생이란 무엇인가. 인간이란 무엇인가.

이런 의식적인 물음이 좋았다고 생각한다. 어떤 체험을 하더라도 그 체험이 체험한 사람에게 의미 있는 경우도 있지만, 무의미하게 되는 경우도 있다. 그 차이는 체험에 대해 마음을 여는지, 혹은 체험이 가진 의미를 전부 흡수하려는 생각으로 마음을 여는지에 달려 있다. 체험에 대해 마음을 열지 않으면 어떤 체험도 기계적으로 되어 버려 무의미하게 끝날 수도 있다. 자동차를 운전하고 있을 때를 생각하면 된다. 운전을 끝낸 후 운전 그 자체는 거의 무의식적이고 기계적으로 해 왔기 때문에 잘 기억하지 못하지만, 운전하면서 생각했던 것은 잘 기억하는 경우가 자주 있다. 그때 의식상에서는 운전을 체험했다기보다 생각을 체험했던 것이다. 생각 쪽은 유의미하지만, 운전 쪽은 무의미했던 것이다. 우주 비행도 마찬가지다.

간신히 우주 비행을 체험하게 되었는데, 그것을 완전히 무의미하게 끝내버린 우주 비행사도 많이 있다. 그들의 우주 비행은 비행 계획과 실험 계획만으로 끝난다. 스위치, 다이얼, 계기, 엔진 등을 조작하는 것으로 끝난다. 모든 것이 기계적인 것으로 끝나고 의미 부여 따위는 생각한 적이 없는 것이다."

_그런데 의식적으로 생각한 결과는 어땠나?

"아까 이야기한 것처럼 하나는 인간이라는 종種에 대한 의무감을 강하게 느꼈다는 것이다. 이 체험의 가치는 나의 개인적 가치가 아니라 내가 가지고 돌아와서 인류에게 전해야 할 가치이다. 내가 인간이라는 종의 센서이다. 감각 기관에 지나지 않는다고 생각했다. 그것은 내 인생 가운데 가장 고조된 순간이었지만, 에고가 고조되는 순간(고조된 순간은 대개 그렇지만)이 아니라 에고가 소실되는 고조의 순간이었다. 종이라는 것을 이만큼 강렬하게 의식했던 건 처음이었다. 그래서 종을 앞에 둔 개인의 하찮음을 강하게 느꼈다.

동시에 인간이라는 종과 지구의 관계를 더욱 깊이 생각해야 한다고 느꼈다. 내 눈 아래에서는 마침 제3차 중동전쟁이 일어나고 있었다. 인간끼리 서로 죽이기 전에 해야 할 일이 있다. 인간과 인간 관계도 중요하지만, 인간이라는 종과 다른 종과의 관계, 인간이라는 종과 지구의 관계를 더욱 생각하라는 것이다. 그때 그것을 더욱 구체적으로 설명하라면 딱히 잘 설명할 수는 없지만, 그 후 러브록이 쓴 『가이아』라는 책을 읽고 바로 이거다라고 생각했다. 이것이 내가 어렴풋이 느꼈기 때문에 잘 설명할 수 없었던 바로 그것이라고 생각했다."

그가 언급하고 있는 건 제임스 러브록J. E. Lovelock의 "Gaia—a new look at life on Earth"(Oxford Univ. Press)이다. 러브록은 생물학자로 NASA의 바이킹 계획Viking Project에 참가했고, 지구 이외의 우주에 생명이 있다면 그것을 어떻게 탐사할 수 있을까 등의 탐사 방법의 개발에 힘쓴 학자이다.

가이아란 그리스어로 대지신에게 붙여진 이름. 고대인의 신화적 세계관에서는 태양신과 대지신이 인간의 아버지이고 어머니였다. 대지는 인간의 어머니이며, 생성시키는 존재였다. 러브록은 이런 고대인의 세계관이 현대 과학의 관찰과 일치한다고 말한다. 지구 전체가 하나의 살아 있는 유기체라는 것이다. 이 경우 '살아 있는 유기체'라는 건 비유가 아니라 문자 그대로 사용되고 있다. 지구는 하나의 거대 생물(이것도 비유가 아니라 문자 그대로의 의미)이라는 것이다. 지구는 인간을 시작으로 하는 다양한 생물이 살아 가는 '장場'에 불과한 것이 아니라, 그 자체가 하나의 생물이고 다른 생물은 이 거대 생물에 소위 기생하고 있는 미생물에 지나지 않는 것이다. 러브록은 이런 거대 생물에 '가이아'란 이름을 붙였다.

"러브록에 따르면 인간과 지구의 관계는 인간과 인간의 체내에 있는 박테리아의 관계와 같은 것이다. 지구는 두 개의 순환계를 가진다. 대기와 물이다. 이것이 인간의 혈액 순환계 같은 역할을 담당하고 있다. 대기와 물이 순환하고 생물은 그 속에서 살아가고 있다는 것 자체는 지금껏 생물학, 생태학의 상식이었다. 하지만 그의 학설의 독특한 점은 그런 순환의 정치精緻한 과학적 분석을 통해 이것이 물질의 물리적 순환이 아닌 거대한 유기체의 체내 순환으로 해석될 수 있다는 것을 과학적 데이터를 토대로 제시했다는 것이다. 그리고 이 유기체가 살아서 진화하고 있고, 모든 진화와 마찬가지로 복잡화의 과정을 따르고 있다는 것을 보여 준다. 인간은 지금까지 자신이 최고의 생물이라고 자랑해 왔다. 그러나 이것은 인간의 체내에 있는 박테리아가 인간이라는 거대한 생물 존재가 보이지 않기 때문에 인간의 육체를 단순한 물질적 순환에 지나지 않는다고 생각하여 자신들이야말로 최고의 생물이라고 자랑하는 것과 같다.

이런 인식을 통해서야 비로소 나의 우주 체험에 의미를 부여할 수 있게 되었다. 우주에서 지구를 보았을 때 내가 받은 정신적 충격은 마치 인간의 체내에 있던 박테리아가 체외로 나가 처음으로 인간의 전체 모습을 보고, 그것이 살아서 움직이고 있다는 것을 알았을 때 받은 충격과 똑같은 것이었다.

인간은 가이아 속에서 살아가고 있는 생물임을 자각하며 살아가야 한다. 가이아에게 인간은 아무것도 아니지만, 인간은 가이아 없이는 살아갈 수 없다."

실제로 러브록은 『가이아』에서 핵전쟁이 일어나 인류가 절멸해도 가이아는 전혀 통증을 느끼지 않고 살아갈 수 있음을 과학적 근거를 들어 설명한다. 공해 문제도 마찬가지이다. 인간은 자신의 목을 맬 수는 있으나 가이아를 죽일 수는 없다.

"『가이아』를 읽기 전부터 생각하고 있었고, 읽은 후에 더욱 깊이 생각하게 된 건 진화의 문제이다. 우주 체험 이래로 나는 인간이라는 종의 운명을 생각의 중심에 두게 되었다. 인류의 진화는 지금부터 어떤 길을 걸을 것인가, 인류는 어디로 향하고 있는가라는 의문이다.

인류의 진화사라는 관점에서 보았을 때 나는 지금의 시대가 가장 독특한 전환점일 거라고 생각한다. 우리들은 말하자면 지금까지는 어머니인 가이아의 태내에 있었다. 태아와 마찬가지인 것이다. 아마 지금 임신 9개월쯤 된 듯하다. 드디어 달이 차면 진통이 와서 인간은 가이아 바깥으로 태어난다. 그것은 아마 인간보다 더 진화한 새로운 종의 탄생이라는 형태를 띨 것이다. 몇 억 년 전 그때까지 바다에만 있었던 생물이 비로소 육지로 올라왔다. 그때까지의 생물은 바다에서만 살 수 있었고, 바다 바깥은 생물에게 있어 죽음을 의미하는 환경이었기 때문에 새로운 종은 바다 바깥으로 나가 죽음의 환경 속에서 살아갈 수단을 익혔다. 지금까지는 이것이 생물 진화사 가운데 가장 큰 전환점이었다. 그것에 필적하는, 몇 억 년에 한 번 있을까 말까 한 진화사의 일대 전환점이 지금 눈앞에 다가와 있다. 즉 생물에게 지금까지 죽음의 환경에 불과했던 대기권 바깥의 우주 공간으로 인간이라는 생물이 진화하여 진출해 나가고 있다.

우리들의 우주 비행은 그 전 단계이다. 처음에는 우리처럼 한 사람, 혹은 두 사람이 조금씩 조금씩 우주로 나갔다가 되돌아온다. 그것이 수십 명, 수백 명 규모가 되어 결국에는 우주에 정착하기로 선택한 사람들의 공동체가 만들어져 간다. 우주로 진출하는 사람들의 동기는 각각 다를 것이다. 어떤 사람은 과학적 탐구를 위해, 어떤 사람은 돈벌이를 위해, 어떤 사람은 단순한 모험심과 호기심을 위해. 혹은 그 가운데 세금을 회피하기 위해 우주로 가는 사람도 나올지 모르겠다. 어쨌든 우주 진출의 동기는 더욱 다양해지고 점점 많은 사람들이 나가게 된다. 우주 공동체는 팽창해 간다.

그리고 처음에는, 지금의 우주 탐험이 그런 것처럼 우주에서의 생활이 오로지 지구에서 조달된 자원으로 꾸려진다. 그러나 마침내 우주 공간에서 자급 자족이 가능하게 된다. 중요한 것은 물질 자원과 에너지 자원의 문제다. 물질 자원은 달이나 다른 행성과 성간 물질 등을 이용하게 된다. 에너지는 우선 태양열일 것이다(지금도 우주선과 인공 위성은 우주 공간에서 그것을 이용하고 있다). 그 외 자장의 이용이나 다양한 우주 에너지 이용법이 개발될 것이다. 우주에서 자급자족하며 인간이 살아가는 건 이론적으로 충분히 가능한 일이다. 그것이 현실적으로든 기술적으로든 가능하기까지 50년이 걸릴지 100년이 걸릴지는 알 수 없다. 그러나 그때가 인간이 가이아의 태내로부터 밖으로 나갈 때라고 할 수 있다. 그때 인류는 우주 공간에서 종으로서의 재생산을 시작하게 되는데, 그 결과 태어나는 인간은 지구 환경과 우주 환경의 차이 때문에 새로운 종이 될 수밖에 없을 것이다.

지금 인류는 핵전쟁에 의한 절멸의 위기에 처해져 있다. 마침 이럴 때 우리들이 지구 바깥으로 나갈 수 있는 능력을 몸에 익히게 된 게 우연의 일치라고는 생각하지 않는다. 아이를 낳은 부모는 죽고 새로운 종을 낳은 낡은 종은 사라진다. 이것은 생물계를 관통하는 법칙이다. 막 죽으려고 하는 낡은 종이 생존 본능 때문에 새로운 종을 탄생시키는지는 모르지만, 어쨌든 그렇게 되어 있다.

핵전쟁이 일어나지 않아도 지구상의 인류에게는 그다지 밝은 미래가 없다. 그건 인간이라는 종 내부에서 획일화가 점점 진행되고 있기 때문이다. 이것은 모두, 교통·통신의 발달과 환경의 획일화라는 문명이 초래한 현상에 의한 것이다. 하나의 종이 건전한 생명력을 보존해 가기 위해서는 다양성이 필요하다. 다양성을 위해서는 다양한 환경이 필요하다. 특히 온건한 환경이 아니라 가혹한 환경이 필요하다. 그런데 지구 위에서 인간의 환경은 획일적으로 온건하게 되어 간다. 이런 종은 종으로서 약해져 간다. 언제 어떤 일이 원인이 되어 대파멸이 일어날지도 모른다.

그에 비해 우주에 진출한 인간은 우주라는 가혹한 환경에 단련되어 보다 강한 종으로 발전해 갈 것이다. 물론 우주의 어느 방향으로 진출하는가에 따라 다른 것이다. 바람에 날아간 민들레 씨앗 중 땅 위에 떨어진 것은 꽃을 피우고 바위 위에 떨어진 것은 죽듯이, 어느 한쪽으로 간 인류는 살아 남고 다른 쪽으로 간 인류는 절멸할 것이다. 그러나 인류 전체로서는 우주에서 다양한 발전을 이룰 것이다.

100년 단위로 보았을 때 인류의 미래가 우주 진출에 달려 있다는 건 의심할 수 없는 사실이다. 그러나 인간이 지금처럼 바보 같은 생활을 계속한다면, 즉 에너지를 낭비하고 자원을 낭비하고 환경을 파괴하고, 게다가 서로 죽이는 어리석은 행동을 계속한다면, 인류가 가진 가장 큰 가능성인 우주로의 진출을 불가능하게 만들지도 모른다.

또한 우주로 진출한다고 해도 그 진출 방식에 문제가 있다. 우주로 진출하는 인류 집단이 레이저 무기와 핵 무기로 무장한 군대를 보유하고, 서로 스파이를 보내거나 전쟁을 하면서 진출할 가능성도 있다. 지구상에서 저질렀던 어리석은 행동을 우주 규모로 확대하는 형태로 우주 진출을 꾀하는 것이다.

어떤 형태의 진출을 하는가는 앞으로 몇 년 동안, 어떤 우주 정책이 취해지는가에 달려 있다. 그런 의미에서 나는 현재 레이건 정권의 정책을 걱정하며 지켜보고 있다."

마지막으로 슈와이카트는 커밍스E. E. Cummings의 시를 인용했다.

> I thank you God for most this amazing
> day : for the leaping greenly spirits of trees
> and a blue true dream of sky ; and for everything
> which is natural which is infinite which is yes
> 신이여, 저는 당신께 감사드립니다
> 우선 이 찬란한 낮에 대해 감사드립니다
> 푸르게 도약하는 나무들의 정령에 대해
> 하늘의 푸르고 진실한 꿈에 대해
> 그리고, 자연스럽고, 무한하고, '그렇다'고 할 수 있는 모든 것에 대해
> 감사드립니다

"왠지 모르지만 우주 체험으로 내가 얻은 것이 무엇인지 생각할 때 이 시의 느낌이 가장 적절한 것 같다. 신을 믿는 건 아니지만, 자연스럽고, 무한하고, '그렇다'고 할 수 있는 모든 것에 대해 신에게 감사를 드리고 싶어진다."

맺음말

　이 책은 여기에서 끝난다. 처음에는 지금까지 소개해 왔던 우주 비행사들의 다양한 생각들을 내 나름대로 분석하고 총괄하여 결론 비슷한 것을 추가하려고도 생각했다.
　그러나 쓴 것을 몇 번이나 다시 읽어 보는 사이에 그런 짓은 하지 않는 게 낫다는 걸 깨달았다. 여기서 이야기되고 있는 것은 모두 안이한 총괄을 허락하지 않는 인간 존재의 본질, 세계 존재의 본질(에 대한 인식)에 관련된 문제이다. 그리고 그들의 체험은 우리들이 상상력을 동원하면 머리 속에서 추체험追體驗 할 수 있는, 그런 단순한 체험이 아니다. 그들이 강조하고 있는 것처럼 그것은 인간의 상상력을 훨씬 초월한, 실제로 체험했던 사람만이 거기에 대해 말할 수 있는 체험이다. 그런 체험을 갖지 못한 내가 그들을 논평하는 것은 얼마나 무모한 일인가.
　그들과 인터뷰를 하면서 나도 우주 체험을 하고 싶다는 생각이 절실해졌다. 그들과 이야기를 나누면 나눌수록 사진과 텔레비전 및 활자로 전해진 우주 체험과 실체험이 얼마나 다른지 알 수 있었다. 그리고 만일 내가 우주 체험을 하게 된다면 내 성격 탓에, 특히 커다란 충격을 받을 것 같다는 생각을 했다. 그때 나에게 무슨 일이 일어날까. 나는 그것이 알고 싶어 견딜 수 없었다.

그런 희망을 내비쳤더니 몇 명의 우주 비행사는 당신에게도 아직 기회가 있다고 위로해 주었다. 내가 살아 있는 동안 저널리스트에게도 우주 비행의 기회가 부여될지 모른다. 아니면 돈만 내면(물론 아주 거액이겠지만) 누구라도 우주 비행을 할 수 있게 될지도 모른다. 나이는 그다지 문제가 되지 않는다. 이미 50대의 우주 비행사가 비행을 했고, 더 나이를 먹었어도 건강하다면 우주 비행사가 아닌 손님으로서 비행하는 데는 지장이 없을 것이라고 한다. 그렇다 하더라도 나는 이미 40세(취재 당시)가 넘어 버렸다. 우주 비행에 필요한 건강을 앞으로 20년 동안 유지할 수 있을까. 그 동안 나에게도 기회가 올까. 가능성은 거의 없다고 생각하면서도 희망을 버리지 않고 기다려 볼 생각이다.

내가 살아 있는 동안은 물론, 젊은 독자 여러분이 살아 있는 동안에는 거의 확실히(즉 인류가 대규모 전쟁을 일으킨다든가, 세계 경제를 파탄시키는 등의 어리석은 행동을 범하지 않는 한), 인류가 본격적으로 우주로 진출하는 시대가 시작될 것이다. 그렇다고 해도 여기서 우주 비행사들이 말한 진화론적 규모의 미래를 현실적으로 예견하는 건 아직 불가능할 것이다. 그러나 적어도 이런 말은 할 수 있다. 인류의 육체가 지금까지 몰랐던 우주라는 새로운 물리적 공간으로 진출함으로써, 인류의 의식이 지금까지 몰랐던 새로운 정신적 공간을 손에 넣게 되리라는 것은 확실하다. 그 내용에 대해서는 아직 어느 것 하나 확실하게 말할 수 없지만, 여러 가지로 해석할 수 있다는 사실을 우주 비행사들과의 인터뷰를 통해 거의 확실히 알게 되었다. 내가 개인적으로 굳게 믿고 있는 것은 몇 가지 있다. 그러나 그런 것을 길게 늘어놓고 설명하기보다는 이런 인터뷰를 찬찬히 읽어 보는 것이 훨씬 낫다고 생각한다.

내가 지금까지 해 왔던 다양한 일 가운데, 우주 비행사들과의 이번 인터뷰만큼 지적인 자극이 된 일은 드물다. 이 정도의 인터뷰를 이루어 내기 위해 힘든 노력을 들여야 했지만, 그 수고를 모두 잊어 버릴 정도로 인터뷰 하나 하나가 모두 재미있었다.

우주 비행사들도 그랬던 것 같다. 그들 중 대부분이 "이런 재미있는 인터뷰는 처음이다", "이런 질문을 받은 건 처음이다. 제대로 질문해 주었다", "지금까지 사람들에게 충분히 전달하지 못했던 것을 겨우 전달한 듯한 느낌이 든다"라고 이야기해 주었다. 우주 비행사들로부터 그들의 이야기를 책으로 이만큼 정리해 낸 건 세계에서도 처음이다.

따라서 이 책의 독자는 우주 비행사들이 오랫동안 가슴 속에 감추어 두었던, 본심에서 우러난 메시지를 세계 최초로 받아들이는 사람이 된다. 우주 비행사들의 메시지는 메시지로 다듬어진 것이 아니다. 그렇기 때문에 금방 읽고 지나가 버릴 만한 가벼운 터치의 단문 속에, 놀랄 만큼 깊고 스케일이 큰 메시지가 담겨져 있다. 나도 교정을 위해 두세 번 읽는 사이에 여러 번 그런 발견을 했다. 그들의 메시지가 가능한 한 많은 사람들에게 전달되어, 될 수 있는 한 마음 속 깊은 곳을 자극하기 바란다.

마지막으로 이 일을 해 나가면서 쥬오코론샤中央公論社, 미국 국제교류국ICA, NASA 당국의 각 부처 사람들에게 아주 많은 신세를 졌다. 도쿄에 있는 존 루이스 씨에게서는 기획 단계부터 완성 단계까지 내내 귀중한 조언을 받았다. 우주 비행사들과의 약속을 잡아 준 워싱턴의 프랭크 바바馬場 씨에게는 각별한 도움을 받았다. 모든 분들께 깊은 감사의 말씀을 드리고 싶다. 그리고 장시간 인터뷰에 흔쾌히 응해 주었던 우주 비행사들에게는 최대의 감사를 드리고 싶다. 이 책에 사용된 사진은 NASA에서 제공해 준 것임을 밝힌다.

참고문헌

■ 영문 잡지류

Aviation Week '59. 4. 20.~'80. 3. 4.
Bulletin of The Atomic Scientists '71. 3. '72. 2. '78. 7.
Christianity Today '69. 7. 18.
Esquire '70. 9. '73. 1.
Life '61. 8. 4.~'72. 3. 24.
Look '62. 9. 11.
Missiles & Rockets '65. 7. 5. '68. 10. 28.
National Geographic '69. 11.
Nations Business '70. 4. '70. 5.
Newsweek '59. 4. 20.~'71. 2. 15.
Saturday Review '70. 5. 16.
Science News '66. 4. 9.~'78. 6. 10.
Space World '68. 11.~'77. 5.
Time '62. 9. 28.~'75. 7. 21.
U. S. News & World Report '59. 4. 8.~'81. 3. 30.

■ 우주비행사가 쓴 글들

Michael Collins, "Carrying The Fire," Farrar Straus Giroux.
Michael Collins, "Flying to The Moon," Farrar Straus Giroux.
Walter Cunningham, "The All American Boys," Macmillan Publishing Co.
"Buzz" Aldrin, Jr., "Return to Earth," Random House.
James B. Irwin, "To Rule The Night," Spire Books.
"We Seven," by The Astronauts Themselves, Simon & Schuster.

『거대한 일보大いなる一歩』(First on The Moon) N. 암스트롱, M. 콜린스, E. 앨드린, 早川書房

『제미니여, 영원히ジェミニよ永遠に』V. G. 그리섬, 早川書房

『현대의 태양상現代の太陽像』E. G. 깁슨, 講談社

■ NASA가 제공한 자료

"Apollo Over The Moon : A View From Orbit."
"Apollo Expeditions To The Moon."
"Analysis of Apollo 8."
"Apollo Terminology," August 1963.
"Apollo 13 — Houston, We've got a problem."
"Apollo."
"Skylab, Outpost On The Frontier of Space."
"Outlook For Space."
"NASA Fact Sheet." 각 호
"Space News Roundup." 각 호
"Skylab, Our First Space Station."
"Moonport U. S. A."
"Kennedy Space Center Story."
"Skylab, A Guidebook."
"Pocket Statistics."
그 외 미간행 자료 약간

■ 영문 단행본

Arthur Carl Piepkoen, "Profiles In Belief," Vol Ⅰ, Ⅱ, Ⅲ. Harper & Row.

Joseph W. Bell, "Man Into Orbit," Hawthorn Books.

Gene Gurney, "Americans Into Orbit," Random House.

Larry Geis, Fabrice Florin, Peter Beren, Aidan Kelly, "Moving Into Space," Harper & Row.

Jerome Clayton Glenn, George S. Robinson, "Space Trek," Warnar Books.

Richard P. Hallion, Tom D. Crouch, "Apollo — Ten Years Since Tranquillity Base," Smithsonian.

T. A. Happenheimer, "Colonies in Space," Stackpole Books.

Paul A. Hanle, Von Del Chamberlain, "Space Science Comes of Age," Smithsonian.
John H. Leith, "Creeds of The Churches," John Knox Press.
Patrick Moore, "The Next Fifty Years In Space," Taplinger publishing Company.
"The Next Whole Earth Catalog," Random House.
"Current Biography Yearbook," The H. W. Wilson Co.

■ 일문 단행본

『우주선 '지구'호宇宙船 '地球' 號』, R. 버크민스터 풀러, ダイヤモンド社
『우주공간의 과학宇宙空間の科學』, 리처드 A. 크래그, 河出書房新社
『좋은 자질right stuff, ザ・ライト・スタッフ』, 톰 울프, 中央公論社
『스페이스 셔틀スペースシャトル』, 로버트 M. 파워즈, 每日新聞社
『우주宇宙』, 東京大學出版會
『우주선宇宙線』, 早川幸男, 筑摩書房
『우주 개발宇宙開發』, 岸田純之助, 筑摩書房
『우주란 무엇인가宇宙とはなにか』, 宮本正太郎, 講談社
『우주로의 도표宇宙への道標』, 木村繁, 共立出版
『우주상과 생명상宇宙像と生命像』, 早川幸男・島津康男・大澤文夫・岡崎令治, NHK市民大學叢書
『태양으로부터의 바람과 파도太陽からの風と波』, 櫻井邦朋, 講談社
『우주여행과 인간宇宙旅行と人間』, 大島正光・新田慶治, 講談社
『은하여행銀河旅行』『은하여행 PART II』, 石原藤夫, 講談社
『우주선매니아들宇宙船野郎たち』, 野田昌宏編著, 早川書房
『NASA 이것이 미국항공우주국이다NASA これがアメリカ航空宇宙局だ』, 野田昌宏編著, CBS・ソニー出版
『전기록・스페이스 셔틀全記錄・スペースシャトル』, 筑紫哲也監修, 講談社
강좌 미국의 문화講座アメリカの文化 I 『청교도주의와 미국ピューリタニズムとアメリカ』, 大下尙一編, 南雲堂
『격동하는 미국 교회激動するアメリカ敎會』, 古屋安雄, ヨルタン社
『미국 교회사アメリカ敎會史』, 曾根曉彦, 日本基督敎團出版局
『미국 종교의 역사적 전개アメリカ宗敎の歷史的展開』, 프랭클린 H. 리텔, ヨルタン社
『미국의 종교アメリカの宗敎』, S. E. 미드, 日本基督敎團出版局

옮긴이의 말

이 책은 다치바나 다카시立花隆의 『宇宙からの歸還』(中公文庫)을 완역한 것이다. 다치바나 다카시는 최근 번역된 『나는 이런 책을 읽어 왔다』(청어람미디어)로 우리 나라 독자들에게 조금씩 알려지기 시작했다. 먼저 나온 책이 다치바나의 독서 방법론이라면, 이 책은 그의 독서가 낳은 결과물이라고 할 수 있다.

다치바나는 엄청난 독서가이다. 고양이 빌딩을 가득 채운 그의 책들이 그것을 증명한다. 그러나 우리는 주위에서 그만큼은 아니더라도 상당한 수준의 독서가를 알고 있다. 그리고 어느 정도 독서를 한 사람이라면 누구나 자신의 독서 방법론을 가지고 있다. 그렇지만 독서를 많이 한다고 해서 누구나 저자가 되는 것은 아니다. 많이 읽는 것과 많이 쓰는 것은 다른 문제이기 때문이다. 다치바나는 이 둘을 절묘하게 아우르고 있다. 또한 그의 쉼 없는 글 쓰기와 쉼 없는 책 읽기는 뗄래야 뗄 수 없는 관계에 놓여 있다.

일본에서 다치바나의 평판은 대단한 것 같다. 그 원인을 조금 짚어 보면, 일본에는 다치바나만큼 용감한 사람이 드물다는 게 한 가지 이유이다. 용감함은 어느 정도의 무모함을 수반한다. 일본인들이 대체로 체면 때문에 그 무모함을 두려워하고 있는 반면, 다치바나는 거침

없이 발언한다. 수상을 위시한 자민당 권력 비판에서부터 공산당 비판까지 일본 사회의 민감한 부분을 거침없이 파헤치는 그의 대담함은 일본인에게 일종의 신선함으로 다가오지 않았을까. 또 그는 보기 드문 팔방 미인이다. 일본에는 한 분야에 대한 전문가는 많지만, 여러 영역에 골고루 뛰어난 재능을 보이는 사람은 적은 것 같다. 다치바나의 박식함은 자기 세계에만 고립되어 있던 일본인들에게 충격이었을 것이다.

그렇다면 모든 권위에 대해 비판을 일삼는 지식인들이 너무 많고, 자신의 전공조차 제대로 소화하지 못하면서 여기저기 관여하고 간섭하는 재능꾼들이 넘쳐나는 한국에, 다치바나가 신선한 존재로 다가온 이유는 무엇일까. 아니, 번역자인 나에게 다치바나가 신선하게 비쳐지는 까닭은 무엇일까.

사실 일본에 있을 때 나는 언론에 출몰하는 다치바나에 대해서 시큰둥한 반응을 보였다. 그런 유의 사람은 우리 나라에서도 신물나게 보아 왔기 때문이다. 그런데 그의 책을 읽으면서 그런 생각이 나의 선입견에서 비롯되었음을 깨닫게 되었다. 그의 문장 하나하나가 치밀한 근거를 가지고 쓰여졌다는 사실을 깨닫는 데 그리 오래 걸리지 않았던 것이다. 직접 발로 뛰면서 쓴 글에서 풍기는 고약한(?) 냄새가 처음 몇 페이지를 넘기자 바로 느껴졌다. 향기로운 냄새가 나는 책일수록 별 볼일 없는 책이라는 걸 경험으로 터득한 나에게 그것은 신선한 충격이었다.

어떤 사람이 독서가, 장서가가 되기는 쉽다. 또한 많은 저술을 남기는 것도 그리 어려운 일은 아니다. 권위에 대해 비판하는 것도 조금의 무모함과 조금의 재능을 가지고 있기만 하면 된다. 그러나 이 모든 것을 일생을 걸고 한꺼번에 할 수는 없다.

자신의 글 쓰기를 '자전거 타기'에 비유한 다치바나의 말을 나는 좋아한다. "넘어지지 않으려면 자전거 페달을 쉼 없이 밟아야 하듯, 열심히 원고를 써야 생활을 유지할 수 있습니다." 그에게는 자전거를 타고 어디로 가야 한다는 목표가 없다. 자전거 페달을 밟는다는 것, 원고지를 메운다는 것 자체가 중요한 행위이다. 그런 그에게 똑똑한 독자는 이렇게 충고할 수도 있을 것이다. "다치바나 씨, 그만 자전거에서 내려와 이 소파에 앉으시지요"라고. 이미 누군가 그에게 그런 말을 한 적이 있을 것이다. 그러나 그는 그렇게 하지 않았다. 자전거에서 내려오지도 않았고, 신문사에 얽매여 있거나 대학 교수 자리를 탐내지도 않았다. 그는 묵묵히 페달을 밟거나 원고지를 메우고 있을 따름이었다. 우리 주위에는 어디에도 이런 종류의 인간은 없다.

변변치 못한 번역서 하나 내는 데도 많은 분들께 수고를 끼쳤다. 우선 번역 작업을 격려해 주고 옆에서 지켜봐 준 윤대석에게 감사한다. 그가 없었더라면 바쁜 직장 생활 속에서 번역은 꿈도 꾸지 못했을 것이다. 그리고 다른 가족들, 부모님, 시부모님, 동생들의 격려가 큰 힘이 되었던 것은 말할 필요도 없다. 병원에 계실 때도 제대로 찾아뵙지 못한 아버지께 이 책으로 감사의 마음을 표하고 싶다. 무엇보다도 청어람 식구들이 가장 고생했다. 역자의 서툰 문체를 고치느라 많은 수고를 했다. 무사히 책을 내게 된 건 모두 그분들 덕분이다. 마지막으로 이 책을 즐거운 마음으로 읽어 주실 독자들에게 감사의 마음을 전한다.

2001년 12월
전 현 희